便携手册系列

建筑师便携手册

ARCHITECT'S POCKET BOOK, 5e

（原著第五版）

乔纳森·赫特里德
［英］　安·罗斯　　　　　　著
夏洛特·巴登-鲍威尔

蔡　红　张清蕊　　　译
顾文政　　　　　　校

中国建筑工业出版社

著作权合同登记图字：01–2018–8270号

图书在版编目（CIP）数据

建筑师便携手册：原著第五版 /（英）乔纳森·赫特里德,（英）安·罗斯,（英）夏洛特·巴登 – 鲍威尔著；蔡红,张清蕊译. — 北京：中国建筑工业出版社, 2020.11

（便携手册系列）

书名原文：Architect's Pocket Book，5e

ISBN 978–7–112–25539–9

Ⅰ.①建… Ⅱ.①乔… ②安… ③夏… ④蔡… ⑤张… Ⅲ.①建筑设计 – 手册 Ⅳ.① TU2–62

中国版本图书馆 CIP 数据核字（2020）第 191214 号

责任编辑：董苏华　张鹏伟
责任校对：李美娜

便携手册系列

建筑师便携手册（原著第五版）
ARCHITECT'S POCKET BOOK, 5e

乔纳森·赫特里德
［英］安·罗斯　　　　　　著
夏洛特·巴登–鲍威尔

蔡　红　张清蕊　译
顾文政　校

*
中国建筑工业出版社出版、发行（北京海淀三里河路9号）
各地新华书店、建筑书店经销
北京光大印艺文化发展有限公司制版
北京建筑工业印刷厂印刷
*
开本：880毫米 × 1230毫米　1/32　印张：11⅝　字数：333千字
2021年3月第一版　　2021年3月第一次印刷
定价：55.00元
ISBN 978-7-112-25539-9
（36479）

目　录

前言

致谢

第1章　总则 1

建筑师在 21 世纪的角色 1

为变化中的气候而设计 1

公制系统 7

公制单位 8

温度 9

英制单位 10

换算因子 11

希腊字母 14

罗马数字 14

几何数据 15

纸张尺寸 18

CAD——计算机辅助设计 20

BIM——建筑信息模型 21

图例 23

3D 绘图 26

透视图——设置方法 28

NBS（国家建筑规范） 28

分类 29

CI/SfB 工程索引 29

第2章　许可及设计指南 ························· **31**

规划许可 ·· 31

其他认证 ·· 36

分界墙裁决 ·· 43

建筑规范 ·· 45

建筑物的潮湿问题 ·································· 48

建筑设计与管理条例 ································ 49

建筑行业标准 ······································ 52

成本与法律 ·· 55

可持续性、节能与绿色问题 ·························· 59

人体测量数据 ······································ 66

家具和设备数据 ···································· 70

公共建筑卫生设施 ·································· 84

无障碍厕所隔间 ···································· 87

植物选择概述 ······································ 89

第3章　结构 ································· **105**

基础类型 ·· 106

砌体结构 ·· 107

木框架结构 ·· 108

材料重量 ·· 110

牛顿 ·· 114

外加荷载 ·· 116

屋面外加荷载 ······································ 120

风荷载——简化计算 ································ 120

防火 ·· 122

弯矩和梁计算公式 ·································· 123

下层土壤上的安全荷载 ······························ 124

假定静荷载下的容许承载值 ………………………… 124

矩形木梁计算公式 ……………………………………… 124

木材 ……………………………………………………… 126

木地板托梁 ……………………………………………… 127

木顶棚托梁 ……………………………………………… 128

工程托梁和横梁 ………………………………………… 129

预制木桁架 ……………………………………………… 129

胶合木梁 ………………………………………………… 130

砖和砌块 ………………………………………………… 131

混凝土 …………………………………………………… 132

钢结构 …………………………………………………… 133

过梁 ……………………………………………………… 137

钢结构中的隔热构造 …………………………………… 142

预制混凝土楼板 ………………………………………… 143

第 4 章　设施 ……………………………………… 147

排水 ……………………………………………………… 148

检查井井盖 ……………………………………………… 149

单立管排水系统 ………………………………………… 150

雨水处理 ………………………………………………… 151

可持续城市排水系统（SUDS）………………………… 152

供水规范 ………………………………………………… 154

蓄水 ……………………………………………………… 158

干管压力罐 ……………………………………………… 160

燃料和电力的节约 ……………………………………… 167

热损耗 …………………………………………………… 168

非重复热桥与透气性 …………………………………… 169

供暖和热水系统图 ……………………………………… 171

供暖和热水系统 172

通风 175

通风设备 177

电气安装 180

住宅中的电路 185

照明 186

声音 204

家居技术集成 207

第5章　建筑构件...**211**

楼梯和栏杆 211

建筑规范要求 212

梯度 213

壁炉 214

叠加式炉床 215

烟囱和烟道 216

门 218

单扇标准门的典型尺寸（公制） 218

单扇标准门的典型尺寸（英制） 219

其他类型的门 220

门的开启 222

传统木门——定义和典型截面 224

窗 225

传统木窗——定义和典型截面 230

坡屋顶窗 232

保护区天窗 234

安全配件及五金 236

第6章　材料...**239**

混凝土 239

砖与砌块 240

铺路板和石块铺面 249

黏土制品分类 250

石材工程 250

防潮层 252

防潮膜（DPM）和地气防护 253

抹灰和粉刷 254

预拌石膏灰泥 258

金属 260

保温隔热 265

屋面材料 267

木瓦和木质墙面板 270

茅草屋顶 272

金属屋面 274

长条铜屋面 278

传统铜屋顶 279

锌屋顶 281

铝和不锈钢——承重和压型 283

压型钢板屋面 286

非金属压型薄板屋面和保护层 287

非金属平屋顶 287

玻璃 291

环境控制 291

木材 298

硬木 305

软木线条 310

硬木线条 311

腐木真菌 314

建筑板材 320

塑料 328

钉子和螺丝 330

色彩 332

参考文献 **341**

英汉词汇对照 **342**

谨以此书献给夏洛特·巴登－鲍威尔，纪念她为建筑师创造这一宝贵资源所付出的工作、努力和热情。

前　言

在本书第四版出版后的五年里，建筑的艺术、科学和实践不断地与这个星球上日益复杂的生活并行发展。信息的可访问性——尤其是技术信息——即本书的核心价值——在技术和传播方面都有了改进。现在我们所有人都能获得的大量信息，使得正向的选择和获取信息变得更加有用。

我们的目标是提高所呈现资料的相关性，剔除部分繁复的资料，以便更好地揭示其核心价值，同时保留了夏洛特·巴登－鲍威尔原著的广泛性，以及我们所希望的多方位的吸引力。与以往一样，本书的目标旨在对我们已经获取大量经验的定制建筑及小型建筑方面提供最有力的帮助。

我们的许多参编者——无论是老手还是新手——都对各个章节进行了修改、删减和扩充，特别是更新了技术参考资料和环境问题。感谢读者们提供的宝贵意见，我们已在本版中考虑了这些意见。

乔纳森·赫特里德（Jonathan Hetreed）和 安·罗斯（Ann Ross）

致　谢

感谢以下人士在修订和更新本书的过程中提供的专业帮助：

Bill Gething 威斯康星州大学建筑系可持续发展与建筑学教授

Jonathan Reeves	jr 建筑公司：CAD、BIM 注释和图表，www.jra–vectorworks–cad.co.uk
Jonathan Miles	Jonathan C.Miles，特许建筑测量师：分界墙指南，jonathan@miles.uk.net
Richard Dellar	Richard Dellar 咨询有限公司：成本与法律，rdc–ltd@blueyonder.co.uk
Mike Andrews	节能专家有限公司：节油节电与可持续发展，www.energy–saving–experts.com
Liz Harrison	CMLI，Liz Harrison 花园与景观设计：植物选择，www.lizharisondesign.co.uk
Nick Burgess	RexonDay 咨询公司：结构，www.rexonday.com
James Allen 博士	E&M West 咨询工程师：可持续城市排水系统（SUDS），www.eandmwest.co.uk
	北京宝洁咨询集团有限公司：水务法规，www.bjp–uk.com
Paul Ruffles	照明设计与技术公司：照明，www.ldandt.co.uk
Jools Browning	Brown Hen 解决方案：家居技术集成，www.brownhensolutions.com
Paul Smith	Matrix 声学设计咨询：声音，www.matrixacoustics.co.uk

我们还要感谢：

Taylor and Francis 出版集团的 Fran Ford，感谢她为准备本书新版本所提供的帮助。

感谢所有对第四版提供建设性意见，以帮助我们使第五版变得更有价值的人。

乔纳森·赫特里德

安·罗斯

第1章 总则

建筑师在 21 世纪的角色

建筑反映了人类生活的日益复杂及其在构造方面的解决方案。其中一方面表现在，设计团队中角色的日益专业化——尽管，对于小规模项目来说，建筑师承担了其中的大部分工作。无论在多角色的工作，还是在专家团队的协调中，设计优秀建筑的主导压力已经成为如何遵循气候变化的进程：建筑师首先需要了解并应对这些因素对客户和整个世界的影响。

为变化中的气候而设计

气候变化带来了两个并行的挑战：减缓（即减少驱动气候变化的温室气体排放）和适应（即改变我们的设计方法，使我们的建筑能够适应不断变化的环境条件）。前者深植于法规之中，后者则不然；因此，关于如何解决该问题的决策，必须以项目为基础，并与客户达成一致。不存在所谓的"气候防护"建筑，所需的是一种适应策略：使所设计的建筑适应约定的变化水平，并且在必要时，考虑建筑在全生命周期内，如何进一步调整变化水平——以适应维护与更新的周期。

英国 CP09 气候预测（http://ukclimateprojections.metoffice.gov.uk）提供了大量与英国相关的信息。这可概括为：

- 温暖湿润的冬天；
- 炎热干燥的夏天；
- 极端事件增加；
- 海平面上升。

预计南部的气温会比北部上升更多，而预测的年降雨量的变化相对较小，但季节模式有所不同，冬季降雨量比夏季更大。

同样，一般而言，可以从以下三点考虑建造环境受到的影响：

- 舒适性和能源使用——尤其是在供暖季以外气温过热的可能性越来越大的情况下。
- 施工——改变材料性能，影响细部构造，以应对降雨量的增加及为土壤收缩而做的地基设计。
- 降水——太少（降雨模式的变化对供水的影响）和太多（各种来源的洪水）。

请注意，无论是在广泛的区域差异方面，还是在特定地点的特定情况下，这些影响都将因地理不同而有所差异。例如，在较温暖的地区，尤其是受热岛效应影响的市区，"过热"将成为较大的问题；然而，"洪水"则更可能成为河流或沿海地区的关键设计因素，而非高地和内陆地区——即使地表洪水可以影响任何地区。

可 从 CIBSE（http://www.cibse.org/knowledge/cibse-other-publications/cibse-probabilistic-climate-profiles）免费获得概率气候概况（ProClip），它以有效的可视化方法，为英国14个地区的大量建筑提供了相关的环境变量的变化范围，以帮助设计师及其客户就其项目达成合适的设计参数。这些参数是：

- 季节平均气温；
- 冬季最低日气温；
- 夏季最高日气温；
- 季节性日降水量。

尽管有些设计策略可以同时兼顾"适应"和"减缓"两个目标，但有些只针对一个目标的策略，可能对另一目标造成不可预见的负面后果。例如，当我们专注于通过增加绝缘水平、提高气密性和控制冬季通风来减少冬季能源的使用，而忽略如何通过控制太阳能和提供大量可控制的通风来保持夏季的舒适条件，就会导致新建筑出现日益严重的过热问题，尤其是在密集城区的小型公寓。

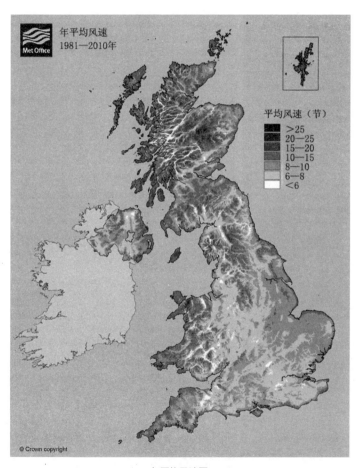

年平均风速图

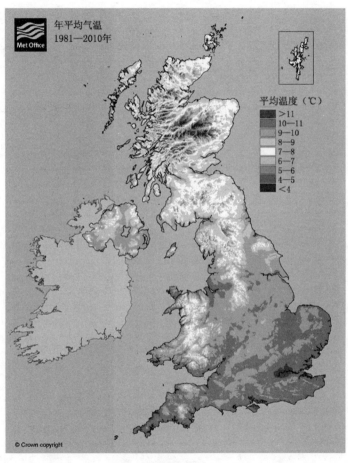

年平均气温图

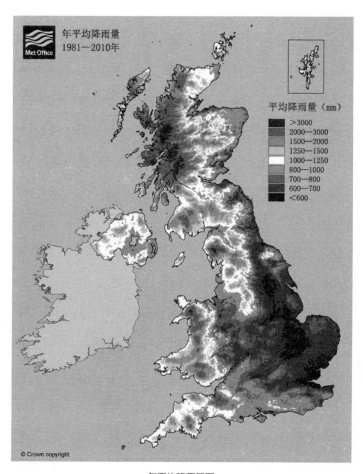

年平均降雨量图

海域、内陆和海岸站用于气象局的天气预报

公制系统

于 1960 年开始采用的国际单位制（SI），是一种国际性的、连贯的单位系统，旨在满足所有已知的科学和技术测量需求。它由七个基本单位及由该基本单位各种幂的乘积或商形成的导出单位组成。

SI 基本单位

米	m	长度
公斤	kg	质量或重量
秒	s	时间
安培	A	电流
开尔文	K	热力学温度
坎德拉	cd	发光强度
摩尔	mol	物质的量

国际单位制词头（显示最常见的 12 个）

tera	T	×	1 000 000 000 000	10^{12}
giga	G	×	1 000 000 000	10^{9}
mega	M	×	1 000 000	10^{6}
kilo	k	×	1000	10^{3}
hecto	h	×	100	10^{2}
deca	da	×	10	10^{1}
deci	d	÷	10	10^{-1}
centi	c	÷	100	10^{-2}
milli	m	÷	1000	10^{-3}
micro	μ	÷	1 000 000	10^{-6}
nano	n	÷	1 000 000 000	10^{-9}
pico	p	÷	1 000 000 000 000	10^{-12}

SI 导出单位

摄氏度	℃	=	K	温度	牛顿	N	=	$kg/m/s^2$	力
库伦	C	=	As	电量	欧姆	Ω	=	V/A	电阻
法拉	F	=	C/V	电容	帕斯卡	Pa	=	N/m^2	压强
亨利	H	=	W/A	电感	西门子	S	=	1/Ω	电导
赫兹	Hz	=	c/s	频率	特斯拉	T	=	Wb/m^2	磁通密度
焦耳	J	=	Ws	能或功	伏特	V	=	W/A	电位差
流明	lm	=	cd.sr	光通量	瓦特	W	=	J/s	功率
勒克斯	lx	=	lm/m^2	光照度	韦伯	Wb	=	Vs	磁通量

SI 补充单位

弧度	rad	=	平面角的单位，等于圆中心的一个角，其弧长等于半径。
球面度	sr	=	立体角的单位，等于球面中心的一个角，它在球面上所截取的面积等于以球半径为边长的正方形。

公制单位

长度

公里	km	=	1000 米
米	m	=	光在真空中间隔 1/299792458 秒内的传播长度
分米	dm	=	1/10 米
厘米	cm	=	1/100 米
毫米	mm	=	1/1000 米
微米	μ	=	1/100000 米

面积

公顷	ha	=	10000 平方米
平方公里	km^2	=	100 公顷

体积

立方米	m^3	=	米 × 米 × 米
立方毫米	mm^3	=	1/1000000000 立方米

容量

百升	hL	=	100 升
升	L	=	立方分米
分升	dL	=	1/10 升
厘升	cL	=	1/100 升
毫升	mL	=	1/1000 升

质量或重量

顿	t	=	1000 公斤

公斤	kg	=	1000 克
克	g	=	1/1000 公斤
毫克	mg	=	1/1000 克

温度

开氏度（Kelvin，K）。开氏度是热力学温度的计量单位，属于国际单位制（SI）的七个基本单位之一，它以苏格兰物理学家威廉·汤普森·开尔文勋爵（Lord William Thompson Kelvin，1824—1907 年）的名字命名。1848 年，他提出了一种被称为开尔文（Kelvin）的温度标度，其中零点是绝对零度——即粒子运动停止且能量变为零的温度。开氏度和摄氏度的单位温度间隔是相同的（因此 1 ℃ =1K），但摄氏度的绝对零度为 –273.15 ℃，因此 0 ℃ =273.15 K。

虽然光源的色温是以开氏度（K）来测量的，但现在习惯用摄氏度（℃）来描述温度和温度间隔。

摄氏度（Celsius，℃）。摄氏度是一种温度标度。在标准条件下，水在 0 ℃结冰和在 100 ℃沸腾。它是由瑞典天文学家安德斯·西塞斯（Anders Celsius, 1701—1744 年）设定的。他最初将 0 ℃指定为水的沸点，100 ℃为冰点。后来该标度被颠倒了。

摄氏度（Centigrade，℃）。这是以水的冰点为 0 ℃，沸点为 100 ℃的温标。这种温标现在被正式称为摄氏度（Celsius，见上文），以避免在欧洲出现混淆，因为在欧洲，"Centigrade"这个词也可表示为一个相当于 1/10000 直角的平面角。

华氏度（Fahrenheit，℉）。这是美国仍在使用的一种温度标度。其中，水的冰点为 32 ℉，沸点为 212 ℉。以普鲁士物理学家加布里埃尔·丹尼尔·华氏（Gabriel Daniel Fahrenheit，1686—1736 年）的名字来命名，他发明了水银气压计。华氏温标与摄氏温标的关系如下：

华氏温度 ℉=（摄氏温度℃ ×1.8）+ 32

摄氏温度℃ =（华氏温度℉ –32）÷1.8

英制单位

长度

英里	=	1760 码
浪	=	220 码
链	=	22 码
码（yd）	=	3 英尺
英尺（ft）	=	12 英寸
英寸（in）	=	1/12 英尺

面积

平方英里	=	640 英亩
英亩	=	4840 平方码
路德	=	1210 平方码
平方码（sq yd）	=	9 平方英尺
平方英尺（sq ft）	=	144 平方英寸
平方英寸（sq in）	=	1/144 平方英尺

体积

立方码	=	27 立方英尺
立方英尺	=	1/27 立方码
立方英寸	=	1/1728 立方英尺

重量

吨	=	2240 磅
英担（cwt）	=	112 磅
百磅	=	100 磅
夸特	=	28 磅
英石	=	14 磅
磅（lb）	=	16 盎司
盎司（oz）	=	1/16 磅
打兰（dr）	=	1/16 盎司

格令（gr）	=	1/7000 磅
本尼威特（dwt）	=	24 格令

换算因子

	英制转公制		公制转英制		
长度	1.609	英里	公里	km	0.6215
	0.9144	码	米	m	1.094
	0.3048	英尺	米	m	3.281
	25.4	英寸	毫米	mm	0.0394
面积	2.590	平方英里	平方公里	km^2	0.3861
	0.4047	英亩	公顷	ha	2.471
	0.8361	平方码	平方米	m^2	1.196
	0.0929	平方英尺	平方米	m^2	10.7639
	645.16	平方英寸	平方毫米	mm^2	0.00155
体积	0.7646	立方码	立方米	m^3	1.3079
	0.02832	立方英尺	立方米	m^3	35.31
	16.39	立方英寸	立方毫米	mm^3	0.000061
容量	28.32	立方英尺	升	L	0.03531
	0.01639	立方英寸	升	L	61.0128
	16.39	立方英尺	毫升	mL	0.06102
	4.546	英制加仑	升	L	0.21998
	28.4125	液盎司	毫升	mL	0.0352
质量	1.016	吨	公吨	t	0.98425
	0.4536	磅	千克	kg	2.20458
	453.6	磅	克	g	0.002205
	28.35	盎司	克	g	0.03527
密度	16.0185	磅 / 立方英尺	千克 / 立方米	kg/m^3	0.06243

续表

	英制转公制		公制转英制		
力	4.4482	磅力	牛顿	N	0.22481
	14.59	磅力/英尺	牛顿/米	N/m	0.06854
压力，应力	4.882	磅/平方英尺	千克/平方米	kg/m²	0.2048
	107.252	吨/平方英尺	千牛/平方米	kN/m²	0.009324
	47.8803	磅力/平方英尺	牛顿/平方米	N/m²	0.02088
	6894.76	磅力/平方英寸	牛顿/平方米	N/m²	0.000145
能量	3.6	千瓦小时	兆焦耳	MJ	0.27777
热量	1055.0	Btu（英热单位）	焦耳	J	0.000948
热流	0.000293	Btu/h	千瓦	kW	3415.0
传热系数	5.67826	Btu/ft²h°F	瓦/平方米·摄氏度	W/m² ℃	0.17611
导热率	0.144228	Btu in/ft²h°F	瓦/平方米·摄氏度	W/m ℃	6.93347
价格	0.0929	英镑/平方英尺	英镑/平方米	£/m²	10.7639

公制/英制近似当量

长度

1.5 mm	=	$^1/_{16}''$	25 mm	=	1″	
3 mm	=	$^1/_8''$	100 mm	=	4″	
6 mm	=	$^1/_4''$	600 mm	=	2′0″	
12.5 mm	=	$^1/_2''$	2000 mm	=	6′8″	
19 mm	=	$^3/_4''$	3000 mm	=	10′0″	

温度

℃		°F	
100	=	212	沸点
37	=	98.6	正常血温

21	=	70	起居室温度
19	=	66	卧室温度
10	=	50	
0	=	32	冰点
−17.7	=	0	

传热系数

1 Btu/ft²h °F = 10 瓦 / 平方米・摄氏度

光照度

10 lx = 1 流明 / 平方英尺

面积

1 公顷	=	$2^1/_2$ 英亩
0.4 公顷	=	1 英亩

重量

1 千克	=	$2^1/_4$ 磅
28 克	=	1 盎司
100 克	=	$3^1/_2$ 盎司
454 克	=	1 磅

容量

1 升	=	$1^3/_4$ 品脱
9 升	=	2 加仑

压力

1.5 kN/m²	=	30 磅 / 平方英尺
2.5 kN/m²	=	50 磅 / 平方英尺
3.5 kN/m²	=	70 磅 / 平方英尺
5.0 kN/m²	=	100 磅 / 平方英尺

玻璃厚度

2 mm	=	18 盎司
3 mm	=	24 盎司
4 mm	=	32 盎司
6 mm	=	$\frac{1}{4}$ 英寸

希腊字母

大写	小写	名称	英语音译	大写	小写	名称	英语音译
A	α	alpha	a	N	ν	nu	n
B	β	beta	b	Ξ	χ	xi	x
Γ	γ	gamma	g	O	o	omicron	o
Δ	δ	delta	d	Π	π	pi	p
E	ε	epsilon	e	P	ρ	rho	r
Z	ζ	zeta	z	Σ	σ (ς)*	sigma	s
H	η	eta	ē	T	τ	tau	t
Θ	θ	theta	th	Υ	υ	upsilon	u
I	ι	iota	i	Φ	φ	phi	ph
K	κ	kappa	k	X	χ	chi	ch,kh
Λ	λ	lambda	l	Ψ	ψ	psi	ps
M	μ	mu	m	Ω	ω	omega	ō

* 出现在词尾时用 ς

罗马数字

I = 1		C = 100	
V = 5		D = 500	
X = 10		M = 1000	
L = 50			

几何数据

平面和立体图形的测量

π（pi）	=	3.1416

周长

圆	=	π × 直径
椭圆	=	π × （½ 长轴 + ½ 短轴）

表面积

圆	=	π × 半径 ^{2}，或 0.7854 × 直径 ^{2}
圆锥	=	½ 圆周 × 斜高 + 基底面积
圆柱	=	圆周 × 长度 + 两端面面积
椭圆	=	轴的乘积 × 0.7854（近似值）
抛物线	=	底线 × ⅔ 高度
平行四边形	=	底线 × 高度
棱锥体	=	½ 基底周长之和 × 斜高 + 基底面积
扇形	=	（π × 弧度 × 半径 ^{2}）÷ 360
圆缺	=	扇形面积减去三角形
球体	=	π × 直径 ^{2}
三角形	=	½ 底线 × 垂直高度
三角形（等边）	=	（边长）^{2} × 0.433

体积

圆锥	=	基底面积 × ⅓ 垂直高度
圆柱	=	π × 半径 ^{2} × 高度
棱锥体	=	基底面积 × ⅓ 高度
球体	=	直径 ^{3} × 0.5236
楔形	=	基底面积 × ½ 垂直高度

九种规则实体

古往今来，数学家们一直致力于研究不同类型的多面体，包括欧几里得，他的伟大著作《元素》（The Elements）与其说是一本几何教科书，不如说是一本介绍古代五种规则立方体的书。本书从等边三角形开始一直讲到二十面体的结构。

五种所谓的柏拉图实体构成了第一类，也是最简单的一类多面体。它们具有规则的表面，所有的面相互连接，所有顶点连接而成的线形成一个规则的多边形。

规则多面体的进一步演变，是在古代未知的开普勒－普安索星状（Kepler－Poinsot star）多面体。在所有的四种情况下，顶点图形都是五角星形的。这些多面体可以由规则的十二面体和二十面体构成。

开普勒（Kepler，1571—1630 年）发现了双星十二面体，普安索（Poinsot，1777—1859 年）发现了大十二面体和大二十面体。

五种柏拉图实体

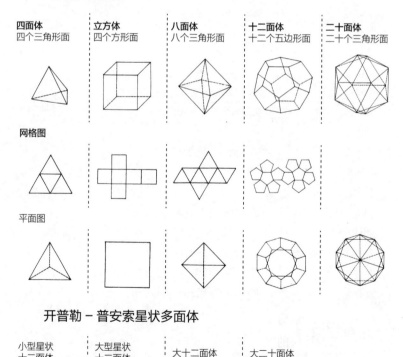

四面体
四个三角形面

立方体
四个方形面

八面体
八个三角形面

十二面体
十二个五边形面

二十面体
二十个三角形面

网格图

平面图

开普勒－普安索星状多面体

小型星状
十二面体

大型星状
十二面体

大十二面体

大二十面体

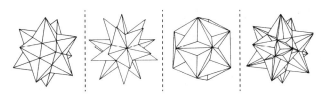

资料来源：《数学模型》（Mathematical Models）

黄金分割

黄金分割在古希腊人看来可能是一个不合理的比例，而被文艺复兴理论认为是神圣的。它被定义为将一条线以某种方式切割，使线段的较小部分与较大部分的比值等于较大部分与整条线段的比值，即：

$$AC : CB = CB : AB$$

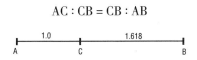

这两个长度的比值称为 ϕ。

该比值近似于 $1 : 1.6$ 或 $5 : 8$。

ϕ 是任意五角星中线长的比率。

$$\phi = \frac{\sqrt{5}+1}{2} = 1.61803 \cdots\cdots$$

黄金矩形就是长边与短边之比等于 ϕ 的矩形。

这与斐波那契数列（Fibonacci series）0，1，1，2，3，5，8，13，21，34……所示的增长数学有关。其中，每个数字都是前两个数字之和。连续数字之间的比值则越来越接近黄金分割的比值。

斐波那契螺旋线是一条在不改变基本形状的情况下不断增长的曲线。这可以用不断增长的、以斐波那契数列（即 1，2，3，5）为边长的正方形来证明，从图中可以看到三个近似的黄金矩形。

莱昂纳多·斐波那契（Leonardo Fibonacci，约 1170—1230 年）是

一位意大利数学家，他向欧洲的基督教
介绍了阿拉伯数字。他游历甚广，尤其
是在北非，他学会了十进制和零的用
法。他在欧洲发布了该数列体系，但数
学家们很久才接受它。

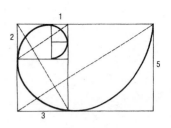

勒·柯布西耶在他的"模度"比例
的体系中使用了斐波那契级数。

绘制一个黄金矩形的步骤：

首先画正方形的 ABCD。将 AB 二等分，
取得中点 E，将 E 点和 C 点相连，以 EC 为
半径画弧，相交于 F 点。

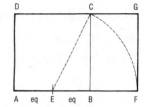

AFGD 就是黄金矩形，BFGC 也是。

黄金矩形的对角线和长边之间的夹角约
为 31.45°。

纸张尺寸

国际标准纸张尺寸

国际系列的基准是一个面积为 1 平方米（A0）的矩形，其边长
之比为 $1:\sqrt{2}$。这是任意正方形的边与对角线的比例。所有 A 系列
都具有同一比例，使其能以相同比例加倍或减半，这对照片的放大
或缩小十分有用。A0 是 A1 的两倍，A1 是 A2 的两倍，以此类推。
如果需要比 A0 更大的尺寸，就将数字放在 A 的前面，如 4A，就是
A0 的四倍。

B 系列的尺寸介于任何两种 A 尺寸的中间。该系列主要用于海报
和图表。C 系列适用于 A 尺寸的信封。

将 A 和 B 系列划分成平行于短边的三个、四个或八个等份，就获
得了 DL 或长尺寸系列，从而打破了 $1:\sqrt{2}$ 的比例。在实践中，长尺
寸应该只从 A 系列生成。

这些系列的尺寸是经由分割、整理而成的。

	mm		英寸			mm		英寸	
A0	841 ×	1189	$33\frac{1}{8}$ ×	$46\frac{3}{4}$	B0	1000 ×	1414	$39\frac{3}{8}$ ×	$55\frac{5}{8}$
A1	594 ×	841	$23\frac{3}{8}$ ×	$33\frac{1}{8}$	B1	707 ×	1000	$27\frac{7}{8}$ ×	$39\frac{3}{8}$
A2	420 ×	594	$16\frac{1}{2}$ ×	$23\frac{3}{8}$	B2	500 ×	707	$19\frac{5}{8}$ ×	$27\frac{7}{8}$
A3	297 ×	420	$11\frac{3}{4}$ ×	$16\frac{1}{2}$	B3	353 ×	500	$13\frac{7}{8}$ ×	$19\frac{5}{8}$
A4	210 ×	297	$8\frac{1}{4}$ ×	$11\frac{3}{4}$	B4	250 ×	353	$9\frac{7}{8}$ ×	$13\frac{7}{8}$
A5	148 ×	210	$5\frac{7}{8}$ ×	$8\frac{1}{4}$	B5	176 ×	250	$6\frac{15}{16}$ ×	$9\frac{7}{8}$
A6	105 ×	148	$4\frac{1}{8}$ ×	$5\frac{7}{8}$	B6	125 ×	176	$4\frac{15}{16}$ ×	$6\frac{15}{16}$
A7	74 ×	105	$2\frac{7}{8}$ ×	$4\frac{1}{8}$	B7	88 ×	125	$3\frac{1}{2}$ ×	$4\frac{15}{16}$
A8	52 ×	74	$2\frac{1}{16}$ ×	$2\frac{7}{8}$	B8	62 ×	88	$2\frac{7}{16}$ ×	$3\frac{1}{2}$
A9	37 ×	52	$1\frac{7}{16}$ ×	$2\frac{1}{16}$	B9	44 ×	62	$1\frac{3}{4}$ ×	$2\frac{7}{16}$
A10	26 ×	37	$1\frac{1}{16}$ ×	$1\frac{7}{16}$	B10	31 ×	44	$1\frac{1}{4}$ ×	$1\frac{3}{4}$

	mm		英寸			mm		英寸	
C0	917 ×	1297	$36\frac{1}{8}$ ×	$50\frac{3}{8}$	C2	458 ×	648	18 ×	$25\frac{1}{2}$
C1	648 ×	917	$25\frac{1}{2}$ ×	$36\frac{1}{8}$	C3	324 ×	458	$12\frac{3}{4}$ ×	18
C4	229 ×	324	9 ×	$12\frac{3}{4}$	C6	114 ×	162	$4\frac{1}{2}$ ×	$6\frac{3}{8}$
C5	162 ×	229	$6\frac{3}{8}$ ×	9	C7	81 ×	114	$3\frac{3}{16}$ ×	$4\frac{1}{2}$
DL	110 ×	220	$4\frac{3}{8}$ ×	$8\frac{5}{8}$					

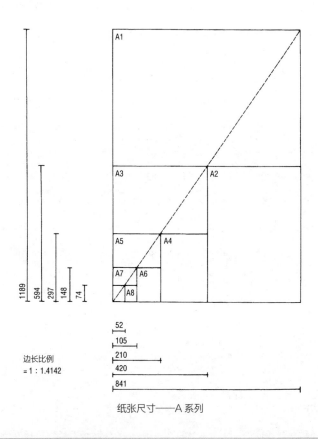

边长比例
= 1 : 1.4142

纸张尺寸——A 系列

CAD——计算机辅助设计

现在大多数图纸都是在计算机上绘制的，以便在建筑师、客户和顾问之间即时传输信息。现在有很多计算机辅助设计（CAD）系统，最常用的是 AutoCAD、AutoCAD LT、Microstation 和 Vectorworks Architect，可以根据项目的规模和复杂程度来选用。图纸应分层绘制，将项目分解成不同的建筑元素、位置或材料。

大多数建筑 CAD 软件也可用于 3D 建模，这在设计开发和方案交流方面非常有用。这些功能通常由外部应用程序（如 Revit、Sketch Up、Cinema 4D、3DS Studio Max 和 Artlantis）完成，并利用图像编辑软件（如 Photoshop）进一步完善图形。

标准协议适用于绘图方法和符号，制造商现在以 CAD 格式（下载为 DWG、DXF 或 PDF）提供技术信息。为了以可读格式发送和查看 3D 文件，使任何人都可以在不使用专业软件的情况下查看并添加评语，通常采用 3D 的 PDF 程序。

BIM——建筑信息模型

建筑信息模型（BIM）是建筑设计和施工过程中必不可少的一部分。以设计为导向的 BIM 涉及为拟建建筑构建一个精确的 3D 计算机模型，允许用户从该模型中直接提取立面、剖面和 3D 图像，而无须绘制，从而可以更准确地研究设计选项。大多数 BIM 软件系统使用参数化对象（如空间、墙、板、屋顶、柱和门窗）来呈现建筑设计。然后，用户可以根据所需类型自定义参数化工具，同时输入给定的信息，如材料、数量、成本或"U"值等，从而使用户更有效地查询不同的设计选项。

BIM 协同工作流程涉及与其他顾问、客户或利益相关者（如设施经理）共享 BIM 模型。BIM 模型交换最常见的文件格式为工程数据交换标准（IFC）。IFC 文件既可以包含嵌入的信息，也可以包含对象的三维几何描述。

模型查看软件（如 Solibri Model Viewer、Navisworks 和 Tekla BIMsight）可用于导入顾问提供的 IFC 文件、自动检查冲突、创建时间表以及与他人通信。

英国政府要求公共资助项目在 2016 年前必须使用 BIM 工作流程，以推动 BIM 在建筑行业的普及。

本书中的许多 CAD / BIM 图纸都是使用 Vectorworks Architect 绘制的。

　　建筑信息模型（BIM）的定义有很多，但它只是一种简单工具，借助它，人们可以利用数字模型来理解建筑。以数字形式创建资产模型，使那些与建筑互动的人可以优化他们的操作，从而使资产创造更大的终身价值。该模型可供设计团队用于建筑设计，施工团队用于建筑施工建模，建筑业主可在其生命周期内对设施进行管理。

　　通过 BIM，英国建筑业正在经历自己的数字革命。BIM 是一种工作方式；它是在团队环境中的信息建模和信息管理，所有团队成员都应按照相同的标准工作。BIM 通过人员、流程和技术的共同努力创造价值。

　　BIM 将建筑物各组成部分的所有信息汇于一处，使任何人都可以出于任何目的访问这些信息，例如，为了更有效地集成设计的不同方面。这样可以降低错误或差异的风险，并最大限度地减少失败的成本。

　　BIM 数据可用于诠释从启动、设计到拆除和材料再利用的建筑的全生命周期。空间、系统、产品和序列既可互成比例地显示，也可相对整个项目来显示。并且，通过信号冲突检测，BIM 可以防止在开发和施工的各个阶段出现错误。

图例

拆除

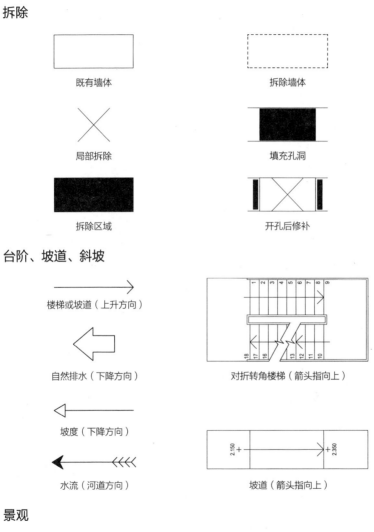

既有墙体

拆除墙体

局部拆除

填充孔洞

拆除区域

开孔后修补

台阶、坡道、斜坡

楼梯或坡道（上升方向）

对折转角楼梯（箭头指向上）

自然排水（下降方向）

坡度（下降方向）

水流（河道方向）

坡道（箭头指向上）

景观

现有轮廓

大门

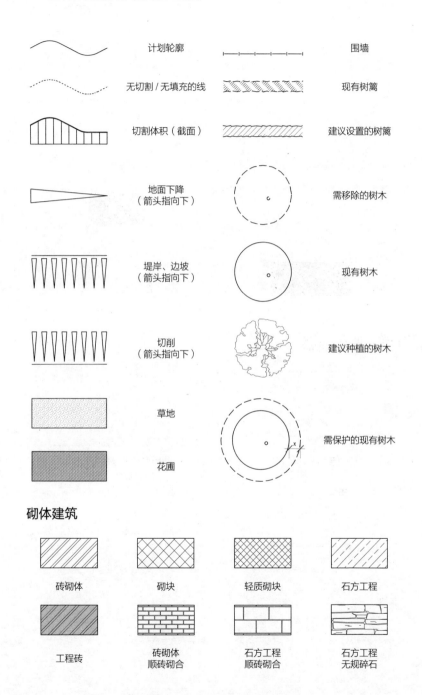

计划轮廓	围墙
无切割/无填充的线	现有树篱
切割体积（截面）	建议设置的树篱
地面下降（箭头指向下）	需移除的树木
堤岸、边坡（箭头指向下）	现有树木
切削（箭头指向下）	建议种植的树木
草地	
花圃	需保护的现有树木

砌体建筑

砖砌体　　砌块　　轻质砌块　　石方工程

工程砖　　砖砌体顺砖砌合　　石方工程顺砖砌合　　石方工程无规碎石

木材

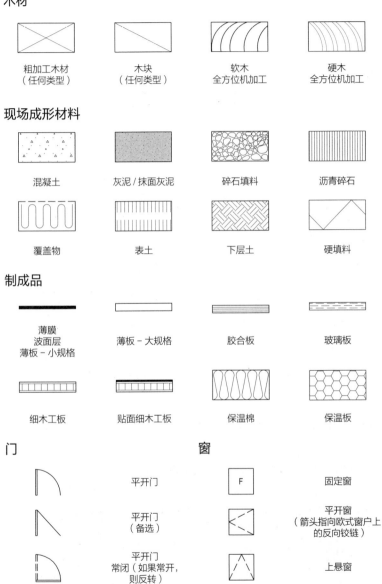

粗加工木材 （任何类型）	木块 （任何类型）	软木 全方位机加工	硬木 全方位机加工

现场成形材料

混凝土	灰泥／抹面灰泥	碎石填料	沥青碎石
覆盖物	表土	下层土	硬填料

制成品

薄膜 波面层 薄板－小规格	薄板－大规格	胶合板	玻璃板
细木工板	贴面细木工板	保温棉	保温板

门

	平开门
	平开门 （备选）
	平开门 常闭（如果常开， 则反转）
	平开门 开启 180°

窗

F	固定窗
	平开窗 （箭头指向欧式窗户上 的反向铰链）
	上悬窗
	下悬窗

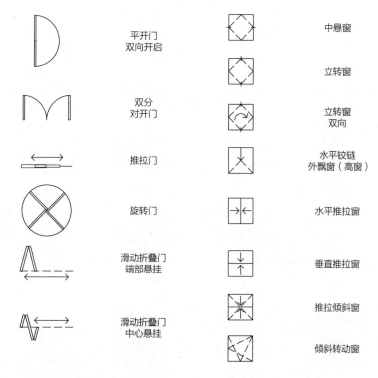

资料来源：BS 1192:2007+A2:2016 建筑、工程和施工信息协同工作规范。

3D 绘图

等轴测可能是最广泛使用的轴测图形式。

要在等轴测中绘制三维实体，垂直线应垂直绘制，水平线则以与基线呈 30° 角绘制。这种图线条尺寸准确，但没有透视效果。

透视图

尽管现在的建筑实践中大多数透视图是通过 CAD 程序或徒手草图建立的 3D 模型生成的。但透视图的绘制原理有时可能很有用：

1. 按比例绘制平面图，并将其设置在拟观察的角度上。

2. 确定观察者在平面上的位置，并尽量使建筑物落在夹角为 30º 的圆锥体内。任何更大角度的圆锥体都会产生扭曲的透视效果。该圆锥体的中心线就是视线。

3. 在平面上画一条水平线。这条线被称为"图像平面"，它与视线呈 90° 角。图像平面离观察者越远，形成的图像就越大。

4. 绘制从观察者到图像平面、平行于建筑物可见侧的两条线，以确定灭点（VP）。由于该建筑是正交的，所以这两根线彼此成直角。

5. 绘制透视图所在的地平线。从图像平面上的灭点（VP）绘制垂直线，以在地平线上建立灭点（VP）。

6. 绘制从观察者到平面图下方三个角点的连线（three lower corners），并与图像平面相交。

7. 如果这些线在 A、B、C 处与图像平面相交，则由此向上画垂直线，以找到建筑物的三个可见角。

8. 从图像平面与平面图相交的两点之一，画一条垂直线，以建立"垂直比例线"。以与平面图相同的比例标记此线，以确定建筑物相对于地平线的底部和顶部边缘。对于正常的视线水平，地平线应在 1.6 m 左右。

9. 将这些标记连接到相应的灭点，以完成建筑物的轮廓。

透视图——设置方法

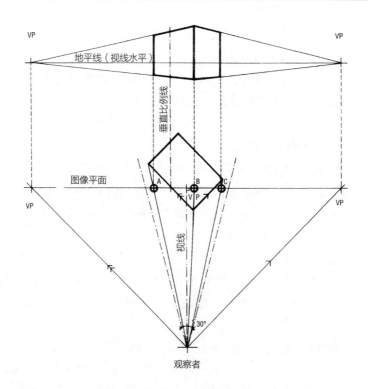

VP 　地平线（视线水平）　VP

垂直比例线

图像平面　　A　B　C

VP　　　　V P　　　　VP

视线

30°

观察者

NBS（国家建筑规范）

NBS 提供一套集成的 BIM 工具和内容，通过 BIM 工作流支持建筑师，使他们能够做出正确的决策，并以明智、协作和高效的方式交付优秀的项目。

NBS 是为建筑业专业人士提供技术信息的专家，它提供重要的创新产品和服务，受到建筑、施工、设计和工程领域人士的高度重视。其中包括 NBS 创建（NBS Create）、NBS 建筑（NBS Building）、NBS 计划（NBS Scheduler）、NBS BIM 工具包（NBS BIM Toolkit）、NBS 景观（NBS

Landscape）和 NBS 国内规范（NBS Domestic Specification）等。

NBS 创建是一个突破性的新的规格说明工具，它确保所有文档在整个项目进度内（从概念阶段到项目完成及后期）智能地协同工作，以节省时间和金钱。获奖的 NBS 国家 BIM 数据库也是英国免费使用建筑信息模型（BIM）内容的主要来源。它包含数千个通用和专有的 BIM 对象，这些对象都是根据可靠的 NBS 标准编写的，所有这些都有丰富的数据，并与世界领先的 NBS 规格说明软件集成在一起。

作为建筑相关信息的主要来源，NBS 已经为英国制定了 40 多年来公认的国家标准规范体系。它为建筑专业人员提供了广泛的新建、翻新、改造、景观美化和国内项目的解决方案。我们可在强大的软件包中直接提交 NBS 规格说明，NBS 不断开发规格说明产品，引领英国和海外建筑规格和采购流程的演变。NBS 还为合同管理和项目信息管理提供解决方案。

NBS 是英国皇家建筑师学会（RIBA）知识管理公司 RIBA Enterprises 有限公司的一部分。

分类

- CI/SfB 是建筑设计师最广泛使用的分类系统。该系统已应用 30 多年，且是整个行业的标准。
- Uniclass 是英国的分类系统，用于构建产品文献和项目信息，包括分项工程通用安排（CAWS）和电子产品信息协调（EPIC）。
- EPIC 是欧洲的分类系统，应将其包括在内。尤其是在泛欧基础上使用技术文献时，应将其包括在内。

CI/SfB 工程索引

CI/SfB 是建筑行业使用的数据库系统，适用于最小或最大的公司。

CI= Construction Index 工程索引

SfB　　=　　Samarbetskommitten för Byggnadsfrägor——20 世纪 40 年代末的瑞典系统

CI/SfB 符号分四个部分：| 0 | 1 | 2 & 3 | 4 |

0　　　=　　物理环境

1　　　=　　元素

2& 3　=　　工程与材料

4　　　=　　活动和要求

现行的 CI/SfB 版本于 1976 年发行，至今仍被广泛使用。对它进行修订之后，开发出了 Uniclass（建筑业统一分类）系统。

Uniclass（建筑业统一分类）

Uniclass（建筑业统一分类）是在工程项目信息委员会（CPIC）和能源部施工赞助理事会审核了 CI/SfB 之后开发的。该项目由国家建筑规范（NBS）的顾问领导，并以国际标准组织（ISO）制定的原则为基础。工程产品表是在电子产品信息合作（EPIC）的基础上完成的。

它是为了在数据库和项目中组织信息而设计的，但也可用于在数据库中构建文件。它是一个分面系统，允许各种表格独立使用或相互组合使用。它可以与其他信息系统集成，如分项工程通用安排（CAWS）、土木工程标准计量方法（CESMM3）和建筑成本信息服务（BCIS）标准成本分析表。

第2章 许可及设计指南

规划许可

定义

原有房屋： 初建于1948年7月1日或在此之前的房屋。该房屋不包括公寓。

公路： 所有采用或未采用的公共道路、人行道、马道和便道。

条款2（3）土地： 自然保护区、国家公园、风景名胜区、森林公园或世界遗产地内的土地。

立方含量： 外部测量的结构或建筑物的立方含量。

规划许可概述

根据英国城镇和郡规划体系，所有开发都需要获得规划许可；"开发"意指在土地内、土地上、土地上方或土地下方进行建造、工程、采矿或其他作业，或对任何建筑或其他土地的使用做出实质性变更。对建筑物进行维修、改造或其他改动，只影响建筑物内部或对建筑物外观并无实质影响的，并不是"开发"。在许多情况下，需要向当地规划部门申请规划许可，尽管许多类型的开发项目都获得了总体规划许可，并被视为"许可开发"，但必须符合特定条件，在某些情况下，必须事先告知规划局或相邻业主/居住者，并获得批准。

如果需要申请规划许可，可以（并鼓励）在正式申请之前与当地规划部门讨论建议书。不同的地区有各种不同的协议。如果开发项目有可能是"许可开发"（并因此不需要申请规划许可）的，可从当地规划部门获得非正式的确认；或者，通过申请合法开发证书获得正式的确认。

获得来自规划官员的非正式建议不如以前那样容易，尽管通常可以根据初步信息获得正式的"申请前建议"，这对客户来说是低风险的。

规划门户网站就"许可开发"的范围提供了有用的建议，即未经规划许可而允许的范围。

在英国，房屋和公寓的下列工作，通常需要获得规划许可（通过向当地规划部门申请）。威尔士、苏格兰和北爱尔兰则适用不同的规则。

1. 将房屋的一部分划分为单独使用的住宅。

2. 在花园中用大篷车作为住宅。

3. 将房屋的一部分划分作商务或商业用途。

4. 为商用车、出租车提供停车位。

5. 建造违反任何规划许可条款的东西。

6. 涉及与主干道、分级道路或"公路"相接的新建或改建道路的工程。

7. 对公寓或住宅的外部改建、增建或扩建，包括房屋改建，不包括不影响外观的内部改建（对公寓或房屋的内部改建，也许需要获得文保列管建筑许可）。

房屋扩建：

8. 覆盖原有房屋周围土地一半以上，并有附属建筑物或者其他独立建筑物的。

9. 改造后房屋的高度高于原房屋屋顶的最高部分。

10. 改造后房屋的屋檐高度高于现有房屋屋檐的。并且，屋檐高度不同的坡屋顶或平屋顶房屋，适用于不同的规则。

11. 房屋的扩建部分比朝向公路的墙更靠近公路，并构成原房屋的主立面或侧立面的。当房屋距公路"相当远"时，也有例外。

12. 独栋房屋的单层延伸超出房屋后墙 4 m 以上，或者，其他类型的房屋单层延伸 3 m 以上的（见第 36—37 页）。

13. 房屋的扩建部分多于一层，并超出房屋后墙 3 m 以上的。

14. 房屋的扩建部分多于一层，且距离该房屋后墙对面的任何宅基地界线小于 7 m。

15. 房屋扩建部分位于房屋宅基地界线 2 m 以内，且扩建部分的屋檐高度超过 3 m 的。

16. 房屋扩建部分超出房屋侧立面、高度超过 4 m、层数超过一层或者宽度超过原房屋一半的。对于同时影响侧墙和后墙的外延部分，两组限制条件都适用。

门廊：

17. 门廊结构的地面面积超过 3 m^2。

18. 门廊结构的任何部分高于地面 3 m。

19. 门廊结构的任何部分距离相邻公路的边界 2 m 以内。

房屋扩建：

注：若该房屋位于条款 2（3）的土地上，则以下各项均需获得规划许可：

a. 任何外部覆盖面。

b. 扩建房屋超过原房屋的侧立面。

c. 扩建房屋有一层以上的楼层超出原房屋后墙。

需要获得规划许可的屋顶扩建项目：

20. 房屋位于条款 2（3）的土地上。

21. 改造后房屋的高度高于原房屋屋顶的最高部分。

22. 扩建部分的任何部位超出面向公路的主立面上方的原坡屋顶的平面投影。

23. 改建后的屋顶空间的体积超过原屋顶空间 40 m^3 的排屋，或 50 m^3 的其他类型的房屋。

24. 其他未经规划许可但有条件并能够安装顶窗的改造项目。

对于包括屋顶扩建在内的许可开发的扩建方案，适用以下条件。如果这些条款均不满足，可能需要申请规划许可：

25. 所用材料的外观必须与现有房屋外部所用材料相似，温室除外。

26. 构成侧立面的外墙或坡屋顶上的上层窗户或顶窗，必须为不透明的玻璃。

27. 上层窗户仅包含距相关房间地板 1.7 m 以上的开口部分。

28. 如果房屋的扩建部分超过一层，屋顶间距应尽可能与原有房屋相同。

29. 屋檐延伸部分的最近边缘距原屋檐不小于 20 cm。

在某些情况下，以下项目可能需要规划许可：

30. 建造游廊、阳台或高台。

31. 安装、更换或改造微波天线。

32. 烟囱、烟道或污水管的安装、改造或更换。

房屋周围土地上的新建独栋建筑需要获得规划许可，其中：

33. 任何建筑物、围墙或集装箱不得用于家庭用途或超过上述第 9 条规定的用途。

34. 任何建筑物、围墙或集装箱都应位于房屋主立面前方的土地上。

35. 任何建筑物、围墙或集装箱都应超过一层。

36. 任何建筑物、围墙或集装箱应位于高度大于 2.5 m 的边界的 2 m 范围内。

37. 高度超过 4 m 带双坡屋顶的，或高度超过 3 m 的任何类型的建筑物、围墙或集装箱。

38. 屋檐高度超过 2.5 m 的任何建筑物、围墙或集装箱。

39. 在文保列管建筑的地面上兴建任何建筑物、围墙、水池或集装箱。

40. 容量大于 3500 L 的任何集装箱。

41. 在国家公园、自然景区、诺福克和萨福克湖区或世界文化遗产保护地，距离房屋任意墙面 20 m 以上，面积大于 10 m² 的任何建筑物、围墙或集装箱。

安装围栏、墙壁和大门需要获得许可：

42. 如果房屋是文保列管建筑。

43. 高度超过 2 m 的，或靠近道路、高度超过 1 m 的。

烟囱、烟道、土壤和通风管：

除条款 2（3）所述的土地外，都允许使用。除非这些构件超过屋顶最高部分 1 m 或以上。

种植树篱或树木：

44. 如果该物业的规划许可附加了限制这类种植的条件。

安装卫星天线：

普通电视或无线电天线除外。一般允许在物业上安装特定尺寸的天线，而无须规划许可，但存在适用条件，需进行核查。

车道：

45. 如果有新建的或更宽的道路要进入被采用的道路，则需要申请规划许可。如果新建的车道要穿过人行道或路缘，还需要获得地方议会公路部门的批准。

以下情况不需要规划许可：

棚屋、车库、温室、家庭宠物房、避暑别墅、游泳池、池塘、桑拿房或网球场，除非它们违反上述条件，否则都应核查任何项目的相关细节以及向当地规划部门申请的必要性。

建造或更新庭院、硬面停车场、道路和车道，用于停放商用车或出租车除外。但是，如果位于主立面前方，或超过 5 m²，硬质地面必须将水引至园区内的透水地面或多孔地面。

普通的家庭电视和无线电天线——请看前面的"安装卫星天线"部分。

维修、维护或微小的改进，如重新装修或更换窗户、嵌入窗户、天窗或顶窗，请参见下一节的"文保列管建筑"和"保护区"，这时可能需要许可。

尽管有上述条件，但在 2019 年 5 月 30 日之前，扩建至独栋房屋后方 8 m 或其他房屋 6 m 时，无须当地规划部门的规划许可。然而，这类开发项目在启动之前，有必要通知当地规划部门，随后由当地规划部门通知邻近的业主和住户。当地规划部门可能需要在工程开始前，事先核准项目的细节。

有些改变用途来创建的新住宅可能不需要规划许可，包括将农业建筑转换为居住建筑。此类开发允许进行有限的外部改造，但改造不应包括"建筑物新增结构构件"，如果提议对农业建筑进行改造，则需要事先向当地规划部门提出批准申请。

值得注意的是，在指定为绿化带的区域进行开发受到严格控制，需要向当地规划部门提交规划申请，但绿化带不是条款 2（3）规定的土地，因此不适用对许可开发进行更严格的控制。

如果可以为其所在区域提供理由的话，当地规划部门可以在向政府提出申请后，限制某些类型的许可开发。这些限制是根据条款 4 制定的，可以与地方规划局核实。

其他认证

文保列管建筑

有关威尔士、苏格兰和北爱尔兰的政策，请访问网站。

文保列管建筑包括建筑物的外部和内部，以及包括花园围墙在内的建筑物园区内的任何物体或结构，除了某些例外。

拆除文保列管建筑或其中的一部分，或以任何方式对其内部或外部进行改造或扩建，从而影响文保建筑官方为其定义的建筑或历史特征，均需要获得文保列管建筑许可。

某些小型工程，如管道、电气装置及固装设备和家具，如厨房和浴室，可被视为"最小工程"，如果该工程是非破坏性的和可逆的，则无需认证，但是此假设是不明智的。需首先和市政机构商量一下。未经许可进行任何工程是刑事犯罪。无须缴纳申请费（申请前期也许可收费）。

保护区

在保护区内拆除体积大于 115 m³ 的任何建筑物，或高度大于 2 m（或与公路相邻且高度大于 1 m）的大门或围栏，需获得规划许可。

无须缴纳申请费。

国家公园、自然景区和湖区、世界文化遗产保护地

一般来说，在这些地区进行工程作业的许可很有限。所以首先要与相应的机构进行核实。

树木和高树篱

许多树木都有树木保护令，这意味着，修剪或砍伐树木需要得到认证。大多数树木在保护区受到保护。在保护区，需要关注与树干直径在距地 1.5 m 处大于 75 mm 的树木相关的工程。

高度超过 2 m 的高大常绿树篱可能会受到 2014 年《反社会行为、犯罪和治安法》的约束。

洪水

洪水风险是规划许可申请中越来越普遍的问题，环境署（www.environment-agency.gov.uk）有一张指导规划的洪水图，为开发项目的规划提供指导意见。这张地图是用于土地利用规划的。如果您计划在

一个潜藏洪水风险的区域进行开发，您需要进行更细致的洪水风险评估，以显示洪水对现场的风险，或者，提供场地变更的建议，作为开发建议的一部分进行管理。

地方规划局应将该地图与最新的洪水风险评估策略结合起来，用于：

- 确定何时需要做洪水风险评估。
- 确定何时需要与环境署协商。
- 在没有合适的洪水风险评估策略的情况下，运用顺序测试。
- 洪水区定义见国家规划政策指南：
  □ 洪水区1：预计每年发生河流或海洋洪水的概率小于1/1000的地区（＜0.1%）；
  □ 洪水区2（浅蓝色）：预计每年发生河流洪水的概率在1/100—1/1000（1%—0.1%），或海洋洪水的概率在1/200—1/1000（0.5%—0.1%）的地区；
  □ 洪水区3（深蓝色）：预计每年发生河流洪水的概率大于1/100（＞1%），或海洋洪水的概率大于1/200（＞0.5%）的地区。

注：这些洪水区的洪水发生概率指的是河流和海洋洪水的可能性，忽略了防洪设施的作用。

防洪设施是指为抵御年1%（1/100）发生率的河水洪水或年0.5%（1/200）发生率的海上洪水而修建的防洪堤，以及一些（但不是全部）较旧的防洪设施和防御较小洪水的设施。将逐步增加尚未显示的防洪设施及其受益地区。

防洪设施的受益地区是指受惠于已显示的防洪设施的地区。如果没有防洪设施，万一发生年概率1%（1/100）的河水洪水，或0.5%（1/200）的海水洪水，这些地区就会被洪水淹没。然而，防洪设施并不能完全消除洪灾的可能性，在极端天气条件下，防洪设施可能会被淹没或失效。

关于地图上未显示的防洪设施的相关信息，请联系当地环境署办公室。

通行权

如果拟建建筑会阻碍公共道路，则应尽早与地方当局协商。如果他们同意该提议，则会发布法令，转移或取消路权。在法令确认之前，不得进行任何工作。

广告

在物业外展示 0.3 m² 以上的广告可能需要获得认证。这可以包括房屋的名字、号码，甚至"小心狗"那样的标志。可在短期内展示与当地事件相关的 0.6 m² 以内的临时通知。

野生动物

如果拟议的新建筑或改造工程干扰蝙蝠或其他受保护物种的栖息地，则必须通知英国自然协会（NE）、威尔士乡村委员会（CCW）或苏格兰自然遗产（SNH）（无论适合其中哪个）。处理受保护物种，例如避免对其繁殖或冬眠期的干扰，以及获得必要的许可证和开展缓解工作，可能会造成严重的延误和费用。预申请有助于确定是否需要进行特定的生态（和其他）调查。

资料来源：《2015 年城乡规划令（一般开发许可）（英国）》
[Town and Country Planning（General Permitted Development）（England）Order 2015] www.planningportal.gov.uk

规划申诉

以下内容与英格兰的申诉相关。苏格兰、威尔士和北爱尔兰的申诉过程与之类似。

考虑上诉

如果地方规划局（LPA）否决了规划（无论是大纲还是全部），或者虽然给予了许可，但附带了对申请人不合理的条件；抑或未经延期同意，在规定时间内（通常是指申请注册后的 13 周内）未能做出裁定，那么申请人有可能向地方规划局提起上诉。但若经过修改可以满足要求，那么上诉人在提出上诉前，应首先考虑修改规划。通常若在被否决后的一年内提交修订方案，不额外收取规划费。上诉应是最后的手段，需要时间和金钱。大多数上诉是不成功的。审查人员必须根据规划相关的事实和材料做出裁定。他们重视个案的规划价值，个人因素不太可能逾越规划的樊篱。

提出上诉

上诉必须在裁决之日起的 6 个月内提出，或者，在 12 个星期内由户主提起上诉。国务大臣（SoS）可以受理延期上诉，但只能在极特殊情况下受理。大多数上诉是根据书面陈述及规划审查人员对现场的走访来决定的。审查人员可以同意（或要求）"听证"或"公开质询"。针对规划许可、文保列管建筑许可或保护区许可的上诉，可以在线提交，也可通过从英格兰和威尔士的规划督察局、苏格兰行政管理局（SEIRU）和北爱尔兰规划上诉委员会获得的表格来提交。在英国，除了减少上诉的时间外，还有一个考虑户主上诉的程序。目前（北爱尔兰除外），上诉只能由申请人提出，而不能由任何有利害关系的第三方提出。

书面陈述

上诉书连同文件及图则应一并送交规划督察局（PI）。地方规划局（LPA）将把他们的案子发送给规划督察局，其副本将发送给上诉人，上诉人可以提出意见。利益相关人，如邻居和环境团体，将收到上诉通知，也可以发表评论。审查人员准备好后，会安排一次现场考察。如果可从公共用地考察现场，那么这次考察可能是无人陪同的；如果现场位于私人土地上，且是上诉人（或某代表）所有，那么，这次考察是有人陪同的，并且地方规划局官员必须到场，尽管他仅是指出事实，并不参与讨论。

听证会

听证会不如"公开调查"那么正式，因此费用更低些，通常不需要法定代表人到场。这种方法通常不适用于涉及公共利益，或者，所考量的证据具有特殊技术或较为复杂的案子。

本地调查

当地方规划局、上诉人或检察机关要求使用该程序，并经检查机关同意时，可使用该程序。该程序更为正式，并对提交证据的期限也更为严格。

所有证人或代表都有可能被提问或盘问。在调查中，当事人可以聘请律师或者其他专业人员为自己辩护。检察官通常会在调查前单独访问现场，并作为调查内容的一部分。

费用

无论采用何种程序，上诉人和地方规划局通常都会自行支付费用。但是，如果任何一方认为另一方的行为不合理，从而使其付出不必要的代价，则可请求另一方支付费用。可通过所有方法（包括书面陈述、听证会或本地调查）索赔费用。在某些情况下，如果检察官认为存在不合理行为，即使另一方当事人未提出索赔，也可由检察官裁决。

裁决

如果在裁决前出现新证据，可能会对诉讼产生新的观点，双方在裁决前有机会发表意见，并可能重启调查或进一步提交书面陈述。检察官会将裁决发送给上诉人，同时将副本发送给地方规划局及其他有权或想要副本的人。在某些情况下，检察官不会做出裁决，而是向国务大臣（SoS）提供建议，并由其考虑后做出最终裁定。

高等法院

质疑诉讼裁决的唯一途径是在高等法院提出法律依据。通常必须在做出裁决之日起 6 周内提出，而且任何情况下都应迅速提出。为了在高等法院上诉成功，就必须证明该裁决是非法的，并且检察机关或国务大臣存在越权或程序不当的行为。如果在高等法院上诉成功，只意味着案件必须重新审理，可能并不会改变最终结果。

> 资料来源：规划门户网站：www.planningportal.gov.uk
> 《程序指南：规划申诉—英格兰（2015 年 7 月）》[Procedural Guidance：Planning appeals—England（July 2015）]

文保列管建筑

所有将建筑物、遗址或其他遗产列入法定名单的申请，必须提交给负责所有咨询和研究的英国历史博物馆（HE）。最终由英国文媒和体育部大臣决定是否将该建筑物、纪念碑或废墟列入英国国家遗产名录（NHLE）。

建筑物可能因为年代、稀有性、建筑价值、建造方法而被列入文保名录，偶尔也可能因为与名人或历史事件相关联而被列入名录。建筑群可按其群体价值列入名录。

所有 1700 年之前且基本处于原始状态的建筑都有可能被列入名录，大多数 1700—1840 年间的建筑也是。随着时间的推移，标准变得越来越严格，以至于 1945 年之后只有特别杰出的建筑被列入名录。然而，最近有越来越多的 20 世纪的建筑被列入名录。

分级

文保列管建筑的分级如下：

- Ⅰ级：具有罕见价值的建筑；
- Ⅱ*级：特别重要并具有特殊意义的建筑；
- Ⅲ级：占文保列管建筑的 92% 以上，是国家重要和特别关注的建筑。

文保范围适用于整栋建筑物，包括 1948 年 7 月 1 日前固定在建筑物或地面上的任何东西。

一些赠款可用于修复和保护最重要的历史建筑、纪念碑和设计景观。这些捐款主要用于紧急维修或预留给不损失重要的建筑、考古或景观特征的工程。

有关获取文保列管建筑或其他信息的建议，请咨询地方政府和古代英国（Local Authority and Historic England）的相关网站。改造或扩建现有列管建筑的许可证，由当地规划机构负责颁发，并最终由英国文媒和体育部（DCMS）根据古代英国（Historic England）的建议来执行。

有关威尔士、苏格兰和北爱尔兰的文保列管建筑，请分别咨询CADW、古代苏格兰、贝尔法斯特历史建筑和纪念碑。

资料来源：www.historicengland.org.uk
　　　　　www.cadw.wales.gocvv.uk
　　　　　www.historic-scotland.gov.uk
　　　　　www.nidirect.gov.uk

分界墙裁决

《1996年分界墙法案》（The Party Wall Etc. Act 1996）在英格兰和威尔士全境生效，涉及以下拟建工程：

1.对现有分界结构、墙体或楼板所做的工作，如为新建梁加装支撑、铺设防潮层（DPC）、下部固定、提升、重建或拆除墙体。

2.边界附近的新建结构，以及两个物业间分界线上的新建隔墙。

3.所有距离相邻建筑或结构 3 m 以内，且挖掘深度深于相邻基础的新建建筑基础的挖掘工程。

4.距离相邻建筑或结构 6 m 以内，将切断相邻地基底部向下 45°的延伸线的挖掘工程，包括桩基础、维修和排水渠。

通知必须由建筑物所有人送达一个或多个相邻建筑的业主，其中包括房东和租期一年以上的租户。上文第 1 条所述的分界结构的通知必须在现场开工前至少两个月发出。第 2 条所述的分界线工程的通知，以及第 3 条和第 4 条所述的相邻基础开挖工程的通知，必须在现场开工前一个月发出。通知没有固定格式，但应包括：建筑物所有人的姓名和地址；建筑工地的地址（如果不同的话）；相邻物业所有人的姓名和地址，及其相邻物业的地址（如果不同的话）；拟议工程的全套施工图纸及拟议开工日期。它还可能包括保护相邻业主的物业布局的任何建议，以及相邻建筑的入口和脚手架等细部的详细建议。相邻业主不得阻止他人行使其符合该法案的权利，但可以影响其工作的方式和时间。任何收到通知的人，可以给出"同意"、"不同意"，或者提供反通知，说明其对工程的修改建议。如果相邻业主在14天内没有确认，则视为产生争议，且争议必须依据《分界墙法案》来解决。

　　整个过程可能代价高昂，因此，客户预先通过与邻居的良好沟通打好基础，非常值得。

裁决

　　《分界墙法案》旨在维护业主的利益，解决与拟建工程以及如何实施该工程相关的任何争议。这是为了尽量减少邻里之间的冲突，尽管相邻业主可以"反对"不给他们否决权的工程，以阻止工程的进行。

　　未获得许可时，两位业主可商定一名调查员，依据《分界墙法案》来解决争议，或各自指定一名调查员来完成相同的工作。被任命的调查员必须考虑双方业主的利益，并冷静执法。他们起草并做出裁决，这是一份具有法律约束力的文件，规定了双方的权利和责任。它还规定了将开展哪些工作，以及执行工作的方式和时间。它通常包含一份《现状明细表》，详细描述工程开工前相邻业主房屋的状况，并当不幸发生损坏时提供有用的标准。该裁决书还将明确由谁支付施工费用及调查员的费用——通常由启动工程的业主来支付。裁决书将送达所有相关业主，他们均受到裁决书的约束，除非他们在裁决书送达14天内向高等法院提出上诉。

　　资料来源：《1996年分界墙法案：修订手册》
　　　　　在线获取地址：https://www.gov.uk/dclg

建筑规范

几乎所有的新建建筑都必须遵守建筑规范，除了没有卫生设施的小型独立住宅，如棚屋和车库。这些规定可从 www.planningportal.co.uk 下载。可向任何地方当局（LA）或注册的独立建筑监理师提出申请。小工程的费用显示在地方当局的网站上；大工程的费用按协议收取。

核准的文件

这些文件作为建筑规范的实用指南颁布，即它们不是建筑规范本身。强制性要求在每个文件的开头以绿色高亮显示。其余条文仅供参考。建筑监察局承认，如果遵循这些指南，则能满足要求。但业主没有义务遵循这些指南，只需出示证据证明相关要求已以其他方式得到满足即可。

建筑规范的目标是确保健康、安全、节能及方便残疾人的无障碍设计的合理标准。苏格兰和北爱尔兰实行单独的控制制度。

这些规定由国家统计局发布，可从英国皇家建筑师学会（RIBA）的书店和网上获取。

核准文件
单元 A

核准文件 A——结构（2004 年版，并入 2004 年、2010 年和 2013 年修订版）

单元 B

批准的文件 B（消防安全）——第 1 卷：居住建筑（2006 年版并入 2010 年和 2013 年修订版）

批准的文件 B（消防安全）——第 2 卷：非居住建筑（2006 年版并入 2010 年和 2013 年修订版）

单元 C

批准文件 C——现场准备及防腐防潮（2004 年版并入 2010 年和 2013 年修订版）

单元 D

批准文件 D ——有毒物质（1992 年版并入 2002 年、2010 年和 2013 年修订版）

单元 E

核准文件 E——隔声（2003 年版并入 2004 年、2010 年、2013 年和 2015 年修订版）

单元 F

核准文件 F——通风（2010 年版并入 2010 年和 2013 年修订版）

单元 G

核准文件 G——卫生、热水安全和用水效率（2015 年版）

单元 H

核准文件 H——排水和废物处理（2015 年版）

单元 J

核准文件 J—— 燃烧装置和燃料储存系统（2010 年版并入 2010 年和 2013 年修订版）

单元 K

核准文件 K——防止坠落、碰撞和冲击（2013 年版）

单元 L——居住建筑

核准文件 L1A——新建住宅的燃料与电力节约（2013 年版）

核准文件 L1B——现有住宅的燃料与电力节约（2010 年版并入 2010 年、2011 年和 2013 年修订版）

单元 L——非居住建筑

核准文件 L2A——新建非居住建筑的燃料与电力节约（2013 年版）

核准文件 L2B——现有非居住建筑的燃料与电力节约（2010 年版并入 2010 年、2011 年和 2013 年修订版）

单元 M

核准文件 M——建筑的入口和使用：第 1 卷——居住建筑（2015 年版）

核准文件 M——建筑的入口和使用：第 2 卷——非居住建筑

单元 N

2013 年收回，归入单元 K 及核准文件 K

单元 P

核准文件 P——电气安全：居住建筑（2013 年版）

单元 Q

核准文件 Q——安全：居住建筑（2015 年版）

单元 R

建筑物高速通信的基础设施（2017 年）

条例 7

核准文件 7——材料和工艺

建筑物的潮湿问题

当建筑物中太多部位出现潮湿，导致构件或装修被损坏，或者促进霉菌生长以至威胁健康或破坏建筑结构时，潮湿就会成为建筑的一大隐患。

潮湿问题主要分为五类：潮气上升、潮气渗透、冷凝水、设施泄漏和结构潮气——在许多情况下，装修糟糕或维护不善的建筑物会遭受其中一种以上的因素的影响；问题的诊断可能很复杂，应随着时间的推移评估症状。

典型原因

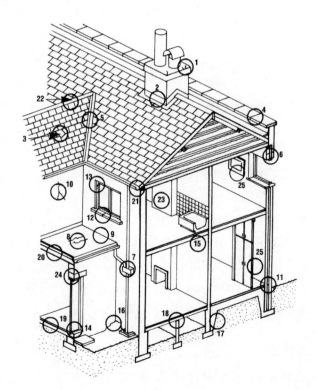

水体渗漏

1. 烟囱顶部有缺陷的加腋
2. 有缺陷的烟囱泛水
3. 滑落或破碎的屋面瓦
4. 女儿墙压顶下缺少防潮层
5. 屋面谷沟缺陷
6. 窗顶缺少空腔托盘
7. 排水管（RWP）破裂，接头堵塞
8. 平屋顶上的沥青开裂
9. 平屋顶与墙体交接处无垂直沥青层
10. 抹灰面开裂
11. 灰浆滴落在空腔接头处，将水导入内层
12. 窗台开裂
13. 窗框油漆和腻子有缺陷
14. 门槛高度不足，导致雨水进入
15. 浴缸边缘有缺陷的密封胶导致的墙面湿块

潮气上升

16. 接地防潮层
17. 挡土墙无垂直槽
18. 地垄墙上的托梁下无防潮层
19. 地板下有缺陷的防潮膜
20. 平屋顶内缺少隔蒸汽层导致的内部冷凝水
21. 屋顶空间的屋檐通风口堵塞
22. 屋顶空间缺少屋脊通风机
23. 缺少空心砖来堵塞烟道
24. 实心混凝土过梁内部的冷凝水
25. 靠外墙的不通风的柜子内的返潮

建筑设计与管理条例

20 世纪 90 年代中期，建筑业的致命事故是其他制造行业的 5—6 倍。此外，所有的建筑工人在其工作生涯中，都可能至少因受伤而暂停工作一次。1995 年 3 月 31 日生效的《建筑设计与管理条例》（CDM），正是为了改善这些统计数据而于 1994 年起草的。2007 年和 2015 年均对该条例进行了修订和说明，并在核准的《建筑业健康与安全管理实施规程》（2015 年修订版）中进行了诠释：

"设计人员必须在合理可行的范围内，充分考虑相关的设计因素，避免可预见的风险。风险越大，考虑消除或减少风险的权重就越大。"

所有项目，设计师都应核查客户是否意识到自己的职责，并且在他们开始对"已经申报的项目"进行设计工作之前，应确保客户已经为 CDM 指定了"主任设计师"。

《CDM 条例》的主要目的是将健康和安全纳入项目管理，并鼓励

所有相关人员共同努力做到：

- 从一开始就改进项目的规划和管理；
- 尽早识别危险，以便在设计或规划阶段消除或减少该危险，并妥善管理其他的风险；
- 致力于在健康和安全方面做到最好；
- 阻断不必要的官僚作风。

2015 年对《CDM 条例》的修订，强调了客户作为遵守《CDM 条例》的主要推动者的责任，将几乎所有的工程（包括大多数国内项目）都囊括在《CDM 条例》内，并更加明确地确定了早期的中心角色是一位设计团队的成员——即"主任设计师"，而不是"CDM 协调员"，同时，继续警惕不恰当的官僚作风往往会掩盖真正的健康和安全问题。

对于同时有多个承包商或分包商共同工作的工程项目，客户必须指定一名主任设计师和一名总承包商。2015 年的《CDM 条例》中对总承包商的职责的修订很小。

所有工程项目都是"依法须向当局申报的"，除非这些工程持续时间少于 30 天，一次涉及的工人不超过 20 人，或者所需的施工工作日不超过 500 个：因此，一个 5 个工人持续工作 5 个月的典型的本地工程才是应当申报的。

申报是客户的职责，但通常会转交给负责为本地客户提供建议和帮助的主任设计师：这包括在 F10 表格上向健康、安全与环境部（HSE）提交项目详细信息，并应随着项目的推进及时更新。

主任设计师必须建议并协助客户履行其职责，协调设计工作的健康和安全方面，并与项目相关的其他人员合作；促进客户、设计师和承包商之间的良好沟通；收集并传递项目前期信息——前期的健康和安全投标文件——并就正在进行的设计与总承包商联系；在竣工时为客户确认并准备及更新健康和安全文件。如果客户要求，他们还可以根据顾问和承包商在 CDM 方面的能力和资源，就他们的任命提供建议。如果建筑师要担任主任设计师，则必须确保接受相应的 CDM 培训，如果不遵守《CDM 条例》，可能会导致刑事起诉。对于不担任主任设计师的建筑师，最明确的职责就是，预先做好项目的风险评估，并在设计过程中考虑这些因素。

英国皇家建筑师学会就建筑师作为主任设计师提出如下建议：

- 主任设计师的职责以"合理可行"为原则，所以并不是绝对的义务；
- 主任设计师的职能并不复杂，对于经验丰富的设计师来说，也不涉及过于繁重的工作；
- 主任设计师的职能不是无休止的行政管理，而是注重与健康和安全相关的实际风险防范的实用设计；
- 主任设计师的职能在某些程度上不是设计师尤其是建筑师可以回避的。对于较复杂的项目，建筑师可能希望任命一位专业的健康和安全顾问，为他们提供建议并协助他们履行作为主任设计师的职责。

建筑师必须承担主任设计师的角色吗？不是的。但是，主任设计师必须是一位在项目前期的设计阶段，对设计协调负有重要责任和权力的设计师。虽然这个角色可以由项目设计团队中任何一位可以控制项目前期的设计师来承担，建筑师或首席设计师在大多数建筑项目中的角色，似乎都是自然的选择。

如果本地客户未能履行其职责——如未能指定主任设计师或总承包商，那么，根据健康、安全与环境部门的建议，这些职责分别由首席设计师或主要承包商来承担：

　　"对于未指定主任设计师的国内客户项目，主任设计师的职能必须由能够控制项目前期的设计师来承担。在为本地客户工作时，客户的职责通常由另一责任人（在涉及多个承包商的项目中，通常就是总承包商）来承担。但是，主任设计师也可与本地客户签订书面协议，除自己的职责以外，承担客户的职责。"

当不适用《CDM 条例》——"无需申报"——或低于任命主任设计师和总承包商的门槛，即与单一的承包商合作时：

在法律上，设计师仍有义务避免可预见的风险；优先考虑保护所有的人，并在设计中涵盖足够的健康和安全信息。就《CDM条例》而言，有许多与施工相关的活动被列为"非施工项"，包括架设和拆卸天棚、用作办公室屏幕、展览展示等的轻质活动部件；植树和一般园艺工作；检测工作（包括"检查结构是否存在故障"等），以及场外制造建筑部件（如屋架、预制混凝土和浴室隔间）。因此，CDM不适用于这些工作。

资料来源：《施工健康与安全管理——健康、安全与环境实施规程2015年版》（可免费下载）

（Managing Health and Safety in Construction—Approved Code of Practice 2015 HSE）

建筑行业标准

人们正在努力协调整个欧洲的标准，以打开建筑产品的单一市场。鉴于英国脱欧谈判，这种情况可能会有所变化。这仍然是一个雷区，因为在21世纪初，这个协调尚未完成。以下按字母顺序列出相关机构和标准，这可能有助于规范目前的情况。

BBA—British Board of Agrément（英国产品认证委员会）。该机构评估和测试尚未获得相关的BS（英国标准）或EN（欧洲标准）认证的新建筑产品和系统。它向符合其标准的产品颁发认证证书。该证书旨在对其适用性给出一个独立的意见，持证产品或系统须接受三年一次的审核，以确保标准得以维持。BBA在UEAtc（欧洲认证技术联合会）中代表英国，并由政府指定来领导ETAs（欧洲技术评定书）的发布。

BSI—British Standards Institution（英国标准协会）。这是世界上第一家国家标准机构。它发布了英国标准（BS），给出了材料、产品和工艺的最低参考标准。这些不是强制性的，但有些标准被建筑规范（及下文的EN）直接引用。所有符合特定BS标准的材料和部件均标有"BS"标记及相关的编号。英国标准协会（BSI）还发布了《实施规范》（CP），该规范为设计、制造、施工、安装和维护方面的良好实践提供了建议，主要目标是安全、质量、经济和适用性。《开发草案》（DD）是在 BS 或 CP 没有足够的信息时发布的，类似于 ENVs。

二级 BIM 系列文件：包括 BS 1192:2007、PAS 1192-2:2013、PAS 1192-3:2014、BS 1192-4:2014、PAS 1192-5:2015 和 BS 8536-1:2015。这些文件旨在帮助建筑业采用二级 BIM 系列文件。

CE 标志—Communauté Européenne mark（欧洲共同体标志）。产品上的 CE 标志是强制性的。它证明了该产品符合相关指令的最低法律要求，该指令允许该产品在欧洲任何成员国合法上市。CE 标志使公司更容易进入欧洲市场销售其产品，而无需调整或重新核查。

CEN—Comité Européen de Nationalisation（欧洲标准化委员会）。其主要目的是协调国家标准，促进 ISO 的实施，制定欧洲标准（ENs），与欧洲自由贸易联盟（EFTA）和其他国际政府组织以及欧洲电工标准化委员会（CENELEC）（CEN 的电工分会）合作。英国标准协会（BSI）是 CEN 的成员。

EMS—Environmental Management System（环境管理体系）。ISO 14001:2015 是世界上第一个国际环境管理体系，为环境管理提供了一种综合评价方法。

EN—Euronorm（欧洲标准）和 Eurocodes（欧洲规范）。欧洲标准（ENs）是用于欧洲范围的标准，有助于在所有领域开发单一的欧洲商品和服务的市场。ENs 旨在促进国际贸易，创造新市场，并降低合规成本。ENs 由以下欧洲标准组织制定：欧洲标准化委员会（CEN）、欧洲电工标准化委员会（CENELEC）和欧洲电信标准协会（ETSI）。在英国，ENs 由英国标准协会（BSI）发布为 BS ENs（英国标准）。

EOTA—European Organisation for Technical Assessment in the area of construction products（欧洲建筑产品技术评估组织）。EOTA 总部设在布鲁塞尔（比利时），它利用其成员国的科学技术专长，制定并采用欧洲评估文件（EADs）。EOTA 协调欧洲技术评估（ETA）申请及欧洲评估文件使用的应用程序。EOTA 确保其成员之间共享最佳实践案例，以极大地促进行业效率并为其提供更好的服务。EOTA 与欧盟委员会、成员国、欧洲标准化组织以及其他从事研究和建设的相关各方密切合作。

EU Directives（欧盟指令）。欧盟指令是一种立法形式，它规定了产品在欧洲销售必须满足的要求。欧洲联盟采取了一系列措施，简化货物在整个欧盟（EU）和欧洲自由贸易区（EFTA）的流动。其中一些措施被称为新方法指令。新方法指令提供了对产品设计的控制，最重要的是，寻求协调整个欧洲的产品安全要求。

ISO—International Organization for Standardization（国际标准化组织）。这个组织为全世界制定国际标准。它的前缀是 ISO，且有很多标准是与英国标准兼容的。在英国，通过 ISO 认证的 BS 和 EN 的前缀为 BS ISO 或 BS EN ISO。ISO 国际标准确保产品和服务的安全、可靠和高质量。对企业来说，它是一种通过减少浪费和错误、提高生产率来降低成本的战略工具。它可以帮助公司进入新的市场，为发展中国家提供公平的竞争环境，并促进自由和公平的全球贸易。

MOAT—Method of Assessment and Testing（评估和测评方法）。这是 BBA 在测试产品时使用的标准和方法。许多 MOAT 是在与欧洲评估机构协商的基础上，在欧洲认证技术联合会（UEAtc）的支持下开发的。

QMS—Quality Management System（质量管理体系）。ISO 9001 是世界公认的质量管理体系（QMS）。它属于 ISO 9000 系列质量管理体系标准（与 ISO 9004 一起），可以帮助机构满足客户的期望和需求，同时还兼具其他优点。ISO 14001 是一个国际公认的标准，它示范了在一个机构中如何建立一个有效的环境管理体系。它旨在帮助企业在不忽视环境责任和影响的情况下保持商业的成功。它还可以帮助企业持续增长，同时减少这种增长对环境的影响。

UEAtc—European Union of Agrément technical committee（欧洲认证技术联合会）。所有的欧洲认证机构都隶属于该联合会，包括英国的 BBA。其主要职能是促进成员国之间的建筑产品贸易，主要通过其确认程序，利用一个国家的 UEAtc 成员颁发的鉴定证书在另一国家获取证书。

成本与法律

由于合同价值和判例法的变化过于频繁，实际数字和法律细节无法具有持久价值，因此成本和法律问题只能在原则上和概要上加以说明。

成本

建筑师作为成本顾问的职能随着项目规模的变化而变化。对于大多数小型项目和许多较为简单的中型项目，建筑师既是客户的成本顾问，也是承包商付款的证明人，因此，了解当前成本对在这一级别工作的建筑师至关重要，尽管有一些包含零星工作和翻新工程价格的手册，但他们的本地经验通常是最好的指导。对于较大的项目（见下文），业主可指定一名工料测量师作为成本顾问，但在任何情况下，建筑师仍需负责证明中期付款。

估算成本最简单的规则是，成本随规模的增加而降低（即数量越多，单位成本就越低），而随复杂程度的增加而增高；时间也是一个问题，但是对于不同的承包商和项目环境，建设项目最经济的工期会有所不同；加快进度提前完工或放慢进度，都会增加成本。

在项目早期，由于技术含量较低的简单工作以及较便宜的材料，项目成本可能较低，但在接近完工时，由于需要更多的技术工种用于设备和装修工程，以及安装较为昂贵的部件，如细木工制品、电气和卫生配件等，项目成本会急剧增加。

劳动力成本在建设成本中所占的比例稳步增长，这反映在预制和预处理工作的增长上，包括窗户、厨房和浴室隔间等部件，以及墙、屋顶和地板等的材料因素；预制装配构件再次兴起，创造了"现代化的建造方法"。

大多数项目的初步成本估算是以每平方米室内建筑面积为单位计

算的；不同类型和规模的建筑的费率差别很大，例如，一个简单的工业大棚每平方米的价格可能是投机性住房的一半，而投机性住房每平方米的价格可能是医院的一半。尽管公制化已经几十年了，商业发展领域的许多人仍然以平方英尺为单位来计算租金和建筑成本（10.67平方英尺 =1 m^2 ）。在大型项目中，通常需要基本的成本计划。

对于较小的项目，建筑师通常是客户唯一的成本顾问，通常根据工程的图纸、规范或进度表来投标。建筑师将与业主商定承包商名单，发布标书，就收到的标书的相关优点向业主提出建议，协商必要的成本节约手段，并安排业主与承包商之间的合同；一旦开工，建筑师将代表双方管理合同，对承包商的工程进行估价（通常每月一次），并为客户准备支付凭证，包括必要时以建筑师的资质出具的工程变更。竣工后，由建筑师与承包商协商工程决算。

建筑合同中普遍认可的原则是，完工后向承包商支付款项；有些承包商可能寻求提前支付或每隔一段时间支付，以缓解其现金流：这使客户处于风险之中，不太可取。增加每月的支付频次也许是可以接受的，但涉及建筑师和工料测量师的额外的估价和认证费用，以及客户的额外费用。如果承包商需要提前订购和支付特定商品，如定制窗户，则需要采取特殊预防措施，以保护客户的利益，例如确认收据、明确所有权和保险。

大型项目——尤其是那些客户希望详细和明确的成本估算、监控和控制的项目，其顾问团队通常包括工料测量师，他们可以在简报和设计阶段提供一系列的估算并执行价值工程，然后在施工图阶段编制工程量清单，详细说明工程情况，以便投标人能够据此进行准确报价。

工料测量师就收到的标书向客户提供建议，并基于建筑师的资质在合同期间进行估价及处理最终的决算。

无论工料测量师是否参与，在大多数合同形式下，建筑师仍然负责证明支付价款，尽管这些价款通常基于工料测量师的估价。建筑师还承担"管理合同"的额外职责；在他的某些职责中，例如在评估工期的延长时，要求他在成本、时间、质量等方面公平公正地对待客户和承包商。重要的是，建筑师应在一开始就向缺乏经验的客户说明这一点。

建筑师最重要的职责之一，是评估工期的延长可能产生的重大成本后果——包括承包商对损失和费用的索赔，以及客户获得违约赔偿金的权利。

费用和合约

对建筑师来说，没有固定的收费标准，英国皇家建筑师学会基于平均收费标准提供了建议，这个收费范围包含在向客户提供的建议中。

对于较大的项目，通常按最终的建设成本的百分比收取费用；对于较小的项目，可以按工作时间收费或采用一次性报价。

就建设成本而言，费率往往随着项目规模的增加而降低，并随着项目复杂性的增加而增加，因此，例如，在绿地上新建一座大型仓库的费率可能低于 5%，而一座小型的一级文保建筑的修复和维护的费率可能高达 20%。

英国皇家建筑师学会的合约文件说明了建筑师费用中通常包括哪些标准服务，以及哪些特殊服务需要单独协商。

如果几个顾问合作同一个项目，他们的费用将与客户单独协商，但重要的是，应明确界定每个顾问的工作范围，以便向客户提供的服务不存在偏差和重复。

对于总费率为 15% 的项目，顾问之间的占比大约为：建筑师 7%；景观设计师 1.5%；结构工程师 2.5%；设备工程师 1.5%；工料测量师 2%；CDM 主任设计师 0.5%——尽管项目对顾问们的技能要求可能非常不同。

法律

建筑师在施工合同管理中的职能是其主要参与的法律事务，但客户可能会要求建筑师就规划、文保建筑和建筑规范，或与《CDM 条例》相关的健康和安全提供的法律咨询（见第 49—52 页），或《分界墙法案》（见第43—44页）及其他相关法律（如《工作健康与安全法》《办公室、商店和铁路经营场所法》等）规定的边界问题。重要的是，建筑师不能给客户提供超出其法律专业范围的建议，并在必要时建议客户去咨询法律顾问。

法律纠纷，特别是涉及诉讼和仲裁的纠纷，往往耗时、耗钱；《建筑法》[《住房补助、再生和建设法》1996年第二部分（2011年修订）]作为一种更简单快捷的争议解决方法，引入裁决，但它有自己的规则和时间表，建筑师需要了解这些，尤其时间表，因为时间可能非常紧。虽然在建筑合同中，裁决的有效性通常是义务的，但这并不适用于本地项目，所以，建筑师应与本地客户核实他们是否需要裁决；可以建议，本地项目的合同中不删除裁决，会使客户面临更大的风险，从而使建筑师承担责任。建筑师还应记住，根据《建筑法》，他们与客户之间的合约属于建筑合同，因此，他们可以利用法律规定的补救措施，如裁决、暂停服务、分期付款权等。

业主和承包商之间经常就建筑师给出的延长工期的裁定产生争议，因此建筑师应始终保持适当的记录，说明其如何评估工期延长以及裁决时所用的标准。

英国皇家建筑师学会的建筑师可以通过电话免费向英国皇家建筑师学会获得初步的、非正式的法律和合同方面的建议。

当出现可能涉及对建筑师索赔的争议时，建筑师需咨询其专业赔偿保险公司或经纪人。在初审时，就合同纠纷或索赔问题咨询专业的合同顾问可能比律师更有用。

注册建筑师和英国皇家建筑师学会的注册会员必须持有适当水平的专业赔偿保险，以便为因建筑师的错误而遭受经济损失的客户或他人提供赔偿保证。

建筑师与其保险公司之间的合同包括常规条款，最关键的是，建筑师应尽快告知其保险公司任何"可能导致索赔的情况"。由于这些条件可以被广泛解释，这有助于建筑师与他们的经纪人或保险人建立积极的咨询关系。

可持续性、节能与绿色问题

被认为与 21 世纪上半叶有关的事。

建筑师的责任

建筑师对他们的客户、建筑物的使用者、社会乃至世界，以及他们的建设者和顾问负有责任。过度的资源消耗，尤其是能源消耗，以及二氧化碳排放是世界面临的最紧迫的问题：解决这些问题的责任主要在于工业化的世界，而工业化世界在很大程度上制造了这些问题。

英国约一半的二氧化碳排放来自建筑，其中三分之二来自住房。不出所料，2015 年 7 月，政府废除了以前的政策，即 2016 年开始，所有新建住房将按照更高的碳排放标准或《可持续住宅规范》（Code for Sustainable Homes，简称 CSH，现已失效）中的"6 级"来建造。这意味着，新建住房的设计几乎不需要空间供暖或制冷（相当于被动式住房标准），并且余下用于热水、烹饪、照明等其他设备的能源，至少与场地产生的环境能源（如光伏电池板或风力涡轮机）相平衡。

成功的"被动房"设计的四个关键是：

- 织物和玻璃的超级隔热性能——如 400 mm 的纤维素纤维或 200 mm 的酚醛泡沫保温板，带有三层低辐射（low-e）软涂层的隔热充气玻璃。
- 有效的气密性结构，使漏风率降低到 0.6 AC/h 以下，而不是 10 AC/h 以下，从而满足建筑规范及 20 AC/h 的典型英国楼宇的漏风率的要求。
- 有效控制内部和外部热增益的设计——如被动太阳能设计、热回收通风等设计，其余的加热（或冷却）负荷每年每平方米不超过 15 kW/h。
- 结合可用的蓄热体——如在密肋地板和内墙材料中吸收并平衡热量增益。

《可持续住宅规范》是新建住宅的自愿性标准，但住宅协会规定 3 级为强制性要求，该协会依据 9 个维度来评定建筑标准：能源、废弃物、水、材料、地表水流、管理、污染、健康和福利、生态。

在《住房标准评审规范》（Housing Standards Review）出台后，政府废除了《可持续住宅规范》。然而，仍需执行"合规性"评估，如果某规划的条件达到一定的规范水平，并在 2015 年 3 月 27 日之前签约，地方当局可能会要求它进行评估。《放松管制法》引入了一项条款，修订了《规划和能源法》（2008 年），以防止地方当局要求比建筑规范更高的能源效率。

英国建筑研究所（BRE）确定住宅质量标志（Home Quality Mark）为 CSH 的"继任者"；这一标准和 AECB 的"金、银、铜"标准可能会得到广泛应用，尽管这些标准的应用纯粹出于自愿，且有《放松管制法》防止将其强加于开发商。

新建建筑只是英国建筑的一小部分：尽管设计高标准的新建筑至关重要，但大部分的问题还在于现有建筑的标准不够高。

大量的改造和翻新工程表明，大多数人有很多机会改善环境和自己的未来。很多机构正在研究最恰当的老旧建筑的可持续翻新。节能信托基金、英国建筑研究所（BRE）和 AECB 已经发布了许多涉及可持续翻新的实用文件。然而，要注意的是：所有的翻新项目各有不同，虽然指南很有用，但仅仅是指南，每个项目都必须单独处理，因为有很多因素会影响成功翻新现有建筑的方法。

限制改善现有建筑环境的因素包括：较差的选址、遮挡、历史建筑的限制；现有建筑的一大优点是拥有大量的蓄热体，这在全球变暖的时代变得越来越有价值。

土地使用规划与运输

新的开发项目应提高密度并整合使用，以尽量减少运输（占英国二氧化碳排放量的 30% 以上）；应包括鼓励公共交通、电动汽车和使用自行车的规划和设施。理想情况下，应允许当地生产粮食和生物。

场地布局应以日照为导向，尽量减少阴影——既为了被动增热又可用于太阳能发电。

景观设计

- 直接提高建筑的环境性能：为了防止风和植物爬到建筑物上而种植的防护植被；为了季节性遮阴种植落叶植物（种植棚架比种植树木更容易控制，因为树木可为太阳能电池板和光伏板遮阴）；为了微气候、隔热和防水种植屋顶；可以再利用和便利的水源保护池；芦苇床污水处理；生物燃料种植。
- 间接改善生活质量和生物圈：种植屋顶、可渗透的 / 非规则的块材地面和可持续的排水系统，以尽量减少洪涝灾害；本土种植和定点种植；小块园地；堆肥供应；种植野生植物以改善栖息地和生物多样性。
- 改进施工工艺，以尽量降低施工损害：全面的景观调查之后所做的野生动植物保护计划；施工期间的污染控制；高质量和积极的现场管理，以防止损害和保护景观。

环境建筑设计

玻璃面积最多的主立面应面向南方，或位于西南和东南之间，以便最大限度地利用被动和主动的太阳能增益。对入射角较低的冬季太阳无遮挡——但是，随着气候变暖，这一点至关重要——保持足够的安全通风并遮挡入射角较高的夏季太阳，以防止温度过热；落叶植物可以较低的成本提供季节性调节的遮阳。住宅的北立面应该尽量减少玻璃面，但对某些具有高内热增益的建筑类型，如办公室，通过北部光线最大化地获取日光，可能是一种更有效的节能措施。

新玻璃应符合最佳标准，如三层低辐射软涂层充气玻璃，其中间窗格玻璃 U 值低于 $0.7 \ W/m^2 \ ℃$。

窗户位置和设计应考虑交叉流动和高低层通风，包括安全的夜间通风，以充分利用蓄热体。

住宅设计中，应将主要空间朝南设置，"辅助空间"（通常是供暖温度较低的设备区）朝北设置。

超级隔热墙和屋顶应与致密的填充物、结构、地板和隔板相结合，以提供适当的蓄热体。

与花园式房间不同，温室可以有效地用作被动式阳光屋，但不能取代基本空间；它们应通过隔热墙和玻璃与建筑的其他部分相隔离。如果对它们供暖，比如为了保护植物免遭霜冻，需要单独进行恒温控制，以保持较低的温度；它们需要在高、低层安全通风，以防止夏季过热；朝南的阳光屋还需要外部遮阳或热控玻璃。

建筑设备

目标是简化和减少建筑设备到最低限度。

复杂的设备往往会增加投资和维护成本，并因缺乏理解和控制，会降低用户满意度。

另外，日益复杂和智能的电子控制系统变得越来越便宜，因此精确定制、本地化（但可远程访问）和响应式环境控制系统变得越来越普遍。

在现有建筑物中供暖或冷却系统是必须的，辐射型系统，如地板下的热水管道，往往对大多数建筑类型（尤其是在高大空间）是最有效的。局部控制，如恒温散热器阀，对于不同的天气和居住条件，以及避免浪费热量来说，非常重要；现有系统的效率可以通过更具体的控制系统来改进，它允许不同区域有不同的温度，以及气候补偿功能。

正常居住不需要空调，除非当地空气质量差，妨碍自然通风，否则应尽可能排除在新建筑设计之外。

热水设备应集中放置在热源和储藏空间周围，以尽量减少管道的热损失；在可能的情况下，热水应通过具有大容量超绝缘存储器的太阳能板进行预热，以尽量减少夏季的燃料使用。

由于场地和规划限制，应考虑通过光伏、太阳能或风力涡轮机发电来产生环境能源；尽管上网电价（FIT）和可再生供热激励（RHI）补贴已大幅减少，但设备成本的降低意味着这些设施依然可行。从废热水中回收热量是一项成熟而有效的技术，适用于家庭和商业。

在大型建筑中，需要持续提供暖气、热水和电力，热电联供系统（CHP）可以高效地同时提供热能和电能；使用木质颗粒、木屑、稻草、原木等的生物燃料锅炉可以达到非常高的效率和自动化水平，有了 RHI 补贴，仍需解决当地的燃料供应和维护问题。

因为新建筑有非常高的气密性标准，所以需要通风系统；对湿度敏感的被动式或风动式烟囱系统可以最大限度地减少能源使用，且效率高达 90% 的动力热回收通风系统（MVHR）能最大限度地减少通风热损失。

自然采光与人工照明应结合考虑。高水平的自然采光将减少照明用电，但需控制眩光；使用水平百叶窗、光架等可以改善大进深空间的采光，并减少周边眩光。人工照明应为高效照明，即 LED、荧光灯或放电灯，并且，在较大的建筑物中，应进行局部控制或日光 / 占用传感器控制。灯具和窗户玻璃都需要定期清洁以保持效率。

应使用低用水量的器具，如喷雾器、冲击式或电子水龙头、低冲洗水箱、细喷雾淋浴器等，以减少用水量。在现场条件允许的情况下，安装地下雨水池收集屋面排水，用于厕所冲洗、外部水龙头等；经过恰当过滤，还可用于洗衣机和洗浴用水。虽然能源消耗比自来水高，但由于节约了用水量和排污费，因此是经济有效的。灰水系统过滤和回收来自淋浴、浴缸和洗衣机的废水，需要的水箱空间较少，但比雨水系统需要更多的维护。

材料

建筑师在选择材料时，除了功能、美学和成本，还应重点考虑环境问题。特定材料的环境影响通常是复杂的，参考现有指南（如《BRE 绿色规格指南》）可能是最实际的。

环境问题主要涉及三个方面：

- 建材耗能——材料在提取、加工、制造和交付过程中所消耗的能量之和。铝是著名的高耗能的材料之一，从铝土矿中提取和加工它都需要消耗非常高的能量输入，但回收它或利用"绿色的"水力发电进行冶炼，又会使情况复杂化。所以说，在考虑节能材料时，应同时考虑建材耗能问题。

- 毒性——在提取、加工和制造中产生的毒污染包括：在材料的安装和使用中发挥的毒素；在材料的腐烂、拆卸和处置中排放的毒素。在这方面，PVC 可能是最臭名昭著的建筑材料，在制造和处置它的过程中存在严重的毒污染风险。许多物质，包括溶剂（如油漆、防腐剂、罐装液体等）和含甲醛的胶水（如纸板、中密度纤维板等），是众所周知的在建筑的施工和使用期间排放毒污染的材料。

- 采购——从特定来源或类型的供应商处获取的材料的环境影响。在这方面，最公开的问题是不可持续的林业问题，以致在没有第三方认证的情况下，以非环保的方式开采木材（通常是一种无害环保材料）被普遍禁止使用。最受尊敬的认证机构是森林管理委员会（Forest Stewardship Council，FSC），该委员会多年来一直保持独立和廉洁；此外，森林认证计划（Programme for Endorsement of Forest Certification，PEFC）也值得考虑。

实际上，在所有情况下，有较多可接受的替代品来替代对环境有害的材料，尽管在某些情况下，替代品的使用范围较低或成本较高。以下是一些可参考的替代品：

水泥	用石灰代替水泥，或用 PFA 混合料减少水泥用量
刨花板、中密度纤维板等	木材 / 定向刨花板（OSB）/ 软木胶合板 / 透气盖板
玻璃纤维 / 矿棉	纤维素纤维 / 羊毛 / 亚麻和大麻 / 再生塑料
铅板屋面	镀锡不锈钢或钛锌
油基绝缘泡沫	软木 / 泡沫玻璃

聚氯乙烯雨水管	粉末涂层镀锌钢
聚氯乙烯排水材料	黏土制品 / 聚丙烯 / 聚乙烯 / 不锈钢
PVC 屋面薄膜	三元乙丙橡胶、热塑性聚烯烃弹性体等
聚氯乙烯护套电缆	橡胶护套电缆
PVC 门窗	明矾木、雅高木和炭化木等
雨林硬木	FSC 认证 / 来自温带的硬木
溶剂型涂料等	水基 / 生态涂料
木材防腐剂	无防腐剂 / 硼防腐剂
乙烯基地板	油毡 / 天然橡胶

在少数情况下，替代品是完美的，且对环境没有任何负面影响；上述指南提供了详细说明。

在某些情况下，替代品存在严重的使用缺陷，例如，没有较好的保温材料可以替代同等厚度的高性能石化泡沫材料（如酚醛泡沫和异氰尿酸盐），后者的功效几乎是纤维素纤维或羊毛的两倍。建筑师及其客户可能认为，这是一种比燃油或汽油更环保的石油使用方式，并且其节省的费用是值得获取的。

饰面材料

减少饰面材料的使用通常对环境有利：无饰面的材料往往质量更好，加工更少，使用时间更长，维护更少，从而对未来环境的影响也更小；一旦考虑到更新和替换的周期，那么其较高的成本则会被抵消。例如，石材或硬木饰面可能比铺在找平楼板上的优质地毯更昂贵，但一旦地毯需要更换，就会发现更昂贵的饰面反而是更经济的选择。

无饰面的材料较易回收或再利用，因为它们没有饰面，所以更容易检查和处理。

资料来源：《建筑师绿色建筑工作指南》(Green Guide to the Architect's Job Book)

人体测量数据

站姿

给出的尺寸为英国男性和女性的平均值。其中含服装和鞋子的空间。

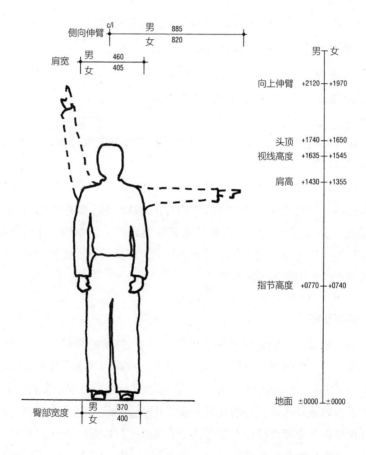

坐姿

给出的尺寸为英国男性和女性的平均值。其中含服装和鞋子的空间。

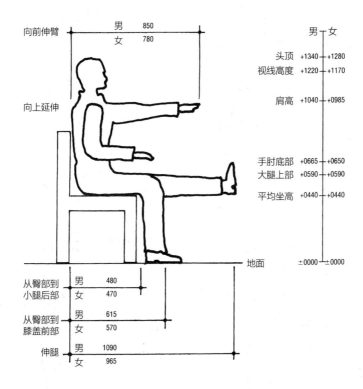

| 向前伸臂 | 男 | 850 |
| | 女 | 780 |

	男	女
头顶	+1340	+1280
视线高度	+1220	+1170
肩高	+1040	+0985

向上延伸

手肘底部	+0665	+0650
大腿上部	+0590	+0590
平均坐高	+0440	+0440

地面 ±0000 ±0000

从臀部到小腿后部	男	480
	女	470
从臀部到膝盖前部	男	615
	女	570
伸腿	男	1090
	女	965

轮椅

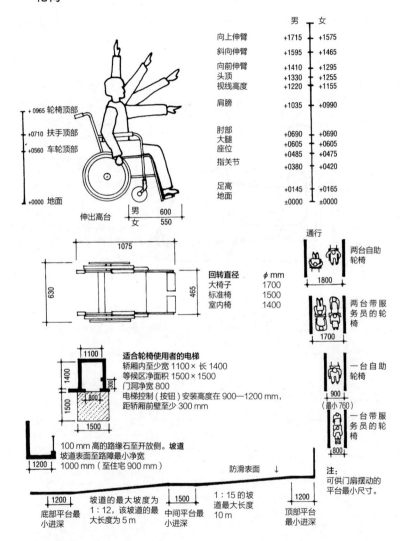

	男	女
向上伸臂	+1715	+1575
斜向伸臂	+1595	+1465
向前伸臂	+1410	+1295
头顶	+1330	+1255
视线高度	+1220	+1155
肩膀	+1035	+0990
肘部	+0690	+0690
大腿	+0605	+0605
座位	+0485	+0475
指关节	+0380	+0420
足高	+0145	+0165
地面	±0000	±0000

+0965 轮椅顶部
+0710 扶手顶部
+0560 车轮顶部
+0000 地面

伸出高台 男 600
         女 550

1075
630
465

回转直径   φ mm
大椅子   1700
标准椅   1500
室内椅   1400

适合轮椅使用者的电梯
轿厢内至少宽 1100 × 长 1400
等候区净面积 1500 × 1500
门洞净宽 800
电梯控制（按钮）安装高度为 900—1200 mm，
距轿厢前壁至少 300 mm

1100
1400
300
800
1500
1500

100 mm 高的路缘石至开放侧。**坡道**
坡道表面至路障最小净宽
1200 1000 mm（至住宅 900 mm）

防滑表面 ↓

| 1200 | | 1500 | | 1200 |
| 底部平台最小进深 | 坡道的最大坡度为 1:12，该坡道的最大长度为 5 m | 中间平台最小进深 | 1:15 的坡道最大长度 10 m | 顶部平台最小进深 |

通行

两台自助轮椅
1800

两台带服务员的轮椅
1700

一台自助轮椅
900
（最小 760）

一台带服务员的轮椅
800

注：
可供门扇摆动的平台最小尺寸。

所有尺寸单位：mm

轮椅通道

入口大厅和走廊——不在住宅内

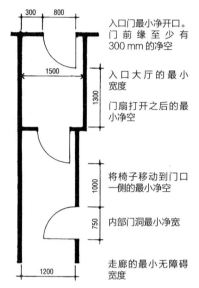

入口门最小净开口。门前缘至少有 300 mm 的净空

入口大厅的最小宽度

门扇打开之后的最小净空

将椅子移动到门口一侧的最小净空

内部门洞最小净宽

走廊的最小无障碍宽度

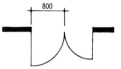

双开门中至少一扇门的净开口达 800 mm

注：
门口的最小净开口是指门的厚度、门挡和全长拉手的净开度。
实际上，800 mm 的净开口至少需要一个 1000 mm 的门套来实现。

主要入口门、经常使用的门及通道上的门，应至少在地面以上 +900 至 +1500 之间配有玻璃面板，但最好 +450 以上

逃生途径
见已核准文件《建筑规范》单元 B 和 BS 9999:2008

听众席和观众席
应提供 6 个轮椅空间或 1/100 观众席为轮椅空间（取较大值）。每个空间为 1400×900，视野开阔，并与就座同伴相邻。这个空间可以通过即时移除座位来创造

住宅
注：《建筑规范》单元 M 仅适用于新建住宅，不适用于现有住宅，或现有住宅的扩建。

与走廊相关的入口门的最小净开口为 775 mm，如下表所示：

门口—净开口 mm	走廊—最小宽度 mm
大于 750	正面接近为 900
750	非正面接近为 1200
775	非正面接近为 1050
800	非正面接近为 900

　　住宅的入口层必须提供一个厕所，如果入口层没有可居住的房间，则必须在主楼层提供。
　　厕所隔间至少 900 宽，带门，并且在洗脸盆前面有 750 深的净空间，没有任何洗脸盆。这个厕所可能是浴室的一部分

注：
不采用无框玻璃门。不采用旋转门，除非是在机场那样大的空间。采用门拉手和杠杆把手，以便打开。任何闭门器都应调整到可以用最小的力打开并缓慢关闭门。

进入住宅的通道坡度不得超过 1：20，否则，如另一页所示，路缘石会掉落到人行道上

电气开关和插座
开关、插座、电铃按钮、电话插孔、电视天线插座等的高度应位于楼板以上 450 和 1200 之间

资料来源：
核准的《建筑规范》单元 M
（2010 年《公制手册》）
《无障碍设计手册》

家具和设备数据

起居室

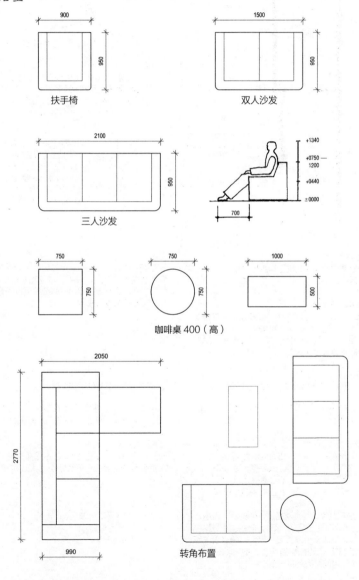

扶手椅

双人沙发

三人沙发

咖啡桌 400（高）

转角布置

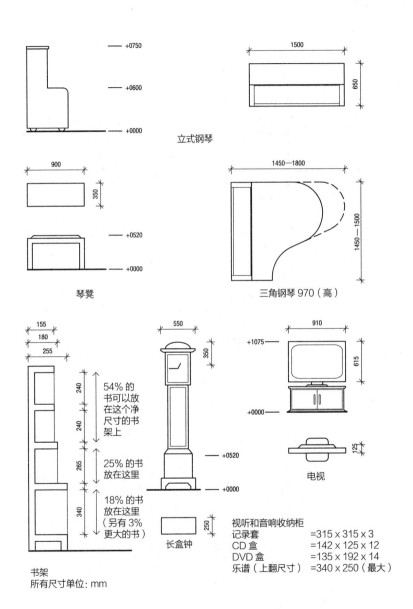

— +0750
— +0600
— +0000

立式钢琴

1500
650

900
350

— +0520
— +0000

琴凳

1450—1800
1450—1500

三角钢琴 970（高）

155
180
255

240
240
265
340

54% 的
书可以放
在这个净
尺寸的书
架上

25% 的书
放在这里

18% 的书
放在这里
（另有 3%
更大的书）

书架
所有尺寸单位: mm

550
350

— +0520
— +0000

250

长盒钟

910
+1075 —
615
+0000 —

125

电视

视听和音响收纳柜
记录套　　　　　=315 x 315 x 3
CD 盒　　　　　 =142 x 125 x 12
DVD 盒　　　　 =135 x 192 x 14
乐谱（上翻尺寸）=340 x 250（最大）

厨房

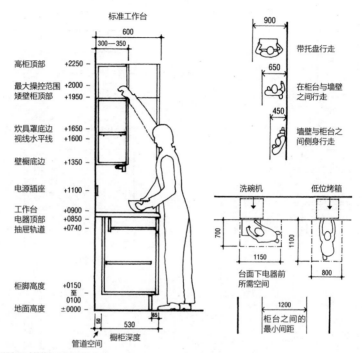

标准工作台

高柜顶部	+2250
最大操控范围	+2000
矮壁柜顶部	+1950
炊具罩底边	+1650
视线水平线	+1600
壁橱底边	+1350
电源插座	+1100
工作台	+0900
电器顶部	+0850
抽屉轨道	+0740
柜脚高度	+0150 至 0100
地面高度	±0000

管道空间   橱柜深度

所有尺寸单位: mm

900   带托盘行走

650   在柜台与墙壁之间行走

450   墙壁与柜台之间侧身行走

洗碗机   低位烤箱

700   1100

1150   800

台面下电器前所需空间

1200

柜台之间的最小间距

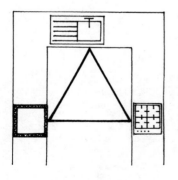

三角厨房

为了获取紧凑而可行的厨房，从水槽到炊具和冰箱的三角形总长度应在 3.6—6.6 m 之间，最长 7.0 m。避免穿过三角形的通行，尤其是水槽和炊具之间的距离不应超过 1.8 m

在炉盘、水槽与高柜之间应留出至少 400 mm 的肘部空间。
炊具不应放在门的附近或窗户前面

保持电源插座远离水槽区域。
工作台上方应提供照明。
在炉盘上安装排气扇

橱柜宽度尺寸

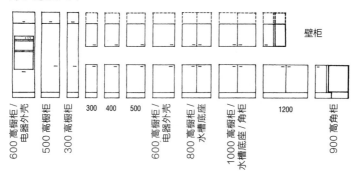

壁柜

600 高橱柜 / 电器外壳
500 高橱柜
300 高橱柜
300
400
500
600 高橱柜 / 电器外壳
800 高橱柜 / 水槽底座
1000 高橱柜 / 水槽底座 / 角柜
1200
900 高角柜

家电　所有尺寸单位: mm

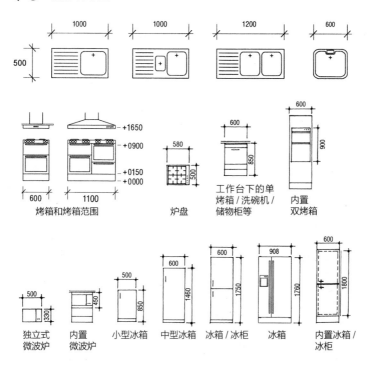

烤箱和烤箱范围

炉盘

工作台下的单烤箱 / 洗碗机 / 储物柜等

内置双烤箱

独立式微波炉

内置微波炉

小型冰箱

中型冰箱

冰箱 / 冰柜

冰箱

内置冰箱 / 冰柜

所有尺寸单位: mm

餐厅

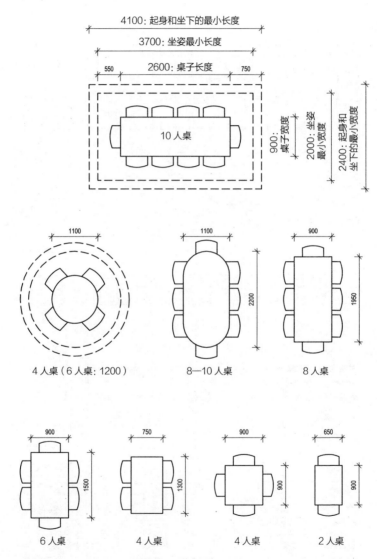

4 人桌（6 人桌：1200）　　　8—10 人桌　　　8 人桌

6 人桌　　　4 人桌　　　4 人桌　　　2 人桌

所有尺寸单位：mm

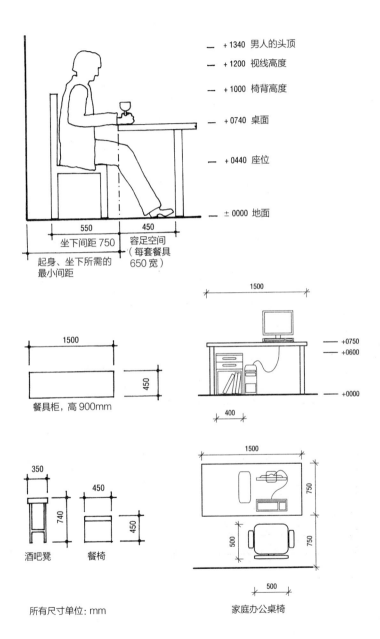

+ 1340 男人的头顶

+ 1200 视线高度

+ 1000 椅背高度

+ 0740 桌面

+ 0440 座位

± 0000 地面

550
坐下间距 750

450
容足空间
(每套餐具 650 宽)

起身、坐下所需的
最小间距

1500

450

餐具柜,高 900mm

1500

+0750
+0600

+0000

400

350

450

740

450

酒吧凳   餐椅

所有尺寸单位: mm

1500

750

500

750

500

家庭办公桌椅

卧室

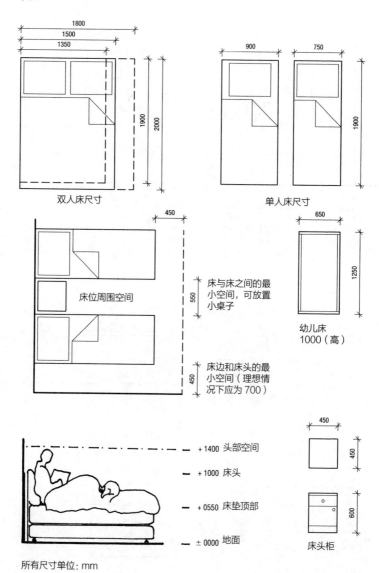

双人床尺寸

单人床尺寸

床位周围空间

床与床之间的最小空间，可放置小桌子

床边和床头的最小空间（理想情况下应为700）

幼儿床
1000（高）

+1400 头部空间

+1000 床头

+0550 床垫顶部

±0000 地面

床头柜

所有尺寸单位: mm

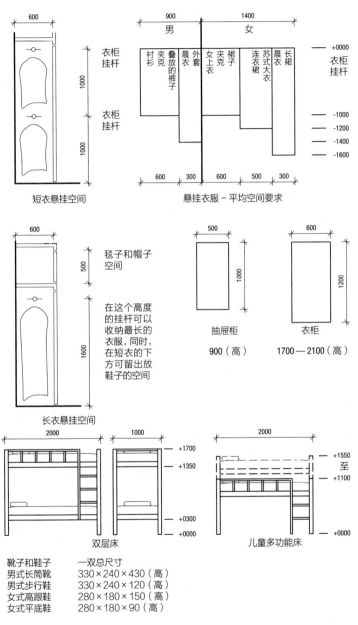

短衣悬挂空间

悬挂衣服 – 平均空间要求

| 男 | | 女 |

衬衫　夹克　叠放的裤子　晨衣　外套　夹克　女上衣　裙子　连衣裙　苏式大衣　晨衣　长裙

衣柜挂杆

+0000
-1000
-1200
-1400
-1600

衣柜挂杆

900　1400

600　300　600　500　300

毯子和帽子空间

在这个高度的挂杆可以收纳最长的衣服，同时，在短衣的下方可留出放鞋子的空间

长衣悬挂空间

抽屉柜
900（高）

衣柜
1700 — 2100（高）

双层床

儿童多功能床

靴子和鞋子	一双总尺寸
男式长筒靴	330×240×430（高）
男式步行鞋	330×240×120（高）
女式高跟鞋	280×180×150（高）
女式平底鞋	280×180×90（高）

所有尺寸单位: mm

浴室

所有尺寸单位: mm

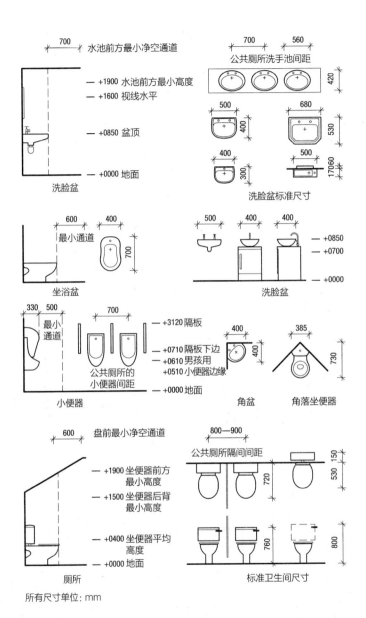

所有尺寸单位: mm

洗衣房和设备间

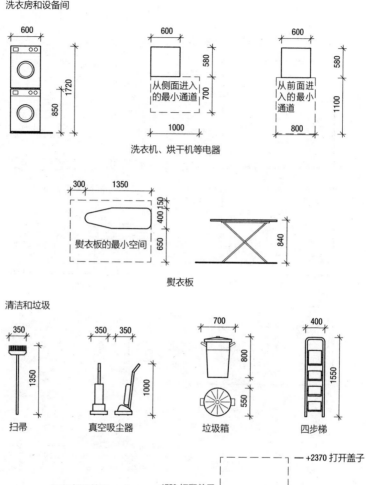

洗衣机、烘干机等电器

熨衣板

清洁和垃圾

扫帚　真空吸尘器　垃圾箱　四步梯

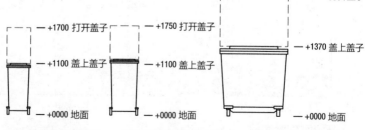

140L 轮式垃圾箱所需空间 =680×750

240L 轮式垃圾箱所需空间 =780×940

1100L 欧式垃圾箱所需空间 =1575×1190

所有尺寸单位: mm

大厅和棚屋

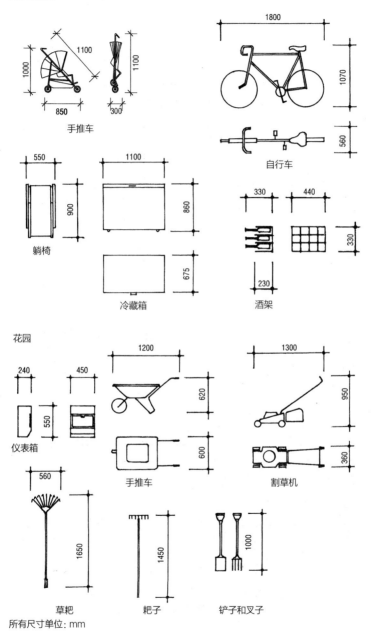

手推车

自行车

躺椅

冷藏箱

酒架

花园

仪表箱

手推车

割草机

草耙

耙子

铲子和叉子

所有尺寸单位: mm

家庭车库

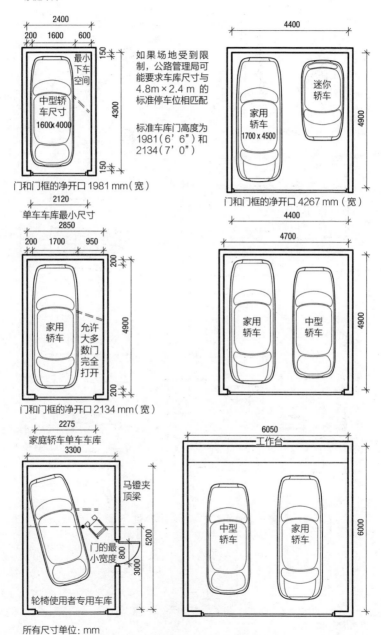

如果场地受到限制，公路管理局可能要求车库尺寸与 4.8m×2.4 m 的标准停车位相匹配

标准车库门高度为 1981（6'6"）和 2134（7'0"）

门和门框的净开口 1981 mm（宽）

单车车库最小尺寸

门和门框的净开口 4267 mm（宽）

门和门框的净开口 2134 mm（宽）

家庭轿车单车车库

轮椅使用者专用车库

所有尺寸单位: mm

车辆尺寸和停车位

车辆	l	w*	h	半径
轮椅－标准	1075	630	965	1500
自行车	1800	560	1070	—
摩托车	2250	600	800	—
小型车（迷你型）	3050	1400	1350	4800
中型车	4000	1600	1350	5250
家用轿车	4500	1700	1460	5500
大篷车－普通旅行	4500	2100	2500	—
劳斯莱斯	5350	1900	1670	6350
灵车	5900	2000	1900	—
翻斗车	7000	2500*	3350	8700
推车－中等容量	7400	2290*	4000	7000
消防车－中型	8000	2290*	4000	7600
家具车	11000	2500*	4230	10050

标准停车位为 2400×4800，可容纳大多数欧洲汽车。

2800×5800 可容纳美国车和其他大型汽车。

3300×5200 是残疾人停车场的最低要求

* 车身宽度不包括前车镜，前车镜可使车身宽度增加 600—800 mm。

　　半径不一定被视为回转半径。回转半径取决于车辆行驶的速度、驾驶员的手（左手和右手不同）及悬挂装置，尤其是车辆的前部和后部。车道两侧留出 1.2 m 的净空，以容纳悬挂装置。

自行车停车场

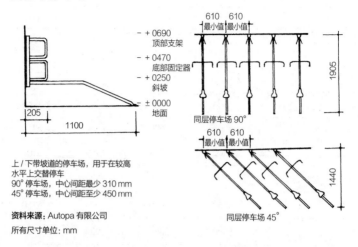

上 / 下带坡道的停车场，用于在较高
水平上交替停车
90° 停车场，中心间距最少 310 mm
45° 停车场，中心间距至少 450 mm

资料来源： Autopa 有限公司

所有尺寸单位：mm

公共建筑卫生设施

设施最低配置标准

- 应为男人、女人单独提供设施。

- 通常，洗手盆的数量应与厕所隔间一致，即每 5 个小便器配 1 个洗手盆。

- 在大多数公共建筑中，至少应提供 2 个厕所隔间，以便当其中一个发生故障时，另一个可以作为备用。

残疾人厕所

如果建筑中只有一个卫生间，那么它应该是一个可供轮椅使用的男女通用卫生间，宽度足够容纳一个立式洗手盆。

在提供卫生设施的建筑内，应至少提供一个无障碍厕所隔间。

在独立的男女厕所内至少应提供一个供行动障碍人士使用的厕所隔间。此外，如果在这类厕所中有四个或更多的厕所隔间，其中一个应该是扩大的隔间，供需要额外空间的人使用。

办公室和商店

人数	坐便器和洗手盆数量
15 以内	1
16—30	2
31—50	3
51— 75	4
76—100	5
100 以上	每增加 25 个增加 1 个

小便器没有具体要求，但如果提供男厕所，可减少至：

人数	坐便器和洗手盆数量
20 以内	1
21—45	2
46—75	3
76—100	4
100 以上	每增加 25 个增加 1 个

工厂

厕所隔间	每 25 人 1 个
小便器	无特殊要求
洗手盆	干净工艺，每 20 人 1 个
	脏污工艺，每 10 人 1 个
	伤害性工艺，每 5 人 1 个

餐厅

	男	女
厕所隔间	400 以内：每 100 人 1 个	200 以内：每 100 人 2 个
	400 以上：每增加 250 人	200 以上：每增加 100 人
	或不足 250 人，	或不足 100 人，
	另加 1 个	另加 1 个

小便器　　　每 25 人 1 个

洗手盆　　　每个厕所隔间 1 个，　　　　　每 2 个厕所隔间 1 个

　　　　　　每 5 个小便器 1 个

音乐厅、剧院等公共娱乐建筑

	男	女
厕所隔间	250 以内：1 个	50 以内：2 个
	250 以上：每增加 500 人或不足 500 人，另加 1 个	50—100：3 个
		100 以上：每增加 40 个或不足 40 人，另加 1 个
小便器	100 以内：2 个	
	100 以上：每增加 80 个或不足 80 人，另加 1 个	

电影院

	男	女
厕所隔间	250 以内：1 个	75 以内：2 个
	250 以上：每增加 500 人或不足 500 人，另加 1 个	76—100：3 个
		100 以上：每增加 80 个或不足 80 人，另加 1 个
小便器	200 以内：2 个	
	200 以上：每增加 100 个或不足 100 人，另加 1 个	

无障碍厕所隔间

轮椅使用者

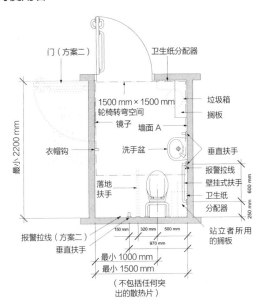

门（方案二）

卫生纸分配器

1500 mm × 1500 mm 轮椅转弯空间

镜子　墙面 A

垃圾箱

搁板

最小 2200 mm

衣帽钩

洗手盆

垂直扶手

报警拉线

壁挂式扶手

落地扶手

卫生纸分配器

600 mm

报警拉线（方案二）

垂直扶手

150 mm　320 mm　500 mm

970 mm

站立者所用的搁板

250 mm

最小 1000 mm

最小 1500 mm

（不包括任何突出的散热片）

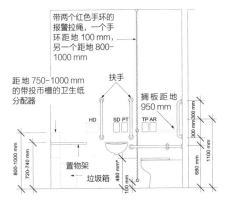

带两个红色手环的报警拉绳，一个手环距地 100 mm，另一个距地 800-1000 mm

扶手

搁板距地 950 mm

距地 750-1000 mm 的带投币槽的卫生纸分配器

HD　SD PT　TP AR

300 mm　300 mm

1100 mm

680 mm

800-1000 mm

720-740 mm

置物架

垃圾箱

480 mm*

100 mm

墙面 A
* 坐便器高度容许存在制造误差。
HD: 自动吹风机的可能位置　　SD: 肥皂分配器
PT: 面巾纸分配器　　　　　　AR: 报警复位按钮
TP: 卫生纸分配器

落地扶手的高度与其他水平扶手相同。

行动障碍者

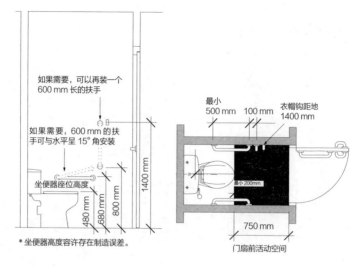

如果需要，可以再装一个
600 mm 长的扶手

如果需要，600 mm 的扶
手可与水平呈 15° 角安装

坐便器座位高度

480 mm

680 mm

800 mm

1400 mm

* 坐便器高度容许存在制造误差。

最小
500 mm

100 mm

衣帽钩距地
1400 mm

最小 200mm

750 mm

门扇前活动空间

无障碍淋浴房

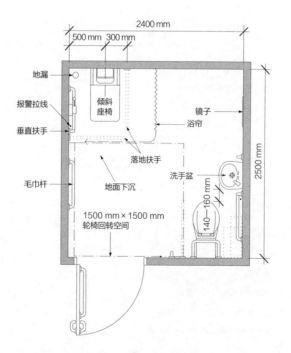

2400 mm

500 mm　300 mm

地漏

报警拉线

垂直扶手

毛巾杆

倾斜
座椅

落地扶手

地面下沉

1500 mm × 1500 mm
轮椅回转空间

镜子
浴帘

洗手盆

140 mm

160 mm

2500 mm

植物选择概述

在城市地区成功栽种植物，取决于许多因素：对场地及其约束条件的了解、适当的物种选择、健康植物资源的供应、技术设计解决方案、全面的规格说明以及对种植方案未来维护和管理的了解。

建筑师可以在设计过程中尽早考虑种植方案，以尽力打造成功的项目。任何关于植物的决定都应听取景观设计师的建议，参考树木管理人员、栽培学家和其他专业人士的意见，并考虑来自诸如树木与设计行动集团（Trees and Design Action Group）、景观研究所和林业委员会等组织持续更新的研究成果。

近年来，随着气候的变化，病虫害所带来的问题使得正确的树木选择变得日益重要。可以预计，更加炎热和干燥的夏季，以及更加潮湿和温暖的冬季，将使城市树木面临压力，正如英国皇家园艺学会（RHS）所说，"对于容易遭受夏季干旱和内涝的地区，应该选择特别耐旱的树木。"

景观研究所，联合环境、粮食和农村事务部（DEFRA），发布了关于气候变化和生物安全的技术文件，树木与设计行动集团（TDAG）制作了《硬质景观中的树木：交付指南》（2014）。对所有参与方案设计的专业人士来说，这是一本必不可少的指南，它提供了技术援助和实用的设计建议。

根据目前的思路，TDAG 提倡深思熟虑的、战略性的和多学科的种植方案，并强调利用广泛的物种来确保植物的多样性，以下列表是从目前较好的苗圃获得的植物类型。

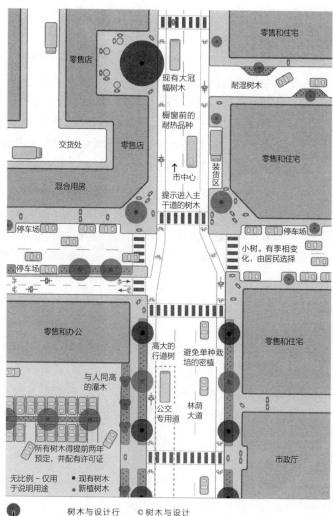

零售和住宅

零售店

现有大冠
幅树木

耐湿树木

交货处

零售店

混合用房

橱窗前的
耐热品种

↑
市中心

装货区

零售和住宅

提示进入主
干道的树木

停车场

停车场

停车场

停车场

小树。有季相变
化，由居民选择

零售和办公

高大的
行道树

避免单种栽
培的密植

零售和住宅

与人同高
的灌木

公交
专用道

林荫
大道

所有树木得提前两年
预定，并配有许可证

市政厅

无比例 - 仅用
于说明用途

● 现有树木
● 新植树木

树木与设计行
动集团提供

© 树木与设计
行动集团认证

植物选择

资料来源：《硬质景观中的树木：交付指南》
（Trees in Hard Landscapes: A Guide for Delivery）

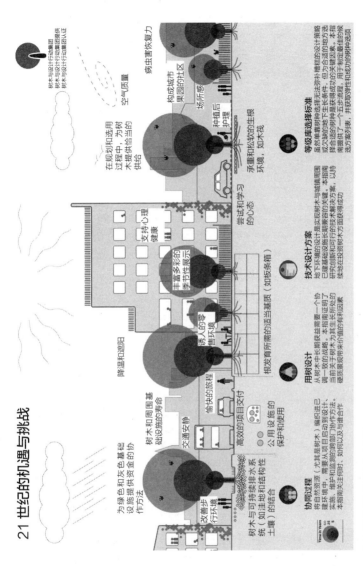

21 世纪的机遇与挑战

21 世纪的机遇与挑战

资料来源:《硬质景观中的树木:交付指南》

树篱列表（出自 Readyhedge）

	叶子	花	生长	剪枝	场地	说明
蓝冬青（冬青属）	E		中等	7 月	耐荫	叶子呈蓝色，比普通冬青更坚硬，冬天有红色浆果
巴伯里（小檗属）	E 或 D	是	中等	7 月	耐荫	深绿色、红色或黄色的叶子，不同品种会有由黄到橙的花
欧洲黄杨（黄杨属）	E		缓慢	必要时	耐荫	深绿色的叶子，修剪得很紧密，避免长得太慢导致泛红
月桂树（樱桃属，圆叶凤毛菊）	E		快速	6 月 /8 月		大冠革质绿叶，非常好地遮蔽了植物
胡颓子	E		快速	6 月 /8 月		银灰色叶，略微多刺的茎
红豆杉	E		中等	8 月	耐荫，不潮湿土壤	深绿色叶，如果不修剪，会有红色浆果
南美鼠刺属	E		中等	6 月 /8 月	有遮蔽	小叶、粉红色、白色或红色花朵，视品种而定
金色女贞（女贞属）	SE		快速	必要时		黄绿相间的叶子，修剪紧密，能形成很好的树篱
山毛榉（欧洲山毛榉）	D		中等	6 月 /8 月	耐风、耐白垩	中绿色叶子，在冬天变成铜色，然后会一直保留到春天
绿色女贞（女贞属）	SE		快速	必要时		绿色叶子，修剪紧密，能形成很好的树篱
小灰蝶	E		快速	6 月 /8 月	沿海或有遮蔽	适用于较温和的沿海地区，有淡绿色的叶子
山楂（单子山楂）	D	是	快速	6 月 /8 月		多刺的茎，五月开白花，很好的篱笆
冬青（冬青科）	E		缓慢	6 月 /8 月	耐荫	深绿色的叶子，冬天的红色浆果
鹅耳枥（欧洲鹅耳枥）	D		快速	6 月 /8 月		绿色叶子，在冬天变成银灰色，能适应各种土壤类型

	叶子	花	生长	剪枝	场地	说明
日本冬青 （冬青属）	E		缓慢	必要时		一个很好的黄杨替代品，深绿色的小叶子
莱兰地 （莱兰柏）	E		快速	6 月 /8 月		生长迅速的针叶树篱，非常适合快速形成屏障
混合天然 树篱	D	是	快速	6 月 /8 月		本地物种的混合，很好的场地树篱
桂花	F	是	中等	6 月 /8 月		小绿叶，在春天开出香味浓郁的白花
石楠	E		快速	6 月 /8 月		春天长出淡红色新芽，到冬天变成绿色
细叶海棠	E		中等	6 月 /8 月	有遮蔽	银灰色的叶子，最好养在隐蔽处
葡萄牙月桂 （李属狭叶 草属）	E		中等	6 月 /8 月		小的深绿色叶子，茎带红色，非常正式的树篱
紫色或铜色 山毛榉（山 毛榉属。紫 红色）	D		中等	6 月 /8 月	耐风、 耐白垩	紫色的叶子，在冬天变成铜色，这些叶子会一直保留到春天
灌木状金银 花（忍冬）	E		快速	必要时		很小的绿叶，可以修剪成正式的树篱
香甜花 （月桂族）	E		缓慢	6 月	有遮蔽	深绿色叶子，最适合有遮蔽的地方
西部红雪松 （金钟柏）	E		快速	6 月 /8 月		快速生长的针叶树篱，非常适合快速形成屏障
白雪松 （金钟柏）	E		快速	6 月 /8 月		快速生长的针叶树篱，非常适合快速形成屏障

树木一览表（出自 Hillier 苗圃）

本土树种

包括历史悠久的物种——其中很多已经本土化

尺寸	种类	通用名
M	槭树	枫树
L	挪威枫树	挪威枫树
L	假悬铃木	梧桐
L	七叶树	马蹄
S/M	桤木	普通桤木
S/M	灰桤木	灰桤木
M	垂桦	白桦
M/L	欧洲鹅耳枥	鹅耳枥
L	欧洲栗	甜栗子
S	单子山楂	山楂
L	欧洲水青冈	山毛榉
L	白蜡树	白蜡树
L	核桃	核桃
S	野苹果	蟹肉苹果
M	山杨	白杨
M/L	甜樱桃	野樱桃或欧洲甜樱桃
S/M	稠李	鸟樱桃
L	苦栎	土耳其橡木
I	冬青栎	常绿树或圣栎
L	夏栎	英国橡木
S	白面子树	白面子树
S	木瓜花楸	花楸树
S	中间山梨	瑞典白面子树
M/L	小叶椴	小叶青柠
L	阔叶椴	大叶青柠

狭窄街道的树木

用于狭窄街道及狭窄的区域（狭窄区域的端部或窄锥形轮廓）

尺寸	种类	观赏特性
L	挪威枫树，Columnare	黄色花朵，秋季的黄色
M/L	挪威枫树，Crimson Sentry	紫色叶子
M/L	桤木	黄色柳絮
M/L	槟榔，Frans Fontaine	紧密，柱状
L	榛子	秋天的黄色
L	欧洲水青冈，Dawyck	金色叶子
L	欧洲水青冈，Dawyck Gold	黄色叶子渐变成绿
L	欧洲水青冈，Dawyck Purple	紫色叶子
S/M	三叶苹果	秋季的红色 / 紫色
S/M	海棠	秋季的紫色 / 红色 / 黄色
S	杏花，Amanogawa	粉红色花朵，重瓣
S	杏花，Ichiyo	粉红色花朵，重瓣
M	杏花，Sunset Boulevard	粉红色的花，秋季的红色
S	夏枯草，Rancho	粉红色的单瓣花，秋季的红色
S	杏花，Snow Goose	白花绿叶
S	杏花，Spire	单瓣粉红色花，秋季的紫色 / 红色
M	杏花，schmittii	粉红色的小花，诱人的树皮
M	豆梨，Chanticleer	白色花朵，秋季的橙色 / 黄色
L	夏栎，Fastigiata	
S	欧氏山梨，Cardinal Royal	暗红色水果

针叶树

M	柏树，Pyramidalis	蓝色叶子
S	丝柏	
L	水杉	秋季的红棕色

续表

住宅区或郊区的树木

有相当宽的边缘。有装饰价值，可用于整齐、规则形状的端部。所有用于狭窄街道的树木也可用在这里

尺寸	种类	观赏特性
M	槭树，Streetwise	头部整齐，秋季黄色
M	黑桦	粗糙的米色树皮
M	垂桦	白色树皮
M	槟榔，Fastigiata	
S	山楂树，Paul's Scarlet	双红花
S	拉瓦莱山楂，Carrieri	白花，橙色浆果
S	夏枯草	白色花朵，红色水果，红色/黄色秋季颜色
S/M	白蜡	灰色叶子
S	湖北海棠	白花，小红果
S	海棠，Red Profusion	紫色/红色的叶子，粉红色的花
S	杏花，Accolade	单瓣粉红色的花，秋天的紫色
S	杏花，Nigra	紫色的叶子，粉色的花
S	杏花，Kanzan	重瓣粉红色花
S	杏花，Pandora	粉红色的花
S	沙棘	单瓣粉红色花，秋季的橙色/红色
S	梅子	闪亮的桃花心木树皮
S/M	杏花，Shirofugen	重瓣白花
M	杏花，Sunset Boulevard	粉红色的花，秋天的红色
S	夏枯草，Autumnalis	冬天的白花
S	夏枯草，Autumnalis Rosea	冬天的粉红色花朵
S/M	杏花，Tai-Haku	单瓣白花

续表

尺寸	种类	观赏特性
L	沼生栎	秋季红色
S/M	沼生栎 , Bessoniana	整齐圆头
S/M	刺槐 , Frisia	泛黄的叶子
S/M	白面子树 , Majestica	银灰色嫩叶
S	咏叹调花梨 , Embley	鲜红色水果，秋季的橙色 / 红色
S/M	中间山梨	偶尔会变成红色水果
S	山梨 , Sunshine	鲜黄色水果
S	苏云山梨 , Fastigiata	红色水果，浓密圆头
S	山梨 , White Wax	白色水果

宽阔道路的树木

通常是有浓密树冠的大树。应选择可以保持长期一致性的命名品种，尤其是在种子培育过程中，品种特征发生变化的（标记 V）

尺寸	种类	观赏特性
L	桔梗 V	黄色花朵，秋季的黄色
L	挪威枫树 , Crimson King	黑 / 紫叶子
L	挪威枫树 , Deborah（Schwedleri）	红色 / 紫色的嫩叶褪为深绿色，秋季极好的红色 / 橙色 / 黄色
L	挪威枫树 , Emerald Queen	黄色花朵，秋季的黄色
L	假悬铃木	蚜虫问题
L	美国红枫	壮丽的秋色
L	卡尼亚七叶树 , Briottii	红色的 "蜡烛"
L	七叶树	白色的 "蜡烛"，形成圆锥形
L	印度七叶树	大粉红色 "蜡烛"，秋季的橙色 / 黄色
M	青桦	白垩 – 白树皮

续表

尺寸	种类	观赏特性
M/L	槟榔 V	
L	欧洲栗	白花穗
L	山楂	秋季的黄色 / 棕色
L	仙人掌，Purpurea	紫色叶子
M/L	窄叶白蜡，Raywood	质地细腻，秋季的紫色
L	白蜡树 V	
L	白蜡树，Westhof's Glorie	
M	虎耳草	一团团白花
L	黑核桃	
L	核桃	
L	鹅掌楸	秋季的黄色
L	西班牙悬铃木	
L	悬铃木	
M/L	杏花，Plena	重瓣白花
M	稠李，Watereri	白花穗
L	枫杨	
L	苦栎	
L	栎树，Hungarian Crown	
L	冬青栎	常绿的
L	沼生栎	秋季红色
L	夏栎	
M	刺槐，Bessoniana	
L	巴比伦柳，Pendula	抗病的
M	山梨，John Mitchell	大灰叶

续表

尺寸	种类	观赏特性
M/L	小叶椴 V	
M/L	小叶椴，Greenspire	
M	紫椴	无蚜虫问题
L	鸭梨 V	
M	鸭梨，Aurea	冬日黄枝，挺拔
L	鸭梨，Princes Street	冬日红枝，挺拔
L	毛椴树，Brabant	灰叶，无蚜虫问题

"过渡"树

将本土种植区与城市和郊区发展联系起来。

这些树主要是本土的 / 长期引入的树种，它们具有特殊的观赏特性，并与国外品种（如日本樱桃）保持微妙的差异。我们也囊括了与本土无关，但具有"半自然"感觉的植物

尺寸	种类	观赏特性
M	槭树，Streetwise	均匀的蜡烛火焰头
L	挪威枫树，Emerald Queen	头部均匀，小树时直立，随树龄增长而变宽
L	美国红枫	秋季的红色 / 橙色
L	卡尼亚七叶树，Briottii	红色"蜡烛"
L	七叶树，Baumannii	白色"蜡烛"，无菌
M/L	意大利桤木	绿黄花絮
S	欧洲桤木，Imperialis	羽毛状叶子
M	黑桦	粗糙的米色树皮
M/L	欧洲鹅耳枥	均匀、良好的头形
L	榛子	狭长的金字塔头形，淡褐色的叶子和柳絮
S	山楂	白色花朵，有光泽的叶子，红色水果，秋季的橙色 / 黄色
M/L	窄叶白蜡，Raywood	纹理细腻的叶子，秋天的紫色

尺寸	种类	观赏特性
L	白蜡，Jaspidea	黄色嫩枝，冬季开枝，秋季呈黄油黄色
L	白蜡，Westhof's Glorie	非常均匀的圆头
M	虎耳草	很像白蜡树，到春天开满了白花
S/M	绒毛白蜡	灰叶
L	枫香	秋季的紫色 / 红色
S/M	湖北海棠	白花，小红果
M/L	甜樱桃，Plena	重瓣白花
M/L	稠李，Watereri	白花穗
S	杏花，Snow Goose	白花，明亮的绿叶
M	豆梨，Chanticleer	白花，叶面光亮，秋色持久，挺拔直立
L	冬青栎	常绿的
S	白面子树，Majestica	灰色嫩叶
S	木瓜花楸，Cardinal Royal	暗红色水果
S	山梨，Embley	橙色 / 红色水果和秋天的颜色
S	花楸，Sunshine	黄色水果
M	康藏花楸，John Mitchell	大灰叶
S	花楸，White Wax	白色水果
M/L	小叶椴，Greenspire	蜡烛火焰头
M	紫椴	叶面光亮，无蚜虫问题
L	阔叶椴，Aurea	冬日黄枝，挺拔
L	阔叶椴，Princes Street	冬日红枝，挺拔
L	毛椴，Brabant	灰叶，无蚜虫问题

续表

用于停车场等场所的、有着规则圆头的树木

很少有蚜虫问题

尺寸	种类	观赏特性
S	挪威枫树，Globosum	浓密的头，黄色的花，秋季的橙色 / 黄色
M	欧洲鹅耳枥，Fastigiata	密集圆头
M	窄叶白蜡，Raywood	紧凑的头部，羽毛状的叶子，秋季的紫色
S	杏花，Shogetsu	水平椭圆形头部，重瓣白花
S/M	杏花，Snow Goose	宽阔的柱状头，白色花
M	豆梨，Chanticleer	挺拔，白花，好看的秋色
M	刺槐，Bessoniana	浓密的圆头，明亮的绿叶
S	白面子树，Majestica	灰色嫩叶
S	苏云山梨，Fastigiata	非常浓密的圆头，红色水果
L	毛椴，Brabant	圆头，灰叶

标本树

用作个体标本或用于公共开放空间、庭院等处的小组群树木。

所有列表中适用于宽阔道路和林荫大道的树木均适合，以下列表的树木也适用于此目的

尺寸	种类	观赏特性
S	青窄槭，George Forrest 标准或多枝	蛇皮，好看的秋色
S	挪威枫树，Globosum	浓密，圆头，橙色 / 黄色秋季颜色
L	假悬铃木，Brilliantissimum	圆头，虾粉色嫩叶
L	假悬铃木，Nizetti 叶子	斑驳的
M	黑桦 标准或多枝	粗糙的米色树皮
M	钟形桦 标准或多枝	白树皮
M	青桦 标准或多枝	白垩 – 白树皮

续表

尺寸	种类	观赏特性
L	大叶梓	白色 / 紫色花朵，冬天结豆子
M	德贝桉 多枝	银蓝色的叶子，拼接状树皮
L	山楂，Dawyck	有效的三色一组
L	山楂，紫色 Dawyck Purple	有效的三色一组
L	山楂，金色 Dawyck Gold	有效的三色一组
L	白蜡，Pendula	枝条下垂的白蜡树
S	梅子 标准或多枝	闪亮的桃花心木树皮
L	罗布栎，Fastigiata	三个一组
L	巴比伦柳，Pendula	垂柳，抗病
M	欧洲椴树，Wratislaviensia	泛黄的叶子

耐旱树种

耐旱性确实涵盖了所有树种，从没有永久供水就无法成活的树种，到能够抵御干旱条件的树种。

以下所列植物，至少在英国普通的夏季不会出现缺水迹象，其中有些植物在英国极端干旱（或更严重）的时期，也会积极生长。后者标有 *、** 表示极端耐旱

	槭树	*	枫香属
**	复叶槭 - 非杂色	*	广玉兰
	挪威枫树		海棠
	假悬铃木	**	桑属
	美国红枫		假山毛榉属（非白垩）
*	糖槭	*	毛泡桐
**	臭椿	**	黄柏
*	桤木		桔梗
*	日本桤木	**	杨属植物 – 尤其是白杨、美洲杨、黑杨、意大利杨

续表

尺寸	种类		观赏特性
*	西班牙栲木	*	樱桃
**	欧洲栗		稠李
**	楸树	*	夏枯草
*	朴树	**	枫杨
*	日本鬼臼	**	梨属
**	紫荆	*	蓖麻栎
*	榛子	*	苦栎
	山楂属	**	拉美裔栎树
	欧洲水青冈	**	冬青栎
	皂荚属 – 虽然在我们的海洋性气候中表现不佳		罗布栎
**	河豚 – 树形	*	红橡树
	黑核桃	**	白栎
	核桃	**	刺槐属植物
**	圆锥状栾属	**	国槐
*	金链花属	*	绒毛椴树
		**	榆树属植物

针叶树

针叶树通常比阔叶树更耐旱，正是因为这个原因，针叶树进化成了鳞状或针状的叶子。下表列出了形成树林的非常耐旱的品种

翠柏属
雪松属
柏树
银杏
松树

续表

尺寸	种类	观赏特性
巨杉属		
红豆杉		
崖柏属，尤其是毛叶芋兰		

第3章　结构

　　建筑师和结构工程师之间必须建立良好的工作关系。概括地说，建筑师负责建筑长什么样，工程师确保它不会倒塌。两者应该有一种团队的感觉，都朝着同一个目标努力。建筑师需要了解方案所带来的结构方面的挑战；工程师需要理解建筑师对形式和功能的要求。所有这些都要根据在现有预算范围内向客户提供他们想要的东西的需要来调节。

　　结构构件的设计可采用许用应力法或极限状态法（ULS）进行。许用应力法将荷载限制在预定的安全工作应力范围内，通常称为弹性设计，因为构件的变形是可恢复的（弹性的）。极限状态法考虑了要承载的荷载（部分安全系数），这种设计与结构构件的潜在极限破坏有关。结构构件的变形仅限于材料的弹性变形和对被承载物体的效应。不同材料有不同的变形极限。

　　结构构件现在一般按欧洲规范设计，更适合于应用计算机。欧洲结构规范是取代国家标准的泛欧结构设计规范，用于建筑和土木工程。欧洲规范旨在在整个欧洲建立一个统一的施工设计方法，每个欧洲规范都有相应的《国家附件》，记录并阐明了适用于每个特定国家的法律或标准。

欧洲规范

欧洲规范 0	结构设计基础	EN1990
欧洲规范 1	结构上的作用	EN1991
欧洲规范 2	混凝土结构设计	EN1992
欧洲规范 3	钢结构设计	EN1993
欧洲规范 4	钢与混凝土组合结构设计	EN1994

欧洲规范 5	木结构设计	EN1995
欧洲规范 6	砌体结构设计	EN1996
欧洲规范 7	岩土工程设计	EN1997
欧洲规范 8	结构抗震设计	EN1998
欧洲规范 9	铝结构设计	EN1999

所给出的例子是使用基于《实践规范》和《英国标准》的不太复杂的许用应力设计，这些标准现在已被撤销，取而代之的是欧洲规范。

提供的信息仅供参考，并应说明协助制定方案所需的结构构件的尺寸。所有结构构件均应由合格的特许结构工程师进行检查，以确保符合建筑规范并适合施工。建议在早期设计阶段咨询特许结构工程师，以确保方案的结构可行性。

需要考虑结构的横向稳定性。例如，稳定性是由刚性框架（涉及梁/柱连接处的力矩连接）还是通过剪力墙/交叉支撑提供的？

基础类型

在确定低层住宅项目所需基础的类型和深度时，有必要考虑基础材料和类型，以及现有和拟议中的树木的距离。简单的探孔有时足以确定合适的支承面深度。如果基础材料含有黏土并且附近有树木，则有必要确定黏土成分的收缩/膨胀潜势（因为树木会影响黏土的含水量），并将其与树木的高度和种类进行比较。这可以显著增加基础的深度。

为了确定收缩性，需要采集基础材料的样品，密封在塑料袋中以保持自然水分，并送往土壤实验室进行测试。实验室将评估样品中细颗粒（黏土和淤泥）的百分比、含水量、液体和塑性极限以及塑性指数（PI）。塑性指数越高，随着含水量的变化，收缩/膨胀的风险就越高。

在移除现有树木后易于膨胀的土地会损坏地基，因此需要采取措施保护基础和底板。通常与基础底面直接接触的地基，使用可压缩层。

有经验的工程师将能够就基础类型和所需保护措施提供建议。参见 NHBC（国家房屋建筑委员会）标准的第 4 章第 2 节《基础——树木附近的建筑》。

简单的条形基础 / 沟槽填充式基础：这种类型的基础适用深度可达 2.5 m（受开挖面的稳定性影响）。建议在深度超过 1m 时使用沟槽填充式基础，以便在铺设砌块等的时候混凝土已达到足够高度，不再需要对开挖面的坍塌进行保护。

桩基础：这种类型的地基适用于在填充土或软土或者需要深基础以克服膨胀 / 收缩问题的场地上的建筑。需要进行详细的现场勘察，以确定整个深度范围内的土壤状况，最好由专业的岩土工程公司进行。这些桩用于支撑加固的地梁、底板。

筏形基础：当地面条件使得条形基础需要非常宽或者存在很高的沉降风险时，使用筏形基础。筏形基础将荷载分布到一个很大的区域上。为了消除不均匀沉降的风险，筏板下的地面条件必须是一致的。有必要确保进出的设施有一个灵活的连接，如污水排放管中的摇臂管。

砌体结构

英国现有的大部分建筑都是砌体结构，而且大部分较小规模的新建筑仍然采用砌体结构。木框架结构的份额越来越大，尽管其外墙往往是砌体包覆的。

砌体结构设计基于欧洲规范 6 BS EN 1996-1-2，部分源自 BS 5628。

小型建筑的砌体结构解决方案包括：

- 隔热空心墙：传统空心墙，带有砖石内外层，并用全隔热或部分隔热材料将空心连接起来；
- 隔热实心墙：通常为加气混凝土或空心黏土砌块墙，外加外部或内部隔热层；

- 混凝土填充隔热模板系统（砌体/整体混凝土混合）：由聚苯乙烯或木棉板材连接在一起制成的模板"块"，拼装后浇注泵送混凝土；该系统最大限度地提高了外部隔热性，同时形成一定量的内部蓄热体。

砌体墙体依靠单个砌块或砖块的粘合来分配荷载，并在墙体中提供连续性，也依靠砂浆在各个单元之间分配应力。

传统的砌体设计依赖于"正常"布置和实心墙与窗户和门洞的比例；当设计要求需要偏离以实现悬臂、开放角或仅仅是非常大的开口时，砌体设计通常与钢（偶尔是混凝土）梁和柱混合。砌体长板可能需要在墙体结构内用抗风柱加固，以抵抗横向荷载。在地板托梁平行于外墙（即没有内置）的情况下，必须将墙壁与地板稳固拉结，以提供抵抗风荷载的横向稳定性。有时设置伸缩缝来控制热胀冷缩。这些伸缩缝需要由风柱或回转墙横向支撑。一般来说，伸缩缝中线间距在砌块墙中为 6 m，黏土砖墙中为 12 m。

石灰砂浆的使用可以增加砌体结构的灵活性并减少对伸缩缝的需求，但也降低了墙面板在垂直和水平荷载下的强度。

木框架结构

木框架是一种建筑方法，而不是建筑体系。木框架结构使用软木垂直立筋和水平横梁，木质面板护套形成一个结构框架，并将其（重量）转移到基础上。护套可抵抗侧向风荷载（称为抗倾覆性）。在开口处，如门和窗，垂直荷载由开口上方的木料过梁和过梁两端称为短立筋的附加支架承担。外覆层提供装饰和天气防护。外覆层是非承重的，尽管它可能有助于抗风，但它主要用于建筑物的防风雨并提供所需的外观。隔热材料通常包含在外墙立筋之间的空间中，根据墙体的设计，可能还需要各种保护膜材料。

英国的墙板通常是工厂生产的。它们的尺寸和预制程度因以下因素而异：

- 包括立筋、横梁、护套和外部通气膜的开放式面板。保温层、内部水汽控制膜（如需要）和衬里均在现场安装。
- 如上所述的封闭式面板，但已经安装了保温层、保护膜、衬里、外部细木工制品，有时甚至是（出入管道）设施。

在需要的时候，还会增加额外的保温层和板材，以提供更高水平的隔声和额外的防火保护，例如房屋之间、公寓之间的共用隔墙。

木框架的地板和屋顶结构的选择与其他建筑类型相同。底层可以是混凝土或木材。中间层是木托梁或预制板。托梁或预制板通常安装在墙板顶部，并提供一个平台，用于建造后续楼层，因此称为"平台框架"。

屋顶通常是桁架式屋梁，但其他类型也适用，包括预制板类型。

完成一栋两层楼房的防风雨外壳，如果由四人团队人工安装的话，通常需要一个工作周；如果用起重机则只需一到两天。一旦木框架外壳完成，无论天气状况如何，工程都可以在建筑内继续进行。根据木框架板的预制程度，这可能包括在安装外墙保温层、水汽控制层和墙衬，以及内部非承重墙、地板和顶棚、内部细木工以及进出管道和配件。

在外部，将采用覆层。砖或石材覆层作为单独的外壳安装，通过不锈钢墙拉杆与木框架立筋相连。木框架和砖或砌块覆层之间可能会发生差动，设计细节必须考虑到这一点。瓷砖和木材覆层固定在木板条上，木板条固定在墙板内的立筋上。外部细木工制品固定在木框架的开口中，而不是包层中。屋顶板条或瓷砖固定在瓷砖板条和已完成的外部工件上。

资料来源：《木框架结构》（Timber Frame Construction），木材研究与发展协会（TRADA）。www.trada.co.uk。

材料重量（更多信息，请参阅 BS 648）

请注意，该 BS 已被撤销，建筑材料的典型荷载包含在 BS EN 1991-1-1 中。另请参阅行业文献。

材料	描述	规格	kg/m²	kg/m³
铝	铸件			2770
铝制屋面	长条	0.8 mm	3.70	
沥青屋面	带隔汽层	20 mm	47.00	
碎石	松散，分级			1600
沥青毡屋面	三层加一层隔汽层		11.10	
细木工板	张	18 mm	10.50	
砌块	高强度	100 mm	220.00	
	充气	100 mm	64.00	
	轻质	100 mm	58.00	
	基础	255 mm	197.00	
黄铜	铸件			8425
砖砌体	蓝色	115 mm	276.60	2405
	工程用	115 mm	250.00	2165
	砂/水泥	115 mm	240.00	2085
	伦敦坯砖	115 mm	212.00	1845
	弗莱顿砖			1795
硅酸钙板	张	6 mm	5.80	
水泥				1440
粉笔				2125
木屑板	地板级 C4	18 mm	13.25	
	家具级 C1A	18 mm	11.75	
碎石屑	平屋面	一层	4.75	

续表

材料	描述	规格	kg/m²	kg/m³
黏土	未扰动的			1925
混凝土	素			2300
	加筋（2% 钢筋）			2400
混凝土压载				1760
铜	铸件			8730
铜制屋面	长条	0.6 mm	5.70	
软木	颗粒状			80
软木隔热	板材	50 mm	6.50	
软木地板	地砖	3.2 mm	3.00	
毡	屋面衬垫		1.30	
玻璃	透明浮法玻璃	4 mm	10.00	
	透明浮法玻璃	6 mm	15.00	
	透明浮法玻璃	10 mm	25.00	
玻璃棉	被单状	100 mm	1.02	
砾石	松散			1600
硬质纤维板	标准	3.2 mm	2.35	
	中密度	6.4 mm	3.70	
硬木	绿心木			1040
	橡木			720
	伊罗科木，柚木			660
	红木			530
硬木地板	板材	23 mm	16.10	
铁	铸件			7205
铅	铸件			11322
	铅板	4 类	20.40	
	铅板	7 类	35.72	

续表

材料	描述	规格	kg/m²	kg/m³
石灰	块状石灰			705
	生石灰			880
油毡	片	3.2 mm	4.50	
中密度纤维板	板材	18 mm	13.80	
砂浆	石灰			1680
镶木地板	地板	15 mm	7.00	
隔墙	灰泥砖	115+25 mm	250.00	
	灰泥砌块	100+25 mm	190.00	
	石膏板钉在木制立筋上	100+25 mm	120.00	
带专利的玻璃窗	间距 600 mm 的铝条	单面	19.00	
	间距 600 mm 的铝条	双面	35.00	
路面	混凝土	50 mm	122.00	
卵石（豌豆大）				1500
有机玻璃	波纹板		4.90	
石膏	轻质 – 两层	13 mm	10.20	
	硬质墙 – 两层	13 mm	11.60	
	板条和石膏		29.30	
石膏板	石膏墙板	9.5 mm	9.00	
	薄石膏涂层	3 mm	2.20	
胶合板	板材	6 mm	4.10	
聚苯乙烯	膨化板	50 mm	0.75	
聚氯乙烯（PVC）屋面	单层膜	2 mm	2.50	
瓷砖	在砂浆中铺设	12.5 mm	32.00	
屋面瓦	黏土 – 普通型	100 mm 规格	77.00	
	黏土 – 筒瓦式	315 mm 规格	42.00	
	混凝土 – 双罗马型	343 mm 规格	45.00	

续表

材料	描述	规格	kg/m²	kg/m³
屋面瓦	混凝土－平板式	355 mm 规格	51.00	
橡胶钉地面	片	4 mm	5.90	
沙	干			1600
衬垫	毡		1.30	
筛余（材料过筛后的粗块）				2000
找平层	水泥／沙	50 mm	108.00	
鹅卵石	粗头，分级，干			1842
屋面瓦	屋顶，未经处理	95 mm 规格	8.09	
	经处理的	95 mm 规格	16.19	
板岩	平板	25 mm	70.80	
石板瓦屋面	最佳	4 mm	31.00	
	中强	5 mm	35.00	
	重质	6 mm	40.00	
雪	刚下的			96
	湿的，紧密的			320
软质纤维板	板材	12.5 mm	14.45	
软木	油松，紫杉			670
	云杉			450
	西部红雪松			390
软木地面	板材	22 mm	12.20	
土	紧密的			2080
	疏松的			1440
不锈钢屋面	长条	0.4 mm	4.00	
钢	低碳钢			7848
	薄板	1.3 mm	10.20	

材料	描述	规格	kg/m²	kg/m³
石材	巴斯石			2100
	花岗石			2660
	大理石			2720
	石板			2840
	约克石			2400
石屑				1760
柏油碎石		25 mm	53.70	
水磨石	路面	16 mm	34.20	
茅草	包括板条	300 mm	41.50	
木材	见硬木、软木			
乙烯铺地材料	块	2 mm	4.00	
水				1000
风雨板	软木	19 mm	7.30	
		25 mm	8.55	
木棉	板材	50 mm	36.60	
锌	铸件			6838
锌屋面	长条	0.8 mm	5.70	

牛顿

力的单位，N，是通过力等于质量乘以力的方向上的重力加速度（9.81 m/s²）的关系，从质量单位导出的，例如 1 kgf = 9.81 N。大约 100 kgf = 1 kN。

或者，1 N 是这样的力，如果施加到 1 kg 的质量上，在力的方向上给予该质量的加速度为 1 m/s²，所以 1 N = 1 kg × 1 m/s²。

在计算结构材料的重量时，应将千克数乘以 9.81，得出以 N 为单位的等效数字（出于实用目的，乘以 10）。将千克数乘以 9.81 再除以

1000，可以得出以 kN 为单位的数字。

一般来说，使用以下表达式：

叠加荷载　　　　kN/m^2

质量荷载　　　　kg/m^2 或者 kg/m^3

应力　　　　　　N/mm^2

弯矩　　　　　　kNm

剪力　　　　　　kN

$1N/mm$　　　　　$=$　$1kN/m$

$1N/mm^2$　　　　$=$　$1 \times 10^3 kN/m^2$

$1kNm$　　　　　$=$　$1 \times 10^6 Nmm$

外加荷载（根据欧洲标准 EN 1991-1-1:2002 和英国国家版附录）

类别	特定用途		示例	分布荷载 kN/m²*	集中荷载 kN*
A	家庭和住宅活动区域	A1	独立住宅单元内的所有用途。在有限使用的公寓单元中的公共区域（包括厨房）——即不超过 3 层，每层不超过四个独立单位	1.5	2.0
		A2	A1 或 A3 以外的卧室和宿舍	1.5	2.0
		A3	酒店和汽车旅馆的卧室；医院病房；卫生间	2.0	2.0
		A4	台球室／桌球室	2.0	2.7
		A5	A1 的阳台	2.5	2.0
		A6	宿舍、招待所、住宅俱乐部和 A1 中未包含的公寓楼的公共区域的阳台	和与这些阳台相通的房间一样，但至少 3.0	2.0（集中在外缘）
		A7	酒店和汽车旅馆的阳台	和与这些阳台相通的房间一样，但至少 4.0	2.0（集中在外缘）
B	办公区域	B1	除 B2 以外的一般用途	2.5	2.7
		B2	在底层或底层以下	3.0	2.7
C	人群可能聚集的区域（A 类、B 类及 D 类区域除外）	C1	设有桌子的区域等		

续表

类别	特定用途		示例	分布荷载 kN/m²*	集中荷载 kN*
C	人群可能聚集的区域（A类、B类及D类区域除外）	C1	C11 公共、机构和共用餐厅以及休息室、咖啡馆和餐馆，但不包括可能进行体育活动或过度拥挤的区域（参见 C4 或 C5）	2.0	3.0
			C12 没有书籍储存的阅览室	2.5	4.0
			C13 教室	3.0	3.0
		C2	设有固定座席的区域		
			C21 带固定座椅的集会场所	4.0	3.6
			C22 礼拜场所	3.0	2.7
		C3	没有人员移动障碍的地区		
			C31 没有人群或轮式车辆的机构建筑中的走廊、过道、通道，旅馆、宾馆，住宅俱乐部以及 A1 中未包含的公寓楼的公共区域	3.0	4.5
			C32 没有人群或轮式车辆的机构式建筑中的楼梯、楼梯平台；旅馆、宾馆，住宅俱乐部以及 A1 中未包含的公寓楼的公共区域	3.0	4.0
			C33 所有未包含在 C31 和 C32 中的建筑物的走廊、过道、通道，包括受人群影响的酒店、汽车旅馆和机构建筑	4.0	4.5
			C34 所有未包含在 C31 和 C32 中的建筑物的走廊、过道、通道，包括具有轮式车辆（含手推车）的酒店、汽车旅馆和机构建筑	5.0	4.5

续表

类别	特定用途		示例	分布荷载 kN/m²*	集中荷载 kN*
C	人群可能聚集的区域（A类、B类及D类区域除外）	C3	C37 人行道——一般用途（常规双向行人交通）	5.0	3.6
			C38 人行道——重型（包括逃生路线在内的高密度行人交通）	7.5	4.5
			C39 博物馆楼层和展览用美术馆	4.0	4.5
		C4	可能进行体育活动的区域		
			C41 舞厅和演播室、健身房、舞台	5.0	3.6
			C42 训练厅和训练房	5.0	7.0
		C5	易出现大量人群的区域		
			C51 没有固定座位的集会区、音乐厅、酒吧和礼拜场所	5.0	3.6
			C52 在公共集会区的舞台	7.5	4.5
D	购物区	D1	一般零售店内的区域	4.0	3.6
		D2	百货商场内的区域	4.0	3.6
E	储存与工业用途	E1	易出现货物堆积的区域，包括通行区		
			E11 其他地方没有规定的（储存）静态设备的一般区域（机构和公共建筑）	2.0	1.8
			E12 带图书存储的阅览室，如图书馆	4.0	4.5

续表

类别	特定用途		示例	分布荷载 kN/m²*	集中荷载 kN*
E	储存与工业用途	E1	E13 指定的存储以外的常规存储（需与客户联系，以确定比此表中给出的最小值更具体的负载值）	每米储存高度 2.4	7.0
			E14 文件室、归档和存储空间（办公室）	5.0	4.5
			E15 书库	每米储存高度 2.4，但至少 6.5	7.0
			E16 印刷厂和文具店的纸张存储	每米储存高度 4.0	9.0
			E17 公共和机构建筑中移动手推车上密集的移动书堆	每米储存高度 4.8，但至少 9.6	7.0
			E18 仓库中，在移动卡车上的密集的移动书堆	每米储存高度 4.8，但至少 15.0	7.0
			E19 冷库	每米储存高度 5.0，但至少 15.0	9.0
		E2	工业用途	根据具体用途确定	
F	轻型车辆的交通区域（车辆总重≤30kN）和停车区域		车库：停车场，停车大厅	2.5	10
G	轻型车辆的交通（30kN<车辆总重≤160kN）停车区域		进出路线；交货区；消防车可到达的区域（车辆总重≤160kN）	5.0	根据具体用途确定

* 以两者中产生较大的应力或变形者为准。

屋面外加荷载（根据欧洲标准 EN 1991-1-1:2002 和英国国家版附录）

屋顶类型	备注	分布荷载 kN/m²*	集中荷载 kN*
所有屋顶	除了清洁和维修所需的通道外，还需要进入的地方	与进入屋顶区域的荷载相同	
平屋顶以及坡度小于等于 30°	除清洁和维修外不需要进入的地方	0.6	0.9
坡度 α（30° < α < 60°）	除清洁和维修外不需要进入的地方	0.6（60−α）/ 30	0.9
坡度大于等于 60°	0	0	0.9

*以两者中产生较大应力者为准。

在需要进行清洁和维修的地方，这些荷载假设在脆弱的屋顶上工作时将使用摊铺板（以使荷载分布到较大范围）。

对于降雪量大的地区的建筑物，应考虑雪荷载。雪荷载是位置、高度和屋顶坡度的函数。对于有护栏、山谷或屋顶标高变化的建筑，可能会因漂移而产生局部积雪。有关进一步指导，请参见欧洲标准 EN 1991-1-3 和英国国家版附录。

风荷载取决于许多因素，如位置、海拔和地形，以及建筑物的高度和平面尺寸。有关进一步指导，请参见欧洲标准 EN 1991-1-4 和英国国家版附录。

风荷载——简化计算

英国标准 BS 6262:1982 CP 描述了一种获得应用于玻璃窗单元而不是整个建筑物的风荷载的简单方法，可用于地面以上 10 m 以下且设计风速小于 52 m/s 的建筑物。这种方法不适用于在悬崖顶上的建筑。

从第 3 页的地图上找到基本风速,乘以表 1 中的系数得到设计风速(m/s),再从表 2 中找出相应的最大风荷载。

表 1 地面粗糙度和地面以上高度的修正系数

地面以上高度	类别 1	类别 2	类别 3	类别 4
3m 或以下	0.83	0.72	0.64	0.56
5m	0.88	0.79	0.70	0.60
10m	1.00	0.93	0.78	0.67

类别 1　　开阔的乡村,没有障碍物。如所有沿海地区。
类别 2　　开阔的乡村,有零星的防风林。
类别 3　　有很多挡风物体的乡村,小城镇、城市郊区。
类别 4　　地面有大而多的障碍物,如市中心。

表 2 风荷载——可能的最大值

设计风速 (m/s)	风荷载 (N/m²)	设计风速 (m/s)	风荷载 (N/m²)
28	670	42	1510
30	770	44	1660
32	880	46	1820
34	990	48	1920
36	1110	50	2150
38	1240	52	2320
40	1370		

有关更详细的风荷载计算,请参见英国标准 BS 6399:第二部分(现已停用)或者欧洲标准 EN 1991-1-4:2005 和英国国家版附录。

防火

结构构件的最小耐火时间（分钟）

建筑类型		地下室		地面及以上楼层			
		深度超过 10m	深度小于 10m	高度小于 5m	高度小于 20m	高度小于 30m	高度大于 30m
居住型建筑							
i) 住宅		无	30[a]	30[a]	60	无	无
ii) 公寓和复式住宅	无喷淋	90	60	30[a]	60[c]	90[b]	X
	有喷淋	90	60	30[a]	60[c]	90[b]	120[b]
iii) 机构[d]建筑		90	60	30[a]	60	90	120[e]
iv) 其他居住型建筑		90	60	30[a]	60	90	120[e]
办公建筑	无喷淋	90	60	30[a]	60	90	X
	有喷淋	60	60	30[a]	30[a]	60	120[e]
商业建筑	无喷淋	90	60	60	60	90	X
	有喷淋	60	60	30[a]	60	60	120[e]
商业建筑	无喷淋	90	60	60	60	90	X
	有喷淋	60	60	30[a]	60	60	120[e]
集会和娱乐型建筑	无喷淋	90	60	60	60	90	X
	有喷淋	60	60	30[a]	60	60	120[e]
工业建筑	无喷淋	120	90	60	90	120	X
	有喷淋	90	60	30[a]	60	90	120[e]
仓储与其他非居住建筑	无喷淋	120	90	60	90	120	X
	有喷淋	90	60	30[a]	60	90	120[e]
轻型车辆停车场	无喷淋	无	无	15[f]	15[f]	15[f]	60
	有喷淋	90	60	30[a]	60	90	120[e]

X = 不允许。

a   分隔建筑物的分隔墙增加到 60 分钟。

b   对于复式公寓内的任何楼层，减少到 30 分钟，但如果该楼层有承重功能，则不会减少。

c   如上文 b 所述，对于现有房屋而言，不超过 3 层的被改建成公寓。如果逃生方式符合 B1 第 2 节要求，则可缩短至 30 分钟。

d   多层医院应至少有 60 分钟的标准。

e　对于不构成结构框架部分的构件，缩短至 90 分钟。
f　如上文 a 所述，用于保护逃生途径的构件增加到 30 分钟。

资料来源：《建筑规范核准文件 B（2013 年修订版）》（Building Regulations Approved Document B）第 1 卷表 A2 和第 2 卷表 A2。

弯矩和梁计算公式

梁的类型	荷载图	最大弯矩	最大剪力	最大挠度
简支梁 中心集中荷载		$\dfrac{WL}{4}$	$\dfrac{W}{2}$	$dc=\dfrac{WL^3}{48EI}$
简支梁 均布荷载		$\dfrac{WL}{8}$	$\dfrac{W}{2}$	$dc=\dfrac{5WL^3}{384EI}$
简支梁 三角分布荷载		$\dfrac{WL}{6}$	$\dfrac{W}{2}$	$dc=\dfrac{WL^3}{60EI}$
两端固支 中心集中荷载		$\dfrac{WL}{8}$	$\dfrac{W}{2}$	$dc=\dfrac{WL^3}{192EI}$
两端固支 均布荷载		$\dfrac{WL}{12}$	$\dfrac{W}{2}$	$dc=\dfrac{WL^3}{384EI}$
一端固支一端 简支均布荷载		$\dfrac{WL}{8}$	$SA=\dfrac{5W}{8}$ $SB=\dfrac{3W}{8}$	$dB=\dfrac{WL^3}{185EI}$ 当 x=0.38L
悬臂梁 端部集中荷载		WL	W	$dB=\dfrac{WL^3}{3EI}$
悬臂梁 均布荷载		$\dfrac{WL}{12}$	W	$dB=\dfrac{WL^3}{8EI}$

W = 总荷载 w = 单位长度的荷载 L = 长度 E = 弹性模量 I = 惯性矩 S = 剪力	↓	集中荷载
	▭	分布荷载
	↑	简支
		固支

下层土壤上的安全荷载

假定静荷载下的容许承载值

地下土壤	类型	承载（kN/m²）
岩石	坚固的火成岩和片麻岩 坚硬的石灰石和砂岩 片岩和板岩 坚硬的页岩、泥岩和粉砂岩	10000 4000 3000 2000
非黏性土	密集的砾石，密集的沙子和砾石 中密度砾石，中密度沙子和砾石 松散的砾石，松散的沙子和砾石 致密砂 中密砂 松砂	> 600 <200 — 600 <200 > 300 100 —200 <100
黏性土	非常坚硬的巨石黏土，坚硬的黏土 硬质黏土 坚固黏土 软黏土和淤泥	300 — 600 150 — 300 75 — 150 <75

注:
● 这些值仅用于初步设计。需要首先对地基进行现场勘测。
● 对于非常软的黏土和淤泥、泥炭和有机土壤、填平或填充地面，未给出任何数值。因为这些材料不适合于任何建筑。
● 岩石的承载值是假设地基一直打到未经风化的岩石上的。
● 非黏性土地基宽度不小于 1 m。
● 黏合土容易受到长期沉降的影响。
● 一般情况下，地基的深度不应小于 1.0 —1.3 m，以允许土壤膨胀或收缩、霜冻和植被侵袭。

矩形木梁计算公式（均布荷载）

1.获得梁的总外加荷载和恒载（W），单位为千牛（kN）。

2.选择木材的强度等级，定义弯曲应力 σ（单位为 N/mm²），弹性模量 E（单位为 N/mm²）。

3.选择梁的宽度 b（单位为 mm）。

4.计算最大弯矩 M（单位为 kNm)。

a. 按应力 σ 计算：

$$M = \frac{WL}{8}$$

$$M = \sigma Z, \ Z = \frac{bd^2}{6}$$

$$\therefore \ M = \sigma \frac{bd^2}{6} \ \text{或} \ bd^2 = \frac{6M}{\sigma}$$

因此，$d = \sqrt{\dfrac{WL \times 6 \times 10^6}{8 \times b \times \sigma}}$

b. 按挠度 δ 计算：

对于 4.67 m 以下的跨度，最大允许挠度为跨度 × 0.003。对于住宅楼层，跨度在 4.67 m 以上的挠度限制为 14 mm。

对于单个构件，下式中的 E 用 E_{min} 来计算（E_{min} 即下页木材的"各种强度等级的应力等级和弹性模量"表中，弹性模量中的最小值）。

$$\delta = L \times 0.003 = \frac{5WL^3}{384EI}, \ I = \frac{bd^3}{6}$$

因此，$d = \sqrt{\dfrac{WL^2 \times 52.08 \times 10^3}{E \times b}}$

梁的截面高度应为按应力或挠度计算所得数值中的较大值。

上式中，b 为梁宽，单位为 mm；d 为梁高，单位为 mm；L 为净跨，单位为 m；M 为弯矩，单位为 kNm；W 为总荷载，单位为 kN；Z 为截面模量，单位为 mm³；I 为截面惯性矩，单位为 mm⁴；E 为弹性模量，单位为 N/mm²。

木材（英国标准 BS 5268:2:2002）

各种强度等级的应力等级和弹性模量

强度等级	弯曲平行于纹理 N/mm²	拉伸平行于纹理 N/mm²	压缩平行于纹理 N/mm²	压缩 *垂直于纹理 N/mm²		剪切平行于纹理 N/mm²	弹性模量		密度
							平均 N/mm²	最小 N/mm²	平均 kg/m³
C14	4.1	2.5	5.2	2.1	1.6	0.60	6800	4600	350
C16	5.3	3.2	6.8	2.2	1.7	0.67	8800	5800	370
C18	5.8	3.5	7.1	2.2	1.7	0.67	9100	6000	380
C22	6.8	4.1	7.5	2.3	1.7	0.71	9700	6500	410
C24	7.5	4.5	7.9	2.4	1.9	0.71	10 800	7200	420
TR26	10.0	6.0	8.2	2.5	2.0	1.10	11 000	7400	450
C27	10.0	6.0	8.2	2.5	2.0	1.10	12 300	8200	450
C30	11.0	6.6	8.6	2.7	2.2	1.20	12 300	8200	460
C35	12.0	7.2	8.7	2.9	2.4	1.30	13 400	9000	480
C40	13.0	7.8	8.7	3.0	2.6	1.40	14 500	10 000	500
D30	9.0	5.4	8.1	2.8	2.2	1.40	9500	6000	640
D35	11.0	6.6	8.6	3.4	2.6	1.70	10 000	6500	670
D40	12.5	7.5	12.6	3.9	3.0	2.00	10 800	7500	700
D50	16.0	9.6	15.2	4.5	3.5	2.20	15 000	12 600	780
D60	18.0	10.8	18.0	5.2	4.0	2.40	18 500	15 600	840
D70	23.0	13.8	23.0	6.0	4.6	2.60	21 000	18 000	1080

注:
- 强度等级 C14–C40 适用于软木。
- C16 被认为足以满足一般用途（原分类 =SC3）。
- C24 是一种良好的一般质量木材（原分类 = SC4）。
- TR26 适用于成批制造的软木桁架。
- D30–D70 适用于硬木。
* 如果规范禁止承重区域减少，则使用较高的值。

C16 和 C24 是建筑中最常用的木材等级。使用更高等级的木材导致需要更小的截面尺寸，以确保木材不会过度受力或变形过大。

木地板托梁

有关更多信息（例如 C24 的跨度），请参阅木材研究与发展协会（TRADA）用于住宅地板、顶棚和屋顶（不包括桁架屋顶）的实木构件跨度表。

C16 级软木的最大净跨（m）

静荷载（kN/m²）	< 0.25		0.25–0.50		0.50–1.25	
托梁中心距（mm）	400	600	400	600	400	600
托梁尺寸（b×d）（mm）	最大净跨（m）					
47×97	2.03	1.59	1.93	1.47	1.67	1.23
47×120	2.63	2.26	2.52	2.05	2.22	1.66
47×145	3.17	2.77	3.04	2.59	2.70	2.15
47×170	3.71	3.21	3.55	3.00	3.14	2.56
47×195	4.25	3.64	4.07	3.41	3.56	2.91
47×220	4.75	4.08	4.58	3.82	3.99	3.26
75×120	3.07	2.69	2.94	2.57	2.65	2.29
75×145	3.70	3.24	3.54	3.10	3.19	2.78
75×170	4.32	3.79	4.14	3.63	3.73	3.23
75×195	4.87	4.34	4.72	4.15	4.27	3.67
75×220	5.32	4.82	5.15	4.67	4.77	4.11

静载不包括托梁的自重。

该表允许施加不超过 1.5 kN/m² 的荷载和 1.4 kN 的集中荷载，但不允许来自（其他）托梁、隔墙等的集中荷载。浴缸下面的所有托梁都应加倍。

地板铺设 [见英国住宅建筑委员会（NHBC）标准 6.4 – D14]

托梁中心距（mm）	400	450	600
铺板厚度（mm）			
锁扣式软木地板	16	16	19
木屑板	18	18	22
胶合板	12	12	16
定向纤维板	15	15	18/19

注：定向纤维板铺设时，较强轴线应与支撑成直角。

木顶棚托梁

有关更多信息（例如 C24 的跨度），请参阅木材研究与发展协会（TRADA）用于住宅地板、顶棚和屋顶（不包括桁架屋顶）的实木构件跨度表。

C16 级软木的最大净跨（m）

静荷载（kN/m^2）	< 0.25		0.25–0.50	
托梁中心距（mm）	400	600	400	600
托梁尺寸（b×d）(mm)	最大净跨（m）			
38 × 72	1.15	1.11	1.11	1.06
38 × 97	1.74	1.67	1.67	1.58
38 × 120	2.33	2.21	2.21	2.08
38 × 145	2.98	2.82	2.82	2.62
38 × 170	3.66	3.43	3.43	3.18
38 × 195	4.34	4.05	4.05	3.74
38 × 220	5.03	4.68	4.68	4.30
47 × 72	1.27	1.23	1.23	1.18
47 × 97	1.93	1.84	1.84	1.74

托梁尺寸 （b×d）（mm）	最大净跨（m）			
47 × 120	2.56	2.43	2.43	2.27
47 × 145	3.27	3.08	3.08	2.87
47 × 170	4.00	3.74	3.74	3.46
47 × 195	4.73	4.41	4.41	4.07
47 × 220	5.47	5.08	5.08	4.67

该表允许施加不超过 0.25 kN/m² 的荷载和 0.9 kN 的集中荷载。
没有考虑其他荷载，如水箱或烟囱、天窗周围的其他托梁等。
顶棚托梁的最小搁置长度为 35 mm。

工程托梁和横梁

采用工程木托梁（TJI 托梁）可以增加木地板结构的跨度和减少收缩，并更有效地使用材料；其较高的成本意味着它们只能在更大的跨度和更大的项目上与锯材竞争；与锯切的 C24 软木相比，对于给定的托梁高度，可节省 20% 至 30% 的截面材料。

平行梁（平行纤维木材）的许用应力和弹性模量改进了许多，使得相同截面的 C24 软木的跨度能增加 50%。

使用"TJI 托梁"和"平行梁"作为关键词，可以在互联网上搜索到已出版的行业文献中的安全荷载信息。

预制木桁架

对于在屋檐处的平坦顶棚的简单矩形屋顶，预制屋顶是最简单的解决方案。桁架由桁架制造商设计和安装。空心墙的内层用于支撑桁架。桁架中心通常为 600 mm，顶棚上有一个很小的可进入的空间——阁楼，但由于木材的内部布置，在阁楼空间中很难存放物品，进出阁楼应仅限于维护（如处理电缆、管道等）。一般会允许安置水箱。

更复杂的形状也可以实现，例如交叉屋顶，以及角梁末端。多个桁架用于支撑形成坡屋顶的单坡桁架。

配有设施的桁架也可以制造，通常称之为阁楼桁架。

然而，想要增加额外的容纳空间的时候，这些屋顶的修改很复杂，需要插入新的结构，如檩条，以允许切断内部支柱，并对楼梯通道进行修整。应避免对现有预制屋顶进行改造，并应考虑采用新的屋顶结构。

欲了解更多信息，请访问www.tra.org.uk（The Trussed Rafter Association—桁架椽子协会）。

胶合木梁

胶合木梁是由刨平的木材部分在压力下粘合在一起而制成的工程梁。一般来说，这些叠层的深度为 45 mm，宽度不同。最小高度为 4 层（即 180 mm），典型宽度为 65、90、115、140、165 和 190 mm。标准的胶合木梁的截面范围因制造商而异。标准范围以外的截面也可以制造，但会更贵。胶合木梁比标准木梁强度高约 18％。以下是胶合木梁上的允许荷载的选择，仅用于确定地板的初步尺寸。

最大均匀分布荷载，单位为 kN / m，挠度限制在 14 mm

胶合木梁截面 h×w（mm）	净跨（m）							
	3.0	3.5	4.0	4.5	5.0	5.5	6.0	6.5
65 × 315	9.1	6.7	5.2	4.1	2.8	1.9	1.3	0.9
90 × 315	12.7	9.4	7.2	5.7	3.9	2.7	1.9	1.3
90 × 360	16.1	11.9	9.1	7.2	5.8	4.0	2.8	2.0
90 × 405	19.9	14.7	11.3	8.9	7.2	5.6	4.0	2.9
115 × 405	25.4	18.8	14.4	11.4	9.2	7.2	5.1	3.7
115 × 450	27.3	23.2	17.9	14.1	11.4	9.4	7.0	5.1
115 × 495	27.3	23.5	20.5	16.8	13.6	11.3	9.2	6.7
160 × 495	38.0	32.7	28.7	23.4	19.0	15.7	12.8	9.4
160 × 540	38.0	32.7	28.6	25.4	22.3	18.4	15.5	12.1

砖和砌块（英国标准 BS 5628：第 1 部分：2005）

承重的砖墙和砌块墙的长细比

长细比涉及墙、墩或柱的厚度和高度以及顶部和底部的支撑条件。它被定义为有效高度 ÷ 有效厚度。

墙的有效高度

当楼板或屋顶成直角跨在墙上且有足够的支撑和锚固时：

有效高度 = 支撑中心之间的实际高度的 ¾

当有混凝土楼板支承在墙上时，无论跨度方向如何：

有效高度 = 实际高度的 ¾

当楼板或屋顶跨度与墙平行，不支承在墙上（但墙用横向约束带固定在地板 / 屋顶平面上）：

有效高度 = 实际高度

对于顶部没有横向支撑的墙：

有效高度 =1½ × 实际高度

墙的有效厚度

对于实心墙：

有效厚度 = 实际厚度

对于空心墙：

有效厚度 =⅔ ×（一层厚度 + 另一层厚度），或者，外层或内层的厚度（取最大值）。

长细比不得超过 27。但当墙壁厚度小于 90 mm 时，长细比不应超过 20。

更多信息，请参见《建筑规范核准文件 A》。

混凝土（英国标准 BS 8500-1:2015）

　　所需混凝土的等级取决于几个因素，如暴露程度、化学侵蚀以及是否为钢筋混凝土。钢筋保护层取决于混凝土等级、暴露程度和潜在的化学侵蚀（来自除冰盐和地下水）。

　　以下信息摘自 BS 8500-1 表 A.7（住房和其他应用中指定和标准化规定混凝土的选择指南）。对于受硫酸盐和地下水静压水头影响的混凝土，请咨询特许结构工程师。

应用 （含有预埋金属的混凝土应视为钢筋混凝土）	指定的 混凝土	标准化规定的 混凝土
基础		
基础垫层和大体积混凝土填充	GEN1	ST2
条形基础	GEN1	ST2
大体积混凝土基脚	GEN1	ST2
沟槽填充基础	GEN1	ST2
全埋的加固地基	RC30	无
一般应用		
路缘石垫层和背衬	GEN0	ST1
在排水工程中立即提供支撑	GEN1	ST2
其他排水工程	GEN1	ST2
基础中悬板下的混凝土垫层	GEN1	ST2
楼板		
没有金属嵌入的房屋地板		
——要添加的永久性饰面，例如浮式地板的砂浆层	GEN1	ST2
——无需添加永久性饰面，如地毯	GEN2	ST3
无金属嵌入的车库地板	GEN3	ST4
耐磨表面：轻型踩踏和手推车交通	RC30	ST4
耐磨表面：一般工业	RC40	无

续表

应用 （含有预埋金属的混凝土应视为钢筋混凝土）	指定的 混凝土	标准化规定的 混凝土
耐磨表面：重工业	RC50	无
路面		
家用车道和停车	PAV1	无
采用橡胶轮胎车辆的重型外部路面	PAV2	无

钢结构

通用梁——43 级钢的安全分布荷载（kN）

梁系列 尺寸* （mm）	质量 （kg/m）	跨度（m）										Lc m
		2.0	2.5	3.0	3.5	4.0	4.5	5.0	5.5	6.0	7.0	
		挠度系数										
		112.0	71.68	49.78	36.57	28.00	22.12	17.92	14.81	12.44	9.143	
406 × 140	46	**513**	**411**	**342**	**293**	**257**	228	205	187	171	147	2.58
	39	**414**	**331**	**276**	**236**	**207**	184	165	150	138	118	2.41
356 × 171	67	**662**	**567**	**472**	405	354	315	283	258	236	202	3.72
	57	**574**	**473**	**394**	338	296	263	237	215	197	169	3.50
	51	**519**	**420**	**350**	**300**	263	234	210	191	175	150	3.38
	45	**453**	**363**	**302**	**259**	227	201	181	165	151	130	3.23
356 × 127	39	**377**	**302**	**252**	216	189	168	151	137	126	108	2.33
	33	**311**	**248**	**207**	177	155	138	124	113	104	89	2.18
305 × 165	54	**479**	**398**	**331**	284	249	221	199	181	166	142	3.69
	46	**412**	**342**	**285**	**244**	214	190	171	155	143	122	3.53
	40	**370**	**296**	**247**	**212**	185	165	148	135	123	106	3.38
305 × 127	48	**404**	323	269	231	202	180	162	147	135	115	2.59
	42	**351**	280	234	200	175	156	140	127	117	100	2.45
	37	**311**	249	207	178	156	138	124	113	104	89	2.37

续表

梁系列尺寸*（mm）	质量（kg/m）	跨度（m）										Lc m
		2.0	2.5	3.0	3.5	4.0	4.5	5.0	5.5	6.0	7.0	
		挠度系数										
		112.0	71.68	49.78	36.57	28.00	22.12	17.92	14.81	12.44	9.143	
305 × 102	33	**274**	219	183	156	137	122	110	100	91	78	1.90
	28	**232**	185	154	132	116	103	93	84	77	66	1.79
	25	**190**	152	127	109	95	84	76	69	63	54	1.64
254 × 146	43	**333**	**267**	222	191	167	148	133	121	111	95	3.41
	37	**286**	**229**	191	164	143	127	115	104	95	82	3.22
	31	**233**	186	155	133	117	104	93	85	78	67	2.96
254 × 102	28	203	163	135	116	102	90	81	74	68	58	2.01
	25	175	140	117	100	88	78	70	64	58	50	1.87
	22	149	119	99	85	74	66	60	54	50	43	1.75
203 × 133	30	**184**	147	123	105	92	82	74	67	61	53	3.03
	25	153	122	102	87	77	68	61	56	51		2.80
203 × 102	23	136	109	90.6	77.7	68.0						2.22
178 × 102	19	101	80.8	67.3	57.7	50.5						2.21
152 × 89	16	72.6	58.1	48.4	41.5	36.3						2.01
127 × 76	13	49.6	39.6	33.0	28.3	24.8						1.82

＊请注意，系列的尺寸不是实际尺寸。制造具有给定系列尺寸的不同重量的梁需要将辊移入或移出。翼缘内表面之间的高度保持不变，因此翼缘厚度和总高度不同。

注：

- 这些安全荷载是根据 BS449（允许应力）设计的，并假设如果梁跨度超过 Lc，梁的受压翼缘将受到横向约束。通过将地板托梁用确实的物理方式固定到翼缘上（即使用夹板或带子），可以实现足够的横向约束。通常不接受用斜钉在木板上或用木块钉在腹板上。
- 以黑体字印刷的荷载可能导致未加筋的腹板超载，应检查梁的承载力。
- 以斜体字印刷的荷载不会导致未加筋的腹板超载，也不会导致超过跨度 /360 的挠度。
- 对于以普通字体印刷的荷载，应检查梁的挠度。

资料来源：英国建筑钢结构协会有限公司

空心型钢

热成型结构空心截面（SHS）: 按照英国标准 BS EN 10210-1:2006 制造。方形和矩形截面具有绷紧的角半径，具有更高的几何特性，因此比冷成型截面具有更高的压缩承载能力。

冷成型空心截面（CFHS）: 按照英国标准 BS EN 10219-1:2006 制造。方形和矩形截面具有较大的角半径，与相同尺寸和厚度的热成型截面相比，几何特性较低。在未检查设计的情况下，冷成型空心截面不得根据尺寸直接代替热成型空心截面。在结构性能并不重要的情况下，CFHS 提供了一种较为便宜的解决方案。

相关缩写的含义：

SHS　　　=结构空心截面

CHS　　　=圆形空心截面

RHS　　　=矩形空心截面，包括方形截面

CFHS　　 =冷成型空心截面

结构钢空心截面

外部尺寸（mm）。壁厚不同

热成型			冷成型		
圆形	方形	矩形	圆形	方形	矩形
○	□	□	○	□	□
21.3	40 × 40	50 × 30	33.7	25 × 25	50 × 25
26.9	50 × 50	60 × 40	42.4	30 × 30	50 × 30
33.7	60 × 60	80 × 40	48.3	40 × 40	60 × 40
42.4	70 × 70	90 × 50	60.3	50 × 50	70 × 40
48.3	80 × 80	100 × 50	76.1	60 × 60	70 × 50
60.3	90 × 90	100 × 60	88.9	70 × 70	80 × 40
76.1	100 × 100	120 × 60	114.3	80 × 80	80 × 50
88.9	120 × 120	120 × 80	139.7	90 × 90	80 × 60

续表

热成型			冷成型		
圆形	方形	矩形	圆形	方形	矩形
◯	□	▭	◯	□	▯
101.6	140 × 140	150 × 100	168.3	100 × 100	90 × 50
114.3	150 × 150	160 × 80	193.7	120 × 120	100 × 40
139.7	160 × 160	180 × 60	219.1	140 × 140	100 × 50
168.3	180 × 180	180 × 100	244.5	150 × 150	100 × 60
193.7	200 × 200	200 × 100	273.0	160 × 160	100 × 80
219.1	250 × 250	200 × 120	323.9	180 × 180	120 × 40
244.5	260 × 260	200 × 150	355.6	200 × 200	120 × 60
273.0	300 × 300	220 × 120	406.4	250 × 250	120 × 80
323.9	350 × 350	250 × 100	457.0	300 × 300	140 × 80
355.6	400 × 400	250 × 150	508.0	350 × 350	150 × 100
406.4		260 × 140		400 × 400	160 × 80
457.0		300 × 100			180 × 80
508.0		300 × 150			180 × 100
		300 × 200			200 × 100
		300 × 250			200 × 120
		340 × 100			200 × 150
		350 × 150			250 × 150
		350 × 250			300 × 100
		400 × 150			300 × 200
		400 × 200			400 × 200
		400 × 300			450 × 250
		450 × 250			500 × 300
		500 × 200			
		500 × 300			

资料来源：塔塔钢铁国际（Tata Steel International）

过梁

有许多过梁供应商，包括预制混凝土和压制金属。预制过梁可以是复合的，也可以是非复合的。复合过梁依赖于在 65 mm 高的过梁顶部建造的砖结构。特别是对于较长的跨度，这允许在现场更安全地处理较轻的过梁。这种过梁必须加以支撑，直到砖砌结构固化。同样，所有大跨度过梁都应支撑，直到上面的砌体完全固化。

过梁很少，如果有的话，在现场浇筑。

过梁选择指南可在各制造商的网站上找到。您需要知道内外层的厚度、空心墙的宽度、净跨和需承载的荷载。

以下只是网络上可用内容的一个小示例。建议定期查看网站，因为产品经常会修改。

预制混凝土过梁

复合过梁：最大均布荷载（kN/m）										
过梁长度（m）	0.90	1.05	1.20	1.35	1.50	1.80	2.10	2.40	2.70	3.00
有效跨度（m）	0.75	0.90	1.05	1.20	1.35	1.65	1.95	2.25	2.55	2.85
净跨度（m）	0.60	0.75	0.90	1.05	1.20	1.50	1.80	2.10	2.40	2.70
65 × 100 mm	5.9	4.8	4.0	3.4	2.9	2.2	1.8	1.4	1.2	1.0
65 × 100 mm（2 道）	19.9	13.8	10.1	7.7	6.0	4.0	2.8	2.1	1.6	1.2
65 × 100 mm（5 道）	26.9	18.6	13.6	10.4	8.2	5.4	3.8	2.9	2.2	1.7
65 × 100 mm（8 道）	40.8	28.3	20.8	15.9	12.5	8.3	5.9	4.4	3.4	2.7

截面 h × w（mm）	65 × 100	上表为安全工作，施加在复合结构上的均布荷载，单位为 kN/m，不包括结构内砖砌体的自重和过梁的重量。该设计基于砖砌结构的极限抗压强度为 10.4 N/mm²
重量 / 延米（kg）	16	
延米 / 吨	62	
每包数量	27*	* 0.6 m 100 × 65 mm 规格的钢筋混凝土过梁按每个托盘 108 的倍数包装

非复合过梁：最大均布荷载（kN/m）

过梁长度（m）	0.90	1.05	1.20	1.35	1.50	1.80	2.10†	2.40	2.70†	3.00	3.30†	3.60
有效跨度（m）	0.75	0.90	1.05	1.20	1.35	1.65	1.95	2.25	2.55	2.85	3.10	3.40
净跨度（m）	0.60	0.75	0.90	1.05	1.20	1.50	1.80	2.10	2.40	2.70	2.90	3.20
150 × 100 mm	18.0	14.7	12.3	10.5	9.1	7.0	5.6	4.6	3.8	3.2	2.7	2.3
100 × 150 mm	11.9	9.7	8.1	6.9	6.0	4.7	3.8	3.1	2.6	2.2	1.9	1.6
215 × 100 mm	—	—	—	—	—	29.9	24.9	21.3	18.5	16.3	14.8	13.3

　　上表为安全工作，施加在非复合结构上的均布荷载，单位为 kN/m，不包括过梁的重量。

　　†215 × 100 mm，长度为 2.1m、2.7m 和 3.3m 的过梁为非库存产品

截面 h × w（mm）	150 × 100	100 × 150	215 × 100
重量 / 延米（kg）	34	34	51
延米 / 吨	29	29	19
每包数量	16	16	5

Naylor 预制混凝土过梁

高规格范围		P100	S4	R6	R9	R12
荷载表 适用于 100 mm 厚的墙体		□65 100	:100 100	:140 100	:215 100	:290 100
可用耐火性（min）		30	30	30	30	30
适合基础使用		是	是	是	是	是
可供的最大备料长度		2400 mm	3000 mm	3600 mm	3600 mm	3600 mm
				可按需提供更长款		
可供装饰范围			表面色	表面色	表面色	表面色
未经修正的荷载（kN/m）						
长度	**净跨**	100 × 65	100 × 100	100 × 140	100 × 215	100 × 290
900 mm	700 mm	12.97	31.51	51.88	78.18	100.05
1100 mm	900 mm	7.96	19.60	41.38	62.44	79.90
1200 mm	1000 mm	6.47	16.02	36.36	56.72	72.57
1500 mm	1200 mm	4.50	11.25	25.90	48.57	60.85
1800 mm	1500 mm	2.86	7.25	16.96	36.27	49.66
2100 mm	1800 mm	1.95	5.02	11.92	25.78	41.91
2400 mm	2100 mm	1.40	3.66	8.80	19.21	31.70
2700 mm	2400 mm	无	2.77	6.73	14.83	24.53
3000 mm	2700 mm	无	2.15	5.30	11.76	19.49
3300 mm	3000 mm	无	无	4.26	9.53	15.83
3600 mm	3200 mm	无	无	3.72	8.36	13.49
过梁重量（kg/m）		16	23	34	53	70

www.naylor.co.uk

空心墙用钢过梁

过梁由镀锌钢制成，涂有聚酯粉末防腐层。如果热传导是一个问题，空心墙的每一层都可以支撑在截面为矩形的过梁上。如果外层是面砖，则需要用角钢。

Catnic 钢过梁
www.catnic.com/lintels

100 mm 室内实心墙标准型

DUPLEX ⊕

长度不超过 3000 mm 时，可供标准长度的增量为 150 mm；长度从 3000mm 到 4800 mm 时，增量为 300mm（包括 4575mm，但不包括 4500mm）

BSD100

标准长度（mm）	750 — 2100	2250 — 2700	2850 — 3600	3900 — 4575	4800
安全工作荷载（kN）	19	20	29	29	27
重量（kg/m）	6.0	7.5	12.4	15.7	15.7
名义高度（mm）	143	143	219	219	219

重型

DUPLEX ⊕

BHD100

标准长度（mm）	750 — 1500	1650 — 2100	2250 — 2700	2850 — 3600	3900 — 4800
安全工作荷载（kN）	29	39	39	51	51
重量（kg/m）	7.5	9.4	12.4	15.7	18.8
名义高度（mm）	143	143	219	219	295

超重型

DUPLEX ⊕

BXD100

标准长度（mm）	750 — 1500	1650 — 2700
安全工作荷载（kN）	47	59
重量（kg/m）	9.4	15.7
名义高度（mm）	143	219

140 mm 室内实心墙标准型

DUPLEX ⊕

长度不超过 3000 mm 时，可供标准长度的增量为 150 mm；长度从 3000mm 到 4800 mm 时，增量为 300 mm（包括 4575 mm，但不包括 4500 mm）

BSD140

标准长度（mm）	750 — 2100	2250 — 2700	2850 — 3600	3900 — 4575	4800
安全工作荷载（kN）	19	20	29	29	27
重量（kg/m）	6.9	8.7	13.1	16.2	16.2
名义高度（mm）	143	143	219	219	219

重型

DUPLEX ⊕

BHD140

标准长度（mm）	750 — 1500	1650 — 2100	2250 — 2700	2850 — 3600	3900 — 4800
安全工作荷载（kN）	29	39	39	51	51
重量（kg/m）	8.7	10.9	13.1	16.2	20.5
名义高度（mm）	143	143	219	219	295

超重型

DUPLEX ⊕

BXD140

标准长度（mm）	750 — 1500	1650 — 2700
安全工作荷载（kN）	47	59
重量（kg/m）	10.9	16.2
名义高度（mm）	143	219

单层墙过梁

1 角钢 用于 102 mm 厚 外墙	仪表箱过梁					
	轻型					
	MBA 过梁在施工期间应有适当的支撑和横向的约束					
	MBA					
	标准长度 （mm）	750		1350		
MBA 仅适用于仪 表箱 ANG 适用于标准 荷载下的应用	安全工作荷载 （kN）	5		3		
	重量（kg/m）	2.2		2.2		
	名义高度 （mm）	88		88		
	角钢过梁					
	标准型					

2 槽形截面 用于 102 mm 厚 外墙	ANG 过梁在施工期间应有适当的支撑和横向的约束。长度不超过 3000 mm 时，可供标准长度的增量为 150 mm；长度从 3000 mm 到 3900 mm 时，增量为 300 mm					
	ANG					
	标准长度 （mm）	900 — 1200	1350 — 1500	1650 — 2100	2250 — 2400	2550 — 3000	3300 — 3900
	安全工作荷载 （kN）	4	5	7	10	15	15
	重量（kg/m）	2.7	3.4	4.0	4.7	7.3	9.4
	名义高度 （mm）	88	131	167	215	215	215
CCS 过梁完全嵌 入墙体结构中， 用于单层墙的砖 或砌块	**槽形截面**					
	标准型					
	CCS 过梁在施工期间应有适当的支撑和横向的约束。长度不超过 3000 mm 时，可供标准长度的增量为 150 mm；长度从 3000 mm 到 3900 mm 时，增量为 300 mm					
	CCS					
	标准长度 （mm）	750 — 1800		1950 — 3000		3300 — 4800
质量保证 国标 Duplex 双 重防腐系统 确保最佳耐久性 和使用寿命	安全工作荷载 （kN）	15		20		20
	重量（kg/m）	4.7		7.3		11.7
	名义高度 （mm）	154		229		229

其他截面形状

组合靴状或"顶帽"过梁，用于空心墙的内外层。有些建筑师不喜欢使用组合过梁，因为存在热传导问题。

带企口的组合过梁——使得窗框 / 门框缩进门窗洞中。

用于封闭屋檐的过梁——用于紧邻坡屋顶的窗户。

用于具有砖石外层和木框架内层的墙体的过梁。

砖石外层的过梁（内层由混凝土过梁承载）。

内隔墙和承重墙的过梁。

用于各种风格的拱门和悬臂砌体墙角的特殊型材。

钢结构中的隔热构造

悬臂阳台通常由建筑物内的结构支撑。悬臂梁必须穿过绝缘层，可以成为热桥。通过在建筑物隔热层处悬臂梁内设置的端板刚性连接，可以避免这种热桥。钢与钢之间的接口需要用隔热板隔离。

这种连接的工作方式同钢与钢的力矩连接相同，由螺栓抵抗拉力。压力通过隔热材料传递。钢垫圈下方的隔热垫圈进一步减少了热桥。包含隔热构造的典型刚性连接，请参见以下内容。

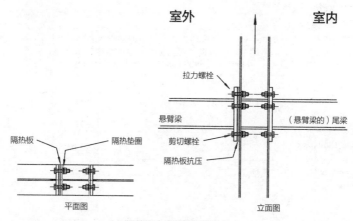

钢结构中典型的隔热构造

预制混凝土楼板

预制混凝土楼板用于底层斜坡或人工地面上，在那里使用现浇板可能不经济，以及需要防火和隔声结构的上层楼面，例如在不同楼层的公寓单元之间。它们可用于完全预制的"干燥"施工方式，具有浮式地板饰面，或与现浇结构面层或砂浆层复合，以提高结构性能和隔声性能。通常需要用起重机对梁进行搬运，因此在小型项目中使用较少。

预制混凝土楼板主要有两种类型：宽板（有时称为空心楼板）和梁加混凝土板块：

·宽板：1200 mm 宽的预制板，带空芯（至少 150 mm 厚板）。根据跨度和荷载的不同，构件的厚度可以在 100—450 mm 变化。

·梁加混凝土板块：倒 T 形截面梁，150—225 mm 厚，构件之间是混凝土板块。根据跨度和荷载的不同，混凝土板块可以跨越短方向或长方向（或交替）。在隔墙下有时需要多道横梁。

所需的支承，对于钢结构是 75 mm，对于砖石结构是 100 mm。如果需要共用支承在砖墙上，则墙体厚度应为 215 mm（短跨度梁和板块地面可以交错支承，不包括在内）。

有许多预制混凝土楼板制造商提供设计和供应服务。以下只是网络上可用信息的一个小示例。建议定期查看网站，因为产品经常会修改。

荷载／跨度表显示了家庭和其他荷载条件下的最大净跨度，如养老院、酒店和商业开发区。这些表格仅供参考。更多信息请咨询制造商。

Bison 制造
（www.bison.co.uk）

总结构高度（mm）	自重：kN/m²	以下所示跨距允许承受荷载包括特征工作荷载（活荷载）+ 自重 +1.5kN/ m²的饰面 特征工作荷载（kN/ m²）有效跨度（m）									
		0.75	1.5	2.0	2.5	3.0	4.0	5.0	7.5	10.0	15.0
150*	2.4	7.50	7.50	7.50	7.50	7.50	7.14	6.70	5.87	5.28	4.49
200	3.0	10.00	10.00	9.86	9.50	9.15	8.55	8.05	7.10	6.42	5.50
250	3.3	12.53	11.75	11.31	10.91	10.55	9.93	9.38	8.31	7.53	6.46
300	4.0	15.00	14.67	14.16	13.71	13.29	12.56	11.94	10.72	9.80	8.51
350	4.4	17.00	16.18	15.65	15.18	14.74	13.97	13.31	11.99	11.00	9.58
400	4.8	18.00	17.26	16.73	16.24	15.80	15.01	14.32	12.95	11.91	10.41
450	5.3	18.00	18.00	18.00	17.56	17.10	16.28	15.57	14.14	13.04	11.43

该表仅供参考。使用最大跨度时，必须考虑拱曲度和挠度对隔墙或饰面的影响。可根据要求提供进一步的建议。
* 耐火 2 h 需用 35 mm 厚砂浆层。

Milbank 楼板
（www.milbank.co.uk）

150 mm 深 T 梁（基于 30 分钟耐火性能）中密度填充块 1450 kg/m³

梁与板块的荷载 / 跨度表 T150

最大净跨距 * 以米为单位，允许规定的特征活荷载 + 自重 +1.8 kN/m²（75 mm 砂浆层）饰面 +1.00 kN/m² 预留隔墙荷载

梁中心距（mm）	块间距 +	自重 kN/m²	外加活荷载（kN/m²）							
			0.75	1.50	2.00	2.50	3.00	4.00	5.00	7.50
525	W	1.84	3.99	3.73	3.59	3.46	3.34	3.13	2.96	2.63
412	A	1.95	4.47	4.19	4.03	3.88	3.75	3.52	3.33	2.96
300	N	2.15	5.17	4.85	4.67	4.51	4.36	4.10	3.88	3.46
652	DW	2.15	4.95	4.65	4.47	4.32	4.18	3.93	3.72	3.32
540	DA	2.31	5.38	5.06	4.87	4.71	4.56	4.29	4.07	3.63
427	DN	2.54	5.94	5.60	5.40	5.22	5.06	4.78	4.54	4.06
554	TN	2.75	6.29	5.94	5.73	5.55	5.38	5.09	4.83	4.34

* 支撑墙之间的净跨距。

+ W = 宽（440 mm）；A = 交替（440÷215）；N = 窄（215 mm）。

梁与板块的荷载/跨度表 D225

225 mm 高 D 梁（基于 1 小时耐火性能）中密度填充块 1450 kg/m³

最大净跨距 * 以米为单位，允许规定的特征活荷载 + 自重 +1.8 kN/m²（75 mm 砂浆层）饰面 +1.00 kN/m² 预留隔墙荷载

梁中心距 (mm)		块间距+	自重 kN/m²	外加活荷载（kN/m²）							
				0.75	1.50	2.00	2.50	3.00	4.00	5.00	7.50
	540	W	2.38	6.04	5.68	5.48	5.29	5.13	4.83	4.58	4.10
	428	A	2.63	6.66	6.28	6.06	5.87	5.69	5.37	5.10	4.57
	315	N	3.06	7.51	7.11	6.88	6.67	6.47	6.13	5.84	5.25
	695	DW	2.98	7.19	6.81	6.58	6.38	6.19	5.86	5.57	5.01
	583	DA	3.28	7.69	7.29	7.06	6.85	6.65	6.31	6.01	5.42
	470	DN	3.72	8.30	7.90	7.66	7.44	7.24	6.88	6.57	5.95
	625	TN	4.06	8.62	8.22	7.99	7.77	7.56	7.20	6.89	6.25

* 支撑墙之间的净跨距。

+ W = 宽（440 mm）；A = 交替（440+215）；N = 窄（215 mm）。

第4章 设施

建筑师通常为小型建筑提供设计服务，需要管道工和电工参与，以获得详细的现场专业知识；随着公用事业设施越来越复杂，管控其在建筑物内安装的法规也越来越复杂。专业设计人员、供应商和安装人员的数量也有所增加，以满足火灾、安全、空气质量等探测和报警系统的需求；音频和视频系统；有利于供暖、照明和安全等其他设施的家居技术集成；环境能源系统，雨水收集和灰水回收系统；通风和空调；用于现场或远程所有设施的更复杂的照明和控制系统。

特别是在新技术领域，建筑师需要警惕将设计非正式地委托给没有正式设计责任的分包商，因此应注意确保使用正确的合同，例如《JCT 小型工程与承包商设计合同》。

对于大型建筑，其公用事业设施的设计通常有机电顾问参与，对于越来越多地使用建筑管理系统的同时，也造成了一些设计反应：这些建筑管理系统虽然改善了集成，但也存在失去个人控制和用户理解方面的缺陷。

虽然提高能源效率的需求在一些领域导致复杂性增加，但被动设计中的另一种替代方法旨在降低建筑物对服务的依赖，并使其余服务系统更易于理解和控制。

排水

排污管的建议最小坡度

峰值流量 * L/s	管径 mm	最小 坡度	最大容量 * L/s
<1	75	1：40	4.1
<1	100	1：40	9.2
>1	75	1：80	2.8
>1	100	1：80**	6.3
>1	150	1：150+	15.0

* 流量取决于所连接的连备；容量取决于管道的尺寸和坡度。——译者注
** 最少 1 个水冲式坐便器；
+ 最少 5 个水冲式坐便器。

正常土壤中的排水沟——最小坡度

管径（mm）	坡度	管径（mm）	坡度
50	1：500	150	1：2160
75	1：860	175	1：2680
100	1：1260	200	1：3200
125	1：1680	225	1：3720

存水弯最小尺寸和水封深度

设备	存水弯 直径 mm	水封 深度 mm	设备	存水弯 直径 mm	水封 深度 mm
洗脸盆	35	75	垃圾处理器	40	75
坐浴盆	35	75	小便器	40	75
浴缸 *	40	50	水槽	40	75
淋浴器 *	40	50	洗衣机 *	40	75
虹吸式水冲式坐便器	75	50	洗碗机 *	40	75

* 如果这些设备的废水直接排放到沟渠中，则密封深度可减小到最小 38 mm。

如果两个或多个设备排放到同一个废水管，则直径通常应增加到 50 mm。

用于替代存水弯的 HepVO 无水废水阀，避免了在长管道上通过抽吸将存水弯清空的风险。

资料来源：《建筑规范核准文件 H 》(Building Regulations Approved Document H)

检查井井盖

典型尺寸

井盖由钢和球墨铸铁制成。盖板可以有单密封或双密封，顶部是平的或带凹槽的，并且可以是多片的或连续的以用于管道。其他功能包括带锁孔，手动升降槽和锁紧螺钉。盖子可以是圆形、正方形或矩形，尺寸从直径 300 mm 到最大约 1200 mm × 675 mm。

检修盖和集水沟格栅的荷载等级《英国规范 BS EN 124:1994》

组别	最小等级	荷载	应用
1	A15	15 kN	仅用于行人
2	B125	125 kN	用于停车场和行人区，仅偶尔有车辆进入
3	C250	250 kN	用于停车场、前院、工业场地和交通缓慢的区域，也可用于公路上距路缘不超过 500 mm 的范围内，以及路缘向内不超过 200 mm 的范围内，不包括高速公路。高速公路除外
4	D400	400 kN	适用于有汽车和货车通行的区域，包括行车道，坚硬的路肩和行人专用区 *
5	E600	600 kN	适用于承受车轮荷载较高的区域，例如装载区域、码头或机场路面
6	F900	900 kN	适用于承受车轮荷载特别高的区域，例如机场路面

* 原书 D400 的适用范围和 C250 完全一样，应为原书之误。此处译自 BS EN 124:1994 第 8 页之 "Place of Installation"。——译者注

单立管排水系统

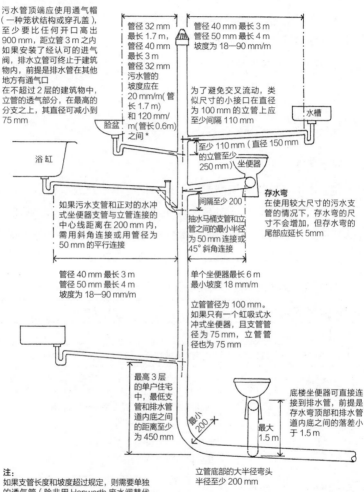

污水管顶端应使用通气帽（一种笼状结构或穿孔盖），至少要比任何开口高出900 mm，距立管3 m之内如果安装了经认可的进气阀，排水立管可终止于建筑物内，前提是排水管在其他地方有通气口
在不超过2层的建筑物中，立管的透气部分，在最高的分支之上，其直径可减小到75 mm

管径32 mm最长1.7 m，管径40 mm最长3 m 管径32 mm污水管的坡度应在20 mm/m（管长1.7 m）和120 mm/m（管长0.6m）之间 *

管径40 mm最长3 m 管径50 mm最长4 m 坡度为18—90 mm/m

为了避免交叉流动，类似尺寸的小接口在直径为100 mm的立管上应至少间隔110 mm

水槽

脸盆

浴缸

至少110 mm（直径150 mm的立管至少250 mm）

坐便器

如果污水支管和正对的水冲式坐便器支管与立管连接的中心线距离在200 mm内，需用斜角连接或用管径为50 mm的平行连接

间隔至少200 抽水马桶支管和立管之间的最小半径为50 mm连接或45°斜角连接

存水弯
在使用较大尺寸的污水支管的情况下，存水弯的尺寸不会增加，但存水弯的尾部应延长5mm

管径40 mm最长3 m 管径50 mm最长4 m 坡度为18—90 mm/m

单个坐便器最长6 m 最小坡度18 mm/m

立管管径为100 mm。如果只有一个虹吸式水冲式坐便器，且支管管径为75 mm，立管管径也为75 mm

最高3层的单户住宅中，最低支管和排水管道内底之间的距离至少为450 mm

最小200

最大1.5 m

底楼坐便器可直接连接到排水管，前提是存水弯顶部和排水管道内底之间的落差小于1.5 m

注：
如果支管长度和坡度超过规定，则需要单独的透气管（除非用Hepworth废水阀替代存水弯）。

立管底部的大半径弯头半径至少200 mm

* 如果使用 Wavin HepVO 无水污水阀代替存水弯，则污水管长度不受限制。

资料来源：《建筑规范核准文件 H》

雨水处理

排水沟和落水管尺寸计算

在英国，最大降雨强度通常为每小时 75 mm 或每秒 0.0208 升（L/s）。请注意，这并不一定意味着只有像西威尔士和苏格兰那样多雨的地区才这样。令人惊讶的是，在诺福克和牛津这类地区，暴雨可能会超过这个数字。

为了计算降水量，必须确定有效的屋顶面积。对于斜屋顶：

有效屋顶面积（m²）=（H÷2+W）×L

式中：H——斜屋顶的高度；

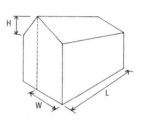

　　　W——斜屋顶的宽度；

　　　L——屋顶的长度。

要确定斜屋顶排水的最大流量，请将有效面积乘以 0.0208。

典型最大流量

排水沟 mm	落水管 mm	出口在屋顶的一端				出口在屋顶中央			
		排水沟水平		排水沟带坡度		排水沟水平		排水沟带坡度	
		m²	L/s	m²	L/s	m²	L/s	m²	L/s
半圆形 75	直径 51	15	0.33	19	0.40	25	0.54	30	0.64
半圆形 110	直径 69	46	0.96	61	1.27	92	1.91	122	2.54
方形边长 116	方形边长 62	53	1.10	72	1.50	113	2.36	149	3.11t

实际流量请参考制造商的网站，因为排水沟的剖面外形可能会有所不同。

经验法则

直径 100—112 mm 的半圆形排水沟与直径 68 mm 的落水管，如果落水管在排水沟中央，可以排水的有效屋顶面积为 110 m²；如果落水管在排水沟的端部，则排水有效屋顶面积为 55 m²。如果排水沟有一定坡度（如 1：60），则可以排水更多。

可持续城市排水系统（SUDS）

SUDS 将可持续性应用于地表水管理，以最大限度地减少开发对径流量和径流质量的影响，并最大限度地改善便利性和生物多样性的机会。

实行 SUDS 的主要驱动因素是：

1.《建筑规范》H 节要求优先通过渗透处理地表水。

2. 自 2015 年 4 月起，地方规划部门负责通过规划系统要求实施 SUDS，并有义务与地方主要洪水管理部门协商。他们通常将参考 DEFRA* 发布的设计指南——可持续排水系统的非法定技术指南（可以从 DEFRA 网站下载）。地方规划政策也可能受到现已废止的《可持续房屋守则》的影响。

3. BREEAM** 还鼓励利用衰减和洪水风险评估来管理洪水风险。

4. 法定水务部门控制地表水排入下水道，如果渗透不切实际，则需要进行衰减（现场储存）。

5. 向河道的排放由环境部门决定，他们需要采用基于 SUDS 的方法，而这些方法通常用规划条件来表达。

DEFRA 设计指南要求比较同一地块开发前与开发后的地表径流情况。排水速率和排水量的峰值都必须受到控制，通常需要承受百年一遇的 6 小时暴雨。可能还需要考虑为气候变化而留有余量。对于完全新建场地（"绿地"），DEFRA 要求不增加排放量；而对于改建场地（"棕地"），需"在合理可行的范围内"调节。在这种方法行不通的情况下，则可以超过排放限值，前提是要能证明超限后不会增加洪水风险。

环境署的出版物《开发项目初级降雨管理》提供了估算未开发区（"绿地"）径流速率和存储要求的方法。更大规模的开发项目几乎肯

---

* DEFRA（Department for Environment, Food & Rural Affairs），英国环境、食品与农村事务部。——译者注

** BREEAM（Building Research Establishment Environmental Assessment Method），英国建筑研究机构环境评估方法，由 BRE（建筑研究机构）于 1990 年首次发布，是世界上建立时间最长的评估、评级和认证建筑物可持续性的方法。——译者注

定需要用计算机分析。HR Wallingford* 公司还提供了一个在线计算器。SUDS 设计的圣经是《CIRIA C753》，即 SUDS 手册，于 2015 年修订，可从 CIRIA** 网站下载。

水务部门通常使用 30 年暴雨重现期，在下水道系统的组件设计中没有抗洪要求。这也是 DEFRA 对开发项目内污水处理系统的一项要求。这意味着系统必须包含多余的水，其中可能包括设计的地面储存设备。

环境署控制排放许可，将要求考虑 100 年的重现期以及气候变化上升的影响。这也可能体现在环境署（或同等机构）是规划过程的法定咨询人，或者规划政策较为保守的高洪水风险地区的规划条件中。

SUDS 方案的工作原理是最大限度地渗透，并通过促使水流穿过软景观或通过透水铺路来提供截取、储存和处理。SUDS 的这些特点提供了所需在低洼盆地或池塘中的蓄水空间。在小场地上，可渗透铺面下的间隙级配骨料或"牛奶箱"式的空隙形成物可实现这一功能。

SUDS 的设计需要与景观设计一起进行工程计算，以确保提供便利设施和生物多样性。必须考虑到安全性，必须全面考虑对水深、坡度和（在适当情况下）使用围栏的限制，以应对任何特定环境中的风险。设计还必须解决维护问题，这是采用与否的关键，也是对规划当局而言 DEFRA 指南中的一个关键因素。

资料来源：《研发技术报告》W5-074, EA/DEFRA, 2005 年
　　　　　HR Wallingford 公司，www.uksuds.com
　　　　　《可持续城市排水系统手册》，CIRIA C753，2015 年
　　　　　《透水路面》，Interpave 公司，www.paving.org.uk

---

　　* HR Wallingford 是一家独立的土木工程和环境水力学公司，提供工程和环境水力学方面以及能源、环境、设备、洪水和水管理方面的分析、建议和支持（摘自其官网 http://www.hrwallingford.com）。——译者注

　　** CIRIA（Construction Industry Research and Information Association），建筑业研究与信息协会。"作为一家中立的、独立的、非营利性机构，我们将与具有共同利益的组织联系在一起，并促进一系列有助于改善行业的协作活动。"（摘自其官网 https://www.ciria.org）。——译者注

供水规范

　　《1999年供水（水具）规范》（及其后的修正案）取代《供水附例》。其目的是防止：浪费、误用、过度消耗、污染或错误测量水务承办人（Water Undertaker，WU）提供的水。《规范》应与《水务规范咨询大纲指南》一起阅读，后者包括尺寸、流量、阀门等详细信息。下面是对《规范》非常广泛和简短的解释。

规范的适用

　　该规范仅适用于由水务承办人供水的配件。它们不适用于非家庭或非食品生产目的的供水配件，前提是要对水进行计量。供水时间少于1个月（经书面同意可为3个月），并且水不能通过水表回流到总管。它们不适用于1999年7月1日之前安装的配件。

通告

水务承办人必须被告知以下事项：

- 建造任何建筑物，但容量不足10000L的池塘或游泳池除外。
- 改变非住宅场所的任何供水系统。
- 更改房产的用途。
- 在公共下水道上方或2m之内建造建筑物。可能需要闭路电视监视。
- 安装：
  - 容量超过230L的浴缸；
  - 带上喷水或软管的坐浴盆；
  - 有多个喷头的单个淋浴间；
  - 流量超过12L/min的泵或增压器；
  - 带有废物或需要用水进行再生或清洁的软水器；
  - 减压区阀或任何存在严重健康风险的机械设备；
  - 除手持式水管外的花园浇水系统；

○ 相对于地面，高于 730 mm 或低于 1350 mm 的外部管道；
○ 容量超过 10000 L 的自动注水池塘或游泳池。

承包商证书

经水务承办人批准的承包商必须向客户提供证书，证明工程符合规定。对于通告项目（见上文），必须将这些证书的副本发送给水务承办人。违反规范可招致不超过 1000 英镑的罚款（2000 年）。

流体类别

水被分为五类，从水务承办人提供的"合乎卫生的"水到有严重健康危害的水。与其他事项一起，这些类别被用于定义所需的防回流类型（见下文）。

污染和腐蚀

生活用水或食品用水不得被铅和沥青等物质污染。供水配件不得安装在污染环境中，如下水道和污水坑。

质量和测试

供水配件应符合英国标准或欧洲同等标准，且必须能承受不小于最大工作压力 1.5 倍的工作压力。所有水系统在使用前必须经过测试、冲洗和消毒（如有必要）。

位置

供水配件不得安装在空心墙内、嵌入墙壁或实心地板内或悬挂，除非被包裹在可检修的管道中，不得置于实心地板（面）之下。除非获得书面同意，否则地下外部管道不得用胶粘剂连接，铺设深度不得小于 750 mm 或大于 1350 mm。

防冻保护

建筑物外部或位于建筑物内部但在隔热层外的所有供水配件均应隔热以防冻结。在非常寒冷的条件下，在未加热的场所，应在开始冻结前将水排干，或安装替代设备以启动加热系统。

回流保护

除非允许热水系统中的膨胀水倒流，否则供水装置必须具有如下足够的防止倒流的装置：

- 防止在不同场所之间回流；
- 灰水或雨水与"健康"的水管连接；
- 带柔性软管的坐浴盆、手持喷头，边缘下进水口或上喷口；
- 带压力冲洗阀的坐便器水箱；
- 坐便器被改装成坐浴盆；
- 有水下进水口的浴缸（如按摩浴缸）；
- 非家用洗衣机和洗碗机；
- 喷淋系统、消防水龙带卷盘和消防栓；
- 花园橡皮软管和喷灌系统。

冷水设施

每个住宅，包括多层住宅中的住宅，在每个单元内都应有单独的截止阀，用于干管入口管道。必须提供排水龙头，以完全排出建筑物内所有管道的水。所有住宅单元必须至少有一个水龙头，用于直接从总水管供应饮用水。

冷水水箱

住宅用冷水水箱不再是强制性的，只要街道上有足够的水流量和总水管压力。在做新的给水设计前，请向水务承办人核实。

水箱必须配备浮阀和检修阀。必须安装带有防虫网的溢流／警告管，溢流排出时应能从外面非常明显地看到。当水箱连接在一起时，必须注意避免一个水箱的水溢出到另一个水箱中，并且水在水箱之间充分循环，而不是仅在局部循环。水箱应隔热，并装有轻便的防虫盖。水箱上方必须至少留出 350 mm 的无障碍空间，以便进行检查和维护。

热水设施

温度控制装置和减压阀必须安装在未通风的热水器上。膨胀阀必须安装在大于 15 L 的不通风热水系统中。主回路通风管不应通过家用水箱或辅助系统排放。辅助回路通风管不应通过与主回路相连的给水和膨胀水箱排放。理想情况下，热水应储存在 60 ℃下，并在 50 ℃下排出（淋浴混合器为 43 ℃）。长距离的热水管道应该进行保温以节约能源。

花园供水

必须在新房屋的软管活接水龙头上安装双止回阀（DCV）。现有房屋的软管活接头应替换为装有 DCV 的软管活接头。喷灌系统必须配备 DCV，并在软管连接点或输送出口最高点以上至少 300 mm 处配备有大气孔和活动元件的管道断续器。由水务承办人供水的水池和喷泉必须有防渗层。

水冲式坐便器和小便器

水冲式坐便器的单冲水箱容量不得超过 6 L。坐便器水箱的手动压力冲洗阀必须在设备中获得至少 1.2 L/s 的流量。1999 年 7 月以前安装的水冲式坐便器水箱必须换成同样大小的水箱。现有的单冲水箱不能用双冲水箱代替。

自动小便器冲洗水箱的容量不应超过单个小便器的 10 L；在每个小便器、每个站位或每隔 700 mm 宽的范围内，容量不应超过 7.5 L/h。

小便器压力阀每次冲洗的流量不应超过 1.5 L。

低耗水量的坐便器和水箱的用水量可低至 4 L。被动式红外线（PIR）冲洗控制可用于减少小便器的浪费。可以使用无水小便器，但是需要仔细清洁。

资料来源：《1999 年供水（水具）规范》[Water Supply（Water Fittings）Regulations 1999]（及 2005 年和 2013 年修正案）

《水务规范咨询大纲指南》（The WRAS Water Regulations Guide）

蓄水

塑料冷水箱

矩形			圆形		
L	gal	长 × 宽 × 高（mm）	L	gal	顶部直径 × 高（mm）
18	4	442 × 296 × 305	114	25	442 × 533
68	15	600 × 425 × 425	227	50	838 × 610
91	20	665 × 490 × 510	455	100	1041 × 787
114	25	736 × 584 × 533			
182	40	940 × 610 × 590			
227	50	1155 × 635 × 600			

注：1 L 水重 1 kg，因此水箱的总重量等于升容量（以 kg 为单位）加上空重。

资料来源：Kingspan 环境有限公司

水的硬度

硬水供应会导致器具内部和周围形成水垢；这导致效率会大幅降低，特别是在锅炉和热水缸中。通过在引入的冷水干管上安装降垢器，可以减少水垢的形成。通过磁力、电荷或化学处理来减少硬垢的形成并清除沉积的水垢，从而将碳酸钙保留在悬浮液中。这些方法成本低，似乎对健康没有影响。

软水器可去除水中的碳酸钙，使其变得"柔软"；它们应安装在饮用水龙头附近——通常在厨房的水槽处。它们需要定期加盐；与使用调节剂相比，其安装和维护成本要高得多。

在硬水地区，建议在所有装有热水系统的建筑物中安装调节器或软水器。

热水的用量

典型平均消耗量

浴缸	60 L/ 次
淋浴	2.5 L / min
按摩淋浴	10−40 L/min

洗手	2 L/人
美发	每次洗头 10 L
清洁	10 L/户/天
厨房水槽	5 L/餐

使用冷水的器具

| 洗碗机 | 13 L/循环 |
| 洗衣机 | 45~70 L/循环 |

热水储量

典型的 65 ℃热水储水需要量——L/人

小别墅或公寓	30
办公室	5
工厂	5
日间学校	5
寄宿学校	25
医院	30
运动中心	35
豪华酒店	45

干管压力罐

对于具有良好干线压力和适当尺寸的干水管道的建筑物，干线压力热水供应具有显著的优势，包括相等压力的冷热水供应，在所有位置都有足够的压力用于淋浴，储水的容器可以放置在任何地方并且不需要冷水储罐。如要运用干线压力，需要仔细检查现有的管道系统。

适当的干管压力罐广泛采用不锈钢和搪瓷低碳钢，预绝缘，带单线圈或双线圈，用于锅炉和太阳能应用，尽管其尺寸小于铜水箱供水缸。

未通风的不锈钢间接热水罐

容量（L）	高度（mm）	直径（mm）	ErP 评级	蓄热损失（W）
120	1001	580	A	37
150	1187	580	A	40
180	1371	580	B	50
210	1561	580	B	62
250	1806	580	B	66
300	2076	580	C	77

注： 1. 圆柱直径包括 45 mm 厚的隔热层。
2. 《建筑规范》要求热水容器采用工厂安装的隔热材料，旨在将热量损失限制在每升 1W 或更低。
资料来源：Kingspan 环境有限公司的 Tribune Xe 间接热水容器

用太阳能加热的热水容器

装有太阳能热水系统的热水容器应尽可能大，以最大限度地提高系统的效率；尽管容器底部的太阳能线圈会加热整个容器，但上部的锅炉线圈只会加热上部，因此，当不再有来自太阳能系统的预热时，例如在晚上，一旦太阳能加热的水用完了，锅炉就只能加热容器中容量的一半了。

热储存器

常规的热水容器存储使用的热水，而热储存器将水作为热量的"电池"，通常通过靠近储存器顶部的内部管线圈来提供热水；热量输出通常在热储存器的上三分之一左右，但在热水下方，热交换器和热量的输入——通常是来自多个热源（例如锅炉、木炉等），则接近底座，而太阳能热量输入通常处于最低的位置。通常，热储存器比热水容器大，通常一个房子需要好几百升容量的热储存器；由于隔热性能很好，它们既大且重，因此需要在设计初期就做好准备。热储存器对于间歇性输入特别有效，因此可以与太阳能、风能和生物质能很好地配合使用。

U 值

为了理解 U 值的用法，有必要区分以下热测量表达式：

- 导热率（K 值）：通过材料单位面积（m^2）、单位厚度（m），在内外环境之间单位温差（K）下，所传输的热量（W），表示为 $W/m \cdot K$（或 $W/m \cdot ℃$）。

- 热阻率（R 值）：导热率的倒数，表示为 $m \cdot K/W$（或 $m℃/W$）。用来度量材料抵抗热量传导的程度。

- 热阻（R 值）：这表示特定厚度的材料抵抗热传导的能力。根据热阻率，以 $m^2 \cdot K/W$（或 $m^2 \cdot ℃/W$）为单位计算。

- 传热系数（U 值）：热阻的倒数，即 $W/m^2 \cdot K$（或 $W/m^2 \cdot ℃$）。用来度量内部和外部环境之间每单位温度差的特定厚度的每单位面积的热量传递。

U 值计算公式

$$U = \frac{1}{R_{SI} + R_{SO} + R_A + R_1 + R_2 + R_3 \cdots\cdots}$$

其中，

R_{SI}：   内表面热阻；

R_{SO}：   外表面热阻；

R_A：   构造内部空间的热阻；

R_1，R_2，R_3，……   后续各构件的热阻。

$$R = \frac{1}{K 值} \times \frac{材料厚度（mm）}{1000}$$

U 值一览
新建筑构件的标准 U 值（仅限英格兰）

（数值考虑了重复热桥）

外露的构件	W/m² · K			
	L1A	L1B	L2A	L2B
坡屋顶（11°—70°），椽子之间有隔热层	0.20	0.18	0.25	0.18
托梁之间有隔热层的坡屋顶	0.20	0.16	0.25	0.16
平屋顶（0°—10°）或带整体隔热的屋顶	0.20	0.18	0.25	0.18
空心和实心墙	0.30	0.28	0.35	0.28
分隔墙	0.20	无	无	无
楼层（包括地面层和地下室）	0.25	0.22	0.25	0.22
游泳池水池	0.25	0.25	0.25	0.25
窗户、屋顶窗、屋顶亮子	2.0	1.6	2.2	1.8
所有门（高使用率入口门＊除外）	2.0	1.8	2.2/＊3.5	1.8/＊3.5
供车辆出入的（及类似的）大门	无	无	1.5	1.5

注：注意 L1A 和 L1B 之间的差异；现有建筑中新的较低 U 值是为了弥补现有未经修改的建筑中的一些不足。

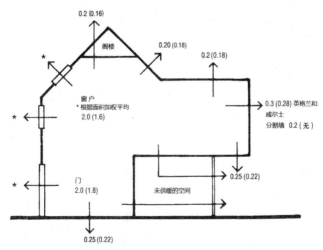

第一个数字是 L1A；第二个（在括号中的）数字是 L1B。

新建筑构件的标准 U 值（仅限威尔士）

（数值考虑了重复热桥）

外露的构件	W/m² · K			
	L1A	L1B	L2A	L2B
坡屋顶（11°—70°），椽子之间有隔热层	0.15	0.15	0.25	0.18
托梁之间有隔热层的坡屋顶	0.15	0.15	0.25	0.15
平屋顶（0°—10°）或带整体隔热的屋顶	0.15	0.15	0.25	0.18
空心和实心墙	0.21	0.21	0.35	0.26
分隔墙	0.20	无	无	无
楼层（包括地面层和地下室）	0.18	0.18	0.25	0.22
游泳池水池	0.25	0.25	0.25	0.25
窗户、屋顶窗、屋顶亮子	1.6	1.6	2.2	1.8
所有门（高使用率入口门 * 除外）	1.6	1.6	2.2/*3.5	1.8/*3.5
供车辆出入的（及类似的）大门	无	无	1.5	1.5

注：注意 L1A 和 L1B 之间的差异；现有建筑中新的较低 U 值是为了弥补现有未经修改的建筑中的一些不足。

升级保留的保温构件

如果保留的构件比阈值差，则应将其改进到最小值或更好。

外露的构件	W/m²K		
	阈值		最小值
空心墙	0.70	至	0.55
其他墙	0.70	至	0.30
楼层	0.70	至	0.25
坡屋顶，顶棚内隔热	0.35	至	0.16
坡屋顶，椽子之间隔热	0.35	至	0.18
平屋顶/整体隔热	0.35	至	0.18

资料来源：《建筑规范核准文件 L1 和 L2》（Building Regulations Approved Documents L1&L2）（英格兰 2013 年，威尔士 2014 年）

R 值

表面热阻 R 值			m²K/W	空间 R 值	m²K/W
一般外露				外露 25 mm	R_A
	R_{SI} 内表面	R_{SO} 外表面		在空心墙内	0.18
屋顶 / 顶棚	0.10	0.04		衬垫材料下的阁楼空间	0.18
				金属外包和衬里之间	0.16
墙	0.12	0.06		在冷的平屋顶内	0.16
				金属外包下的阁楼空间	0.14
楼层	0.14	0.04		在屋面瓦和毡之间	0.12
				干挂瓷砖（或瓦）的后面	0.12

K 值

典型建筑材料的导热率

材料		kg/m³	W/m · K	材料		kg/m³	W/m · K
沥青	19 mm	1700	0.50	灰浆	普通	1750	0.80
砌块	轻质	1200	0.38	酚醛泡沫	板	30	0.020
	中等重量	1400	0.51	灰泥	石膏	1280	0.46
	重型	2300	1.63		砂 / 水泥	1570	0.53
砖块	外露的	1700	0.84		蛭石	640	0.19
	受保护的	1700	0.62	灰泥板	石膏	950	0.16
硅酸钙	板	875	0.17	胶合板（软板）	板	600	0.12
纤维素	松散填充	32	0.038	聚苯乙烯	发泡	25	0.032
			−0.040				−0.040
刨花板		800	0.15	聚氨酯	板	30	0.025
混凝土	加气板	500	0.16				−0.028
	轻质	1200	0.38	定向刨花板	板	680	0.13
	密实	2100	1.40	灰泥	外部	1300	0.50

材料		kg/m³	W/m·K	材料		kg/m³	W/m·K
软木	板	120	0.045	屋面瓦	陶土制	1900	0.85
毛毡/沥青	3 层	960	0.50		混凝土制	2100	1.10
纤维板		300	0.06	找平砂浆		1200	0.41
玻璃纤维	被状物	25	0.033	羊绒毡	厚板	19	0.040
			−0.04	石材	再造石	1750	1.30
亚麻	厚板	40	0.038		砂岩	2000	1.30
			−0.040		石灰石	2180	1.50
泡沫玻璃	厚板	100	0.038		花岗石	2600	2.30
玻璃	片	2500	1.05	碎石		1800	0.96
硬质纤维板	标准	900	0.13	木材	软木	650	0.14
麻	厚板	40	0.40	蛭石	松散的	100	0.063
麻制混凝土	200 mm	225	0.25	刨花	厚板	600	0.11
异氰脲酸酯	喷涂泡沫	30	0.052				
矿棉	被状物	12	0.033				
			−0.04				
	厚板	25	0.035				

燃料和电力的节约

2010 年的《建筑规范》L 部分的要求是，需作出合理的规定，以节省热能和电力，方法是限制透过建筑结构和服务的热量的增加和损耗，以及提供节能服务和控制，并向建筑物的业主提供足够的资料，使其能有效运作和维修。

法规分为 L1A（新建住宅）、L1B（现有住宅）以及 L2A 和 L2B（新建和现有非住宅）。

对于新住宅，在设计阶段和建筑竣工后，必须通过 SAP（标准评估程序——译者注）计算将住宅排放率（DER）与目标排放率（TER）进行比较来证明其合规性。相对于 TER，DER 必须有至少 25% 的改善。住宅还必须达到建筑构件 U 值和气密性的最低热效率标准；必须精心设计通风、玻璃朝向和遮阳，避免夏季过热的风险，并且设计房屋结构时应满足最低标准，避免出现明显的热桥。

应采取战略性的"结构第一"方法，其目的是减少总体能源需求，通过控制良好的高效系统满足剩余的能源需求，然后考虑使用可再生能源来抵消能源需求：可再生能源系统不应被用作隔热性能不良的建筑的基础能源系统。

在现有建筑物之上的工程，例如扩建，将需要符合新建筑物的要求，窗户、门和天窗的面积不应超过总建筑面积的 25%。对于材料的"用途改变和翻新"（即改装），需要有一个"合理的升级"，这种改善需要在技术、功能和经济上都是可行的，并且可以通过将现有建筑构件提高到最低标准来证明，其简单投资回收期不超过 15 年，并且改善了建筑设施。

除了需要展示上述改进之外，可能还需要显示整个建筑物或新扩建部分的热损耗计算，或者计算面积加权的 U 值以充分显示其合规性。

非住宅遵循与上述类似的法规，不同之处在于 L2A 部分的遵循方法不同，建筑物排放率（BER）代替了 DER（住宅排放率），并且 SBEM*，而非 SAP**，被用于与 TER（目标排放率）进行比较。在这里，统一的至少25%的规定是不适用的。相反，建筑物的性能改善是基于建筑物的使用等级，以及其基本的玻璃类型——顶部透光、侧面透光或不透光。

对于建筑物中的各类设施，必须参考《住宅建筑设施合规指南》或《非住宅建筑设施合规指南》，以确定最低性能标准。对使用不同燃料取暖的效果进行评估是有益的；这是由于能源计算中采用的燃料系数所致。不过，这是一个相对的数字：燃气为0.198，电为0.517，因此使用干线电力加热将使DER显著增加。

在L1B和L2B中，都有关于如何将这些法规应用于历史建筑、具有特殊建筑意义的建筑以及已列入保护清单或在保护区中的建筑的指南。通常，列入保护清单的建筑都需要与建筑管控官员进行协商，协商由文保列管建筑管控官员（Listed Building Officer，LBO）主导。

热损耗

作为粗略的指南，建筑物的热损耗一般在20到50 W/m^{3}之间。在正常条件和温度下，平均为30 W/m^3。高大的单层建筑或有大面积玻璃窗的建筑，损耗数值较高；隔热良好、暴露很少的建筑，损耗数值较低。根据条件的不同，有400 m^{3}加热空间的建筑物的热损耗在8至20 kW之间。

---

* SBEM（Simplified Building Energy Model），简化建筑能耗模型。是一种由BRE（建筑研究机构）开发的软件工具，用于分析建筑物的能耗。参见：https://www.bregroup.com/a-z/sbem-calculator/。——译者注

** SAP 是 Standard Assessment Procedure（标准评估程序）的缩写，是唯一经政府批准的系统，主要用于计算新住宅的能源效率。参见：https://www.energyplusepc.com/sap-calculations。——译者注

推荐室内温度表	℃
仓储；工厂 – 重体力工作	13
普通商店	15
工厂 – 轻体力工作；流通空间	16
卧室；教室；商店；教堂	18
会议厅；医院病房	18
办公室；工厂 – 需久坐的工作	19
餐厅；食堂；博物馆；美术馆	20
实验室；图书馆；法庭	20
客厅；起居室	21
运动更衣室；手术室	21
浴室；游泳池更衣室	22
酒店卧室	22
室内游泳池	26

资料来源：《CIBSE（特许建筑设施工程师学会）A 系列设计数据》（Series A Design data CIBSE）

非重复热桥与透气性

透气性（气密性）

在 50 Pa 的压力下，建筑物的透气性最大值为 $10 \, m^3/(h \cdot m^2)$。这是由施工完成后进行的气压测试确定的。每种建筑类型都需要进行测试；如果现场有多栋建筑，每种建筑类型应至少测试其中的三栋。对于那些未经测试的建筑物，将在测试数据中添加 0.20 或 25%（以较大者为准）的置信因数，作为其透气性数值。这意味着，任何不进行测试的建筑物，透气性设计数值最大为 $8 \, m^3/(h \cdot m^2)$，以确保如果实测达到 $8 \, m^3/(h \cdot m^2)$ 的时候，加上置信因数，未经测试的建筑物仍能符合最高 $10 \, m^3/(h \cdot m^2)$ 的要求。

非重复热桥

非重复热桥发生在建筑物中隔热构件之间的连接处，例如墙壁和地板，以线性 psi 值表示，单位为 W/m。在 SAP（标准评估程序——译者注）计算中，将所有线性 psi 值（与其所对应的隔热构件连接长度之乘积）相加，再除以建筑结构总面积，得出总线性传导率 y 值，单位为 W/m^2。

经认证或增强的构造细节，如果使用的话，是一种行之有效的减小非重复热桥的设计方法。这些方法的 psi 值由经过认证的人员计算，并且在可建造性方面也得到了证明，可以给出 0.08 或 0.04 的总 y 值。如果建筑师选择设计自己的构造细节并计算 psi 值，则这些细节和 psi 值在可建造性方面未得到证明，在计算总 y 值的时候将加上 0.02 或 25%（以较大者为准）的置信因数。

非重复热桥会对建筑物的热损耗产生重大影响，认真进行细部设计，并在施工时进行现场检查，对于确保将其保持在最低水平非常重要。

热损耗计算

建筑物的热损耗是门、窗、墙、地板和顶棚的所有个体结构件热损耗的总和，加上任何通风损耗。

结构件的热损耗

当热量通过建筑物的外部表面从温暖的内部转移到寒冷的外部时，结构件的热损耗就产生了。这是由传导、对流和辐射共同作用的结果。

结构件热损耗的计算，以总瓦数表示：

总瓦数 = $\sum$（构件面积 m^2 × 构件 U 值）×（室内温度℃ – 室外温度℃）

每个构件必须单独计算，然后相加。

室内温度请参阅前页的"推荐室内温度表"。对于室外温度，在英国通常使用的是 1 ℃。

通风热损耗

当建筑物内部的暖空气散失，而进入了外部的冷空气时，就会发生通风损耗。例如，通过裂缝、维修孔和门窗缝隙所损失的热量。

当窗户关闭并处于平均防风水平时，假设每小时换气次数如下：

客厅、卧室 / 起居室　　=　1

卧室　　　　　　　　　=　0.5

厨房和卫生间　　　　　=　2

大厅和楼梯　　　　　　=　1.5

带烟囱的房间　　　　　=　11

通风热损耗的计算，以总瓦数表示：

$$总瓦数 = 1/3 \times 每小时换气次数 \times 体积（m^3）$$
$$\times （室内温度℃ – 室外温度℃）$$

资料来源：《绿色建筑圣经》第 2 卷，第四版

供暖和热水系统图

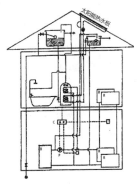

常规的集中供暖和热水装置
该系统使用通常位于屋顶空间中的储水箱为热水存储系统提供压力，热水储存系统由一个从锅炉给水的间接容器组成。冷水也可以从主储水箱分配到房屋各处。通过将热水储存容器替换成更大的双线圈热水罐和太阳能集热器，可以将太阳能热水直接添加到该系统中。

带有瞬时组合锅炉的不通风热水系统
该系统最适用于空间有限的小型房屋和公寓。由于没有热水储存罐，热水流量会有所减少，但通常只有在洗澡或同时使用几个水龙头时才会注意到这一点。一些组合式锅炉是为适应预热水而设计的，但很多都不是。太阳能预热罐需要空间。

● = 干管	▲ = 电动阀	B = 锅炉	C = 控制器
▶◀ = 止水阀	⊥ = 水泵	R = 散热器	T = 温控器
Sp = 太阳能电池板		TCC = 双线圈备选热水容器（可用太阳能）	

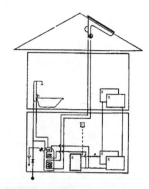

带有密封主存储的间接不通风储存系统
该系统在干管压力下储存热水，并提供空间供暖，储水罐可以放置在任何地方。只要将储水罐替换成更大的双线圈干管压力罐和太阳能集热器，就能将太阳能热水轻松地添加到该系统中。

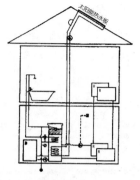

带直接通风主锅炉的主要热存储
在这里，热水以低压储存在一个水箱中，该水箱由上方的小水箱供水。自来水被送入一个大容量的线圈中，在这里在干管压力下加热，并与冷水混合以稳定温度。该系统可由锅炉或浸入式加热器加热，而用锅炉加热，加热的速度会很快，但流速略低于未通风的存储系统。将太阳能热水器和热存储结合起来，只需在蓄热器的底部安装一个额外的线圈即可。

资料来源：理想标准有限公司（Ideal Standard Ltd）（太阳能修订版）

供暖和热水系统

在指定供暖和热水系统时，应参考《住宅建筑设施合规指南》或《非住宅建筑设施合规指南》中设备必须达到的最低效率。尽管实际上这些最低效率需要提高才能达到合规性。这些指南提供了有关新系统和替换系统的信息。

指南还提供了适用于每种加热类型的最低控制组件的详细信息，例如，对于带热水罐的家用燃气冷凝锅炉，以下规定是适当的：

锅炉联锁

时间和温度控制，包括编程器、房间恒温器和散热器恒温阀

负载或天气补偿

带恒温器的保温热水罐

保温管道

冷凝锅炉类型	最低 SEDBUK* 评级
管道天然气	88
液化石油气	88
燃油	88

* SEDBUK（Seasonal Efficiency of Domestic Boilers in the UK），英国家用锅炉的季节效率。——译者注

资料来源：英国政府《住宅建筑设施合规指南》。参阅 www.hotwater.org.uk。

散热器

散热器名义上主要是通过对流进行工作的。理想情况下，散热器的位置必须适合所产生的气流，传统上是放在窗户下以抵抗向下的冷气流，尽管这对于具有双层玻璃和防风条的窗户来说并不是那么重要。标准散热器采用压制钢板制成；一些性能更高的散热器采用铝制成。为提高能效，建议对每个散热器进行恒温控制（通常由散热器恒温阀控制）；通过单独的房间恒温器对地板下的地暖管道进行相应的控制。

典型的平板散热器——钢制

高度：300，450，600，700 mm

长度：从 400 至 3000 mm（以 100 mm 为增量）

类型	厚度（mm）	大致输出*（W/m²）
无对流器的单面板	47	1500
带对流器的单面板	47	2200
带对流器的双面板	77	3300
带双对流器的双面板	100	4100

* 面积（m²）从立面中计算。

典型的柱式散热器——钢制

高度：185, 260, 300, 350, 400, 450, 500, 550, 600, 750, 900, 1000, 1100, 1200, 1500, 1800, 2000, 2200, 2500, 2800, 3000 mm

类型	厚度（mm）	大致输出＊（W/m²）
两列宽	62	2150
三列宽	100	3000
四列宽	136	3700
五列宽	173	4600
六列宽	210	5400

＊面积（m²）从立面中计算。

资料来源：Stelrad 公司

地暖

这是应用最广泛的大型辐射供暖系统，具有提升供暖系统温度梯度的效率和满足人类舒适度（即"暖脚和凉头"）的效益，并避免在顶棚（特别是在上层空间）上积聚热空气。由于在较低温度下可获得舒适性，与散热器系统相比，通常可节省 20% 或更多的燃料。

地板通常由阻氧聚乙烯热水管加热，这些管道可嵌入隔热找平层或水泥平板中，或放在木地板下方的隔热层中。当管道中心距为 150 mm 时，在 45 ℃的水温下，瓷砖或类似地板饰面的热量输出约为 120 W/m²。较低的水温可以最有效地利用冷凝锅炉或替代热源，例如地源热泵或太阳能蓄热器。

电地暖具有类似的设计优势，但通常运行成本高，并且与任何电加热一样，使用较高的一次能源对环境不利。

太阳能热水与空间供暖

太阳能热水和空间供暖可通过真空管或平板吸收器提供，真空管或平板吸收器通过差分控制器连接到双线圈热水罐或蓄热室；大容量和高价值的隔热对于热水罐和蓄热室实现最佳价值至关重要。对于典型的 4—6 m² 平板集热器（或 2—3 m² 的真空管）的家用安装，储水罐容量为 250—400 L 是比较合适的，但系统尺寸应考虑具体使用情况、面板位置、倾斜角度等因素。连接管道应保持在最低限度，并且保温良好。面板可以是独立的、屋顶安装式或屋顶集成式的。大多数系统使用防冻液，但也可以使用"回流"系统。系统经改装可以安装到现有的热水装置上，却无法安装在大多数类型的组合锅炉上。

尽管太阳热能通常会在整个夏季为一个家庭提供足够的热水，但备用加热设备还是需要的。在冬季，太阳热能最多能提供预热；角度更大的集热器在低角度冬季太阳下将更有效地工作。在英国的气候条件下，太阳能对空间供暖的贡献不大，但可以通过热储存器，或者通过以巨大资本成本建造的季节性热储存器，对基本负荷做出贡献。与太阳能光伏系统相比，太阳能热系统受局部阴影影响较小。

政府通过"可再生热能激励"的补贴，对太阳能热装置提供了适度的激励。根据光伏安装的上网电价规则，允许（有限的）3 kW 的光伏发电（由家庭直接使用）转向浸没式加热器的水加热；可以使用 Immersun 和其他专有设备来控制这一点。

通风

通风方式

根据《建筑规范》的要求，对于没有完全机械通风的房间：

	快速通风 （比如开窗）	背景通风 +	最小风机抽气速率或 PSV*
住宅建筑			
可居住的房间	建筑面积的 1/20	8000 mm^2	没有要求
厨房	打开窗口（无尺寸）或带 15 分钟超时运转计时器的风扇	4000 mm^2	邻近炉灶 30 L/s（108 m^3/h）或 其他地方 60 L/s（216 m^3/h）或 PSV
杂物间	打开窗口（无尺寸）或带 15 分钟超时运转计时器的风扇	4000 mm^2	30 L/s（108 m^3/h）或 PSV
浴室（带或不带水冲式坐便器）	打开窗口（无尺寸）或带 15 分钟超时运转计时器的风扇	4000 mm^2	15 L/s（54 m^3/h）或 PSV

	快速通风 （比如开窗）	背景通风 +	最小风机抽气速率或 PSV*
卫生间（与浴室分开）	建筑面积的 1/20 或 6 L/s（21.6 m³/h）的排风扇	4000 mm²	无要求（但可参见"快速通风"栏）
非住宅建筑			
可占用房间	建筑面积的 1/20	<10 m², 4000 mm²; > 10 m², 在4000 mm²+ 基础上，建筑面积每多 1 m² 增加400 mm²	没有要求
厨房（家用类型，即非商业厨房）	打开窗口（无尺寸）	4000 mm²	邻近炉灶 30 L/s（108 m³/h）或 其他地方 60 L/s（216 m³/h）
浴室（包括淋浴间）	打开窗口（无尺寸）	每个浴缸 / 淋浴间 4000 mm²	每个浴缸 / 淋浴间15 L/s（54 m³/h）
卫生间（和 / 或洗涤设施）	建筑面积的 1/20 或 每个水冲式坐便器 6 L/s（21.6 m³/h）的排风扇或每小时换气 3 次	每个水冲式坐便器 4000 mm²	无要求（但可参见"快速通风"栏）
公共空间（大量人群聚集的地方）	建筑面积的 1/50 或 每平方米 1 L/s（3.6 m³/h）的排风扇	没有要求	无要求（但可参见"快速通风"栏）
休息室（允许吸烟）	建筑面积的 1/20	<10 m², 4000 mm²; > 10 m², 在4000 mm²+ 基础上，建筑面积每多 1 m² 增加400 mm²	每人 16 L/s（57.6 m³/h）

+ 背景通风是一种整个房屋的通风系统，它允许在不打开窗户的情况下将新鲜的室外空气引入可居住的房间。译自《建筑规范核准文件 F（通风）》。——译者注
* PSV（Passive Stack Ventilation），被动式烟囱通风。

通风设备

快速通风口的某些部分至少应高出地面 1.75 m。背景通风的方法通常是可调节的"滴流"式通风机或通气砖块，其百叶位于地面以上至少 1.75 m。

PSV 是 Passive Stack Ventilation（被动式烟囱通风）的缩写，由手动操作并（或）可通过传感器或控制器自动操作，这些传感器、控制器合乎 BRE 信息文件 13/94 的要求或具有 BBA 证书。

被动式烟囱系统通常足以满足家庭规模的厕所、浴室和厨房；它们没有风扇或电机，所以不消耗能源，并且除清洁外无需维护。风管尺寸通常为 125 mm 直径或等效的矩形截面。它们需要垂直上升至少 2 m，最好在进风口上方 3 m，并且只能包括有限的弯头；它们需要通过屋脊或屋脊附近的特殊终端放电。

如果带有开敞式排烟道的设备具有至少直径 125 mm 的自由烟道区域并且是永久打开的，即没有阻尼器，则可以认为该设备提供了通风。

但是，如果带有开敞式排烟道的设备与排风扇位于同一房间内，则可能导致烟气泄漏，因此：

如果厨房中有燃气用具和排风扇，则最大排气速率应为 20 L/s（72 m³/ h）。

排气扇不应与固体燃料用具放在同一房间。

没有可打开窗户的厨房、杂物间、浴室和卫生间应配备进气口，例如门下设 10 mm 的间隙。

厨房排气通风"邻近炉灶"指炉灶中心线 300 mm 范围内的通风，应为抽油烟机或带湿度调节器的排风扇。

仅可从建筑物外部进入的杂物间不必符合《建筑规范》中的通风要求。

如果相邻房间之间的分隔墙上有至少为两个房间合并建筑面积之 1/20 的永久开口，则该相邻房间可视为一个房间。

如温室等不可居住空间与可居住房间相邻，则可在可居住房间的分隔墙和外墙上至少有两个房间的总建筑面积的 1/20 大小的开口向外通风，两个开口的背景通风面积至少为 8000mm²。分隔墙的开口可以是可关闭的。

资料来源：《建筑规范核准文件 F1》（2010）（Building Regulations Approved Document F1 2000）

带热回收的机械通风（MVHR）

热回收通风系统特别适用于新的、低能耗的、"气密"的建筑物，以及有多种排烟需求或被动系统不可行的建筑物。它们对于按被动式节能建筑（Passivhaus）标准设计的建筑至关重要。

通常，单个居住区域中的多个浴室、卫生间、厨房等具有联通的抽气装置，由一台低速（可提速）风扇驱动，气流经过一个热交换器，为输送到循环区域或主要空间的替换空气进行预热，从而实现约 70%—90% 的热回收效率。在夏季，气流则会改道，不通过热交换器。对于小房子或公寓，中央风扇单元的大小通常与小型厨房的壁橱相同；扁平或圆形截面的风管可位于地板、阁楼或隔墙的空隙中。热交换单元的位置应便于检修，以定期清洁 / 更换滤网。除非通过高效过滤器，否则不得将抽油烟机和滚筒式烘干机直接连接到MVHR 系统。

对于没有空间供暖系统的极低能耗建筑，可以将热水器具的加热盘管并入热回收通风系统中，以提供备用的暖风。

排风扇
风机尺寸

风机的大小应考虑房间的大小，而不必是《建筑规范》要求的最小值。

因此，使用每小时所需的换气次数并将其与房间大小相关联来计算所需的风机尺寸是有意义的。

典型的现有情况下每小时可能的换气次数

住宅		非住宅	
客厅	3—6	咖啡厅和餐厅	10—12
卧室	2—4	电影院和剧院	6—10
浴室	6—8	舞厅	12—15
盥洗室	6—8	工厂和车间	6—10
厨房	10—15	商业厨房	20—30
杂物间	10—15	办公室	4—6
大厅和通道	3—5	公共卫生间	6—8

要计算风机所需的抽气性能，将房间容积（m^3）乘以每小时所需换气次数（ACH）：

例如：住宅内的厨房 4 m × 5 m × 2.5 m = 50 m^3

$$所需换气次数 = 12$$
$$50 × 12 = 600 \ m^3/h$$
$$1 \ m^3/h = 0.777 \ L/s$$
$$1 L/s = 3.6 \ m^3/h$$

为了降低能耗，最好限制通风速率，并尽可能使用"从源头抽取"，最好根据需求进行控制。在有效控制通风的情况下，可以将家庭起居室和卧室中的换气量降低至 1 以下——按被动式节能建筑（Passivhaus）标准是 0.6 以下——并保持良好的空气质量。对于达到高气密性标准的精心建造或翻新的建筑物，包括热回收在内的背景通风系统可将高达 90% 的热量从排气转移到进气。

风机的位置

- 风机的位置应尽可能远离换气的主要来源，通常是房间的门。
- 确定风机位置时，应确保其周围有合理的进行清洁和维护的空间。
- 浴室的风扇必须放置在使用固定浴缸或淋浴的人够不到的地

方，并且必须远离所有喷水源。
- 对穿过未加热屋顶空间的管道需进行隔热，以尽量减少冷凝水的形成。
- 倾斜水平管道，使其稍微远离风机。尽量减少管道长度，并尽可能使用刚性管道，柔性管道仅限于最终连接。
- 垂直风管和屋顶空间的风管应装有冷凝水疏水阀，并有一个通向外部的小排水管（将水排出）。
- 《建筑规范》的要求和风机的位置，请参见第 45—47 页。

风机类型

轴流风机的设计目的是使空气短距离移动，如通过墙壁或窗户。

离心风机的设计目的是使空气长距离移动，并很好地抵抗长距离风管上形成的阻力。

资料来源：Vent-Axia 有限公司，www.vent-axia.com
　　　　　Xpelair 有限公司，www.xpelair.co.uk

电气安装

在进行电气安装工作时，安全至关重要。根据所进行的工作，需要遵守以下一项或多项规定：
- BS 7671:2008，也称为《IET 布线规则》（第 17 版）；
- 《建筑规范》第 L 部分；
- 《建筑规范》第 M 部分；
- 《建筑规范》第 P 部分。

电力

电力按"度"为单位出售。

1 度电即以 1 千瓦的功率消耗一个小时（kWh）的电能。

家用电器比较成本

大多数电器都有带有颜色标记的欧盟能效标签，显示的能效等级在 A+++ 和 D 之间；A+++ 是最有效的。该标签还显示了每年 kW·h 的能耗；还有一些图表显示了容量、耗水量和噪声。

电器	每度电持续时间	电器	每度电持续时间
3 kW 辐射加热器	20 min	100W 灯泡	10 h
2 kW 对流加热器	30 min	60W 灯泡	16 h
熨烫	2 h	20W 微型荧光灯	50 h
吸尘器	2 h	10W LED 灯	70 h
彩色电视	6 h	高的冰箱（仅冷藏）	63 h

大型电器的典型用法		kWh
箱式冷冻柜	每周	5—8
洗碗机	洗一次碗	1
炉灶	四人家庭每周	23
热水罐	四人家庭每周	85

保险丝—230V 交流电器的额定值

额定值	颜色	电器功率（W）
2A	黑色	250—450
3A	红色	460—750
5A	黑色	760—1250
13A	棕色	1260—3000

要确定电器插座的正确额定电流值，请将设备的瓦数除以电压，即：瓦特数 ÷230= 安培数。

住宅房间中的插座配置指南

下表应作为指南使用，不是强制性的。推荐的插座数量应被视为最低值。

房间	插座
入口大堂	1 个双联开关插座
大厅 / 楼梯平台	1 个双联开关插座
储物柜	带开关的熔融支线，用于电视、放大器、电热水器等设备
起居室	4 个双联开关插座； 根据家用电器的技术要求，例如壁挂式电视需要足够的电源，安装位置应使支架和电视位置合适； 带有 USB 充电器的电源插座位于重要位置
厨房	1 个 45A 的炊具开关 + 插座板； 4 个双联开关插座； 一个开关接线板，开关用于控制脱排油烟机、洗衣机、烘干机、冰箱冰柜、洗碗机、排气扇等电器的无开关插座
厨房杂物间	电器插座； 两个双联开关插座，如果插座在工作台下方，则需保证插头插拔时有足够的空间
卧室	3 个双联开关插座
浴室	电热毛巾架需要带开关保险丝连接单元（取决于开发商）； 剃须刀插座
车库	2 个双联开关插座

应该注意的是，单靠插座不能完成完整的电气安装。还需要逐个房间考虑以下因素，并结合其他相关行业（例如家居技术集成商）：

- 照明（点位数、照明灯具类型）；
- 照明开关；
- 射频分配，例如电视插座；
- BT（电信公司）主插座位置；
- 电话插座；
- 数据网络插座；
- 家用技术控制器，如触摸屏；
- 浪涌保护，特别是在敏感技术设备的位置；
- ELVHE（超低电压头端）的定位。请参阅"家居技术集成"部分；
- 高级照明头的定位；

- 用于供暖的房间恒温器；
- 烟雾探测器；
- 门禁（取决于开发商）；
- 用户单元的位置；
- 防盗和 / 或一氧化碳报警传感器。

电气安装图形符号

供应和分配			开关
电表	昌	⌐°	单极开关
变压器	⊚	⌐°	单极双联开关
配电板	▱	⌐°⌐°⌐°	二、三、四极开关
隔离器	⊐⊢	⌐°	双向开关
接地端子	⌽	⤬	中间开关
保险丝	▭	⌐°	带指示灯的开关
断路器	⊡	⌐°	拉线开关
防雷保护	⅄	⌐°	定时开关
图表上的电缆 / 导管	——————	⌐°	周期操作开关
平面图上的电缆 / 导管	— — — — —	⌐°	温度控制开关
		⌐°	调光开关
能量		◎	按钮开关
插座	△	◎	发光按钮开关
开关插座	⟑		自锁式按钮开关（按一下开，再按一下关）
双插座	△	◉	
带指示灯的插座	△		

续表

供应和分配			开关
连接单元	⌒		**灯具**
带开关的连接单元	⌒	×	灯具
带电缆插座的连接单元	⌒	⊗	封闭式灯具
带指示灯的连接单元	⌒	(	反光器
四联连接单元	⌒	(× ⇄ ⊗ ⇄	聚光灯敞开式，封闭式
剃须刀插座	⌾	(× (⊗	泛光灯敞开式，封闭式
带两极开关的炊具控制单元	☐	⊢⊣ ▭	线性光敞开式，封闭式
通信插座		▯	应急 / 安全灯敞开式，封闭式 独立应急 / 安全灯
调频收音机	⌐FM	⊢⊣ ▭	线性应急 / 安全灯敞开式，封闭式
电视	⌐TV	⊢× ⊢⊗	壁灯敞开式，封闭式
私人服务电视	⌐PTV	×	立地灯敞开式，封闭式
闭路电视	⌐CCTV	─ ─ ×─ ─	悬挂电缆上的灯具
电话	⌐T	⊗	带内置拉绳的灯具
电传	⌐TX		
调制解调器	⌐M		
传真	⌐F		

资料来源：《英国标准 1192：第 5 部分》（BS 1192：Part 5），2007 年版

住宅中的电路

典型家用电气布局

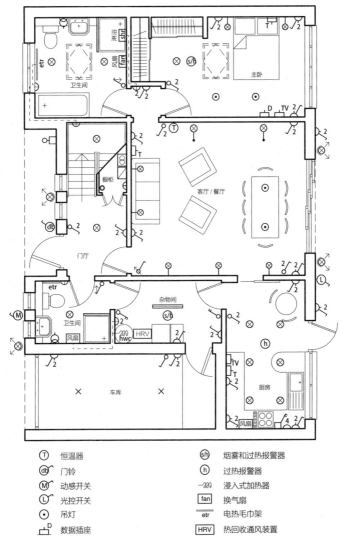

T	恒温器	s/h	烟雾和过热报警器
db	门铃	h	过热报警器
M	动感开关	‒⌇⌇⌇	浸式加热器
L	光控开关	fan	换气扇
⊙	吊灯	etr	电热毛巾架
⌐口D	数据插座	HRV	热回收通风装置

由于经常使用不同的符号，图纸中通常包括一个解释性的图例。

照明

光线营造出欣赏优质建筑的氛围。

工作照明

下面给出了有关工作区域照明水平的一些建议。例如，工作台上的一个确定的区域，在该区域可以提供局部照明或任务灯，以在周围区域的照明水平下降时照亮任务区域。这是一种很好的、节能的方式，在需要的地方提供光照，而不是在不需要的地方。只有在没有明确定义工作区域的地方，例如在没有预定办公桌位置的开放式办公空间中，才有必要为整个空间提供统一的照明。但即使这样，也可以仅提供均匀的背景照明（例如 200 lx），然后再为每张办公桌提供台灯或局部照明，以达到工作所需的照明水平。

在某些区域，例如某些工厂任务或艺术／图形工作，任务平面可能是倾斜的，甚至是垂直的。对于这些任务，局部灯光或任务灯可用于固定任务区域；至于没有明确任务区域的场所，例如带有可移动画架的艺术室，应使用能在整个空间中提供良好侧向光线水平的固定照明。但是，需要注意避免来自顶灯的高角度光线可能导致的眩光。

对于许多现代化的工作区域，人们脸上良好的光照与水平工作平面上的光照同样重要。因此，现在建议在许多工作场所中使用良好的垂直或柱面照明。

家居照明的设计应为用户提供一定的灵活性，用户即便不能调整灯具的位置，却可以调整其照射的方向。例如，顶棚上的筒灯应该是可调的，这样光线可以指向家具、墙壁上的艺术品或其他东西。

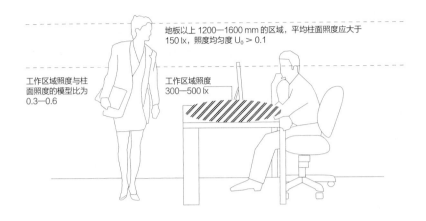

地板以上 1200—1600 mm 的区域，平均柱面照度应大于 150 lx，照度均匀度 U₀ > 0.1

工作区域照度与柱面照度的模型比为 0.3—0.6

工作区域照度 300—500 lx

在家庭环境中使用多层照明，例如吸顶灯、壁灯和台灯的某种组合，也有助于增加空间的趣味性。通过对每种类型的光进行单独的调光，可以完全改变空间的气氛。

为了提供良好的视觉环境，下图给出了首选的房间表面反射率指南。墙壁和顶棚上也显示了推荐的照明级别—低于此级别通常会使空间显得阴暗和光线不足。

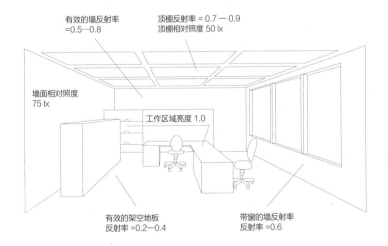

有效的墙反射率 =0.5—0.8

顶棚反射率 = 0.7 — 0.9
顶棚相对照度 50 lx

墙面相对照度 75 lx

工作区域亮度 1.0

有效的架空地板 反射率 =0.2—0.4

带窗的墙反射率 反射率 =0.6

日光

窗户的主要用途是提供光线以使建筑物能够正常使用。为此可能需要高水平的光照，如在工作区，但光的水平或强度不如其质量重要。日光必须首先满足功能需求，但它所要做的还不止于此：它必须创造一个令人愉悦的视觉环境，从而带来一种幸福感，这本身会激发个人的表现。

在现代建筑中，良好的采光是一种平衡行为：一方面需要充足的日光和阳光，另一方面需要控制其不良影响。设计团队需要共同努力来实现这种平衡，探索各种方案以获得满意的解决方案。例如，决定遮光量、是否可调、如何优化窗口大小以及是否需要空调。

改善建筑物的采光有三个主要驱动因素：

- 能源消耗；
- 对人类健康和福祉的好处；
- 空间外观。

详细指南请参阅灯光与照明学会的《LG10：日光——设计师指南》。

涉及照明的法规

《建筑规范（英格兰）L 部分》（2013 年版）

为了符合《建筑规范》，《核准文件》要求所有建筑构件组合在一起，通过确保 DER（住宅排放率）小于 TER（目标排放率）来满足其准则 1，这可能意味着在一些建筑中，照明需要比下面列出的水平更有效，满足单独照明的最低能源效率标准。

以下是满足《家用建筑服务合规指南》中规定的最低能效标准的准则 2 要求的摘要：

L1A 部分——新住宅

至少 75% 的室内灯具必须安装低能耗灯。

- 一个灯具可容纳一盏灯（例如典型的筒灯）或多盏灯（例如枝

形吊灯）。

- 当计算 75% 的比例时，你不需要计算橱柜、衣柜和其他很少或很短时间内需要照明的地方所使用的灯具。

- 低能耗灯必须至少提供每瓦 45 lm。只有荧光灯和 LED 灯能达到这一水平，卤素灯不符合条件。这里的瓦数包括电路上的所有负载，包括灯 [不应将其与灯本身的效率混淆，以流明 / 瓦特（lm/W）表示，这将是一个更高的值]。

- 耗电量小于 5 W 的灯具不需要计入 75% 的目标值。这确保了低功率装饰灯等，不包括在 75% 的照明合规性计算中。如果使用 LED 灯，请注意市场上有许多额定功率在 5 W 左右的 LED 产品：如果您希望将这些产品包含在 75% 的合规性数据中，则需要仔细选择——并非所有额定功率在 5 W 的产品都能产生《建筑规范》所要求的光照输出（见下文）。

- 灯具的输出必须大于 400 lm。《建筑规范》认为低输出灯（400 lm或以下）对家庭照明的贡献有限，这些灯不能达到 75% 的低能耗照明目标。请注意，"超过 400 lm" 的目标与整个灯具（照明设备）有关。然而，对于典型的筒灯，当单独使用而不是凹进时，可以使用灯的流明输出，来计算合规性。

一个开关最多可操作 6 个灯具，最大负载为 100 W。 如果使用 LED 灯，这不太可能成为一个限制。如果考虑使用更高的输出 CFL（紧凑型荧光灯），可能会有一些限制。卤素灯将大大降低将多个灯连接到单个照明开关的灵活性。

固定的室外灯必须具有以下任一功能：

- 每个灯具中灯的瓦数不高于 100 W，并在照明区域无人或日光充足时自动控制其关闭；或

- 灯的效能大于每瓦 45 lm，在日光充足时自动关闭，以及由居住者手动控制的灯具。

L1B 部分——现有住宅

在以下情况下，与 L1A 部分的要求相同：

- 住宅扩建；
- 新住宅是通过材料用途变化而创造的；
- 作为重新布线工程的一部分，正在更换现有的照明系统。

L2A 部分——住宅以外的新建筑

所有建筑类型的办公、工业和仓储区域的一般照明效能：

- 合理的规定是为建筑物中这些类型空间的整个区域提供平均不低于 45 lm/W 的初始功效的照明。

所有其他类型空间的一般照明效能：

- 对于服务于其他类型空间的照明系统，可能需要为无法获得光度数据的地方和 / 或电力较低且使用效率较低灯具的地方提供照明设备。对于此类空间，如果安装的照明设备具有平均初始（100 h）灯加镇流器功效或功效不小于 50 lm/W，则满足要求。
- 展示照明：展示照明的合理规定是证明安装的展示照明具有不低于 15 lm/W 的平均初始（100 h）功效。在计算这种功效时，应考虑任何变压器或镇流器所消耗的功率。

L2B 部分——住宅以外的现有建筑

与 L2A 部分的要求相同，但仅适用于受建筑工程影响的区域。

虽然英国各地对照明的法律要求相似，但每个地方都有自己的《建筑规范》：

英格兰：《2010 年建筑规范：新住宅燃料和电力的节约》，核准文件 L1A（2013 年版）。请参阅《住宅建筑服务合规性指南》以获取指导。

威尔士：《2010 年建筑规范：新住宅燃料和电力的节约》，核准文件 L1A（2014 年版）。

苏格兰：《国内手册》第 6 节：能源，关于如何遵守《建筑规范》的技术指南，2013 年。

北爱尔兰:《2012 年建筑规范技术手册 F:燃料和动力的节约》（2012 年 10 月）。

防火等级

在安装穿透顶棚的灯时,需要考虑顶棚是否设置了防火屏障,因为在石膏顶棚上挖洞来安装的灯可能会在楼板之间形成传播火焰的路线。应使用防火灯或装有良好防火罩的普通灯,以保持顶棚的防火完整性,并确保尽量减少住宅楼层和屋顶空间之间的空气泄漏和热损失。

应急照明

在许多房屋中,需要某种形式的应急照明,以便主电源发生故障时住户能安全离开。对于某些建筑类型,例如公共集会场所和单户住宅以外的人们过夜的场所,法律要求需要提供应急照明。在其他场所,由建筑物业主或运营商进行风险评估,以确定是否需要应急照明系统。通常需要在整个建筑物内提供带有应急照明的指示牌,以引导人员到达建筑物最近的出口,甚至到达安全的外部场所。

应急照明是一种由位于设备用房或存储空间中的中央电池或由每盏灯内置的电池供电的照明系统。对于大型建筑而言,提供中央电池系统通常更经济,但在小型建筑中,配备独立电池的灯通常更经济。

紧急照明级别

走廊和楼梯:沿路线中心线的地面最小设计值为 1 lx,而至少为路线宽度 50% 的中心带地面的最小设计值为 0.5 lx。

开放式逃生区域:中央核心空地的最小设计值为 0.5 lx,不包括 0.5 m 宽的周界带。

固定座位区:座位区上方地板 / 坡度线上方 1 m 的平面上的最小设计值为 0.1 lx。座位间的通道应视为明确规定的路线。

高风险任务区域:在参考平面上保持至少 10% 的照度,但至少 15 lx。

详细指南请参阅灯光与照明学会的《LG12:应急照明》。

控制

照明控制可用于控制不仅仅是电力照明。它们可以合并对已与控制系统集成的任何技术的控制（请参阅"家居技术集成"部分），包括视听系统、安防、暖通以及与窗户和日光有关的窗帘、百叶窗和遮阳板。

当集成其他技术时，可以获得显著的美学（以及功能）好处，因为不再需要对每种技术使用大量单独的控件来使墙壁变得杂乱无章。

控件本身可以有多种形式：

- 手动切换或自动控制；
- 从多个位置（包括从外面）调光和/或开关灯具，以调节情绪或照明性能。
- 调光和/或开关灯具以减少能耗；
- 改变光源的色温/输出水平以产生效果或改善舒适感；
- 与各个灯具进行双向通信，以监控性能并启动自动测试/反馈序列；
- 各种外观装饰的按钮、开关甚至触摸屏；
- 与其他诸如火灾报警、音频/视频、楼控或本地暖通空调等控制系统连接。

鉴于照明控制系统的设计中可能存在的广泛的产品选择、控制策略和各种结果，从建筑设计的早期阶段到服务设计，所有项目利益相关者之间需要一种协商的方法，已确保定义和理解照明控制系统的性能目标，然后根据商定的要求进行设计、深化、安装、调试和移交。

在撰写本书之时，照明控制技术正以惊人的速度发展，尽管简单照明装置的起点仍然是一个区域内每个电路的手动开关或单独的调光器，但是支持上述许多控制功能的"智能"或高级照明系统已经越来越受欢迎。这些先进的照明系统可以控制整个房子（和花园）或仍然局限于在关键区域，如开放式多用途区域，提供其特有的好处。

英国税务及海关总署于2014年8月修订的第708号增值税通知（建筑和施工）确认，包括智能照明系统在内的照明、暖通的中央控制已被例如住宅中"一般"包含项清单。

这一小小的变化突出表明,照明控制系统和住宅开发的思路发生了重大变化。这意味着,如果新建或装修有资格享受增值税减免税率,则安装的任何照明控制装置也有资格享受减免税率。这使得照明控制在住宅范畴中更加经济实惠。如果设计和安装得当,照明控制可以使设计良好的照明方案更易于使用、更节能,并有助于改善家庭安全。

照明术语表

Colour rendering 显色性(CR):光源在不使颜色失真的情况下自然地呈现色彩的能力。

Colour Rendering Index 显色指数(CRI):基于八种标准测试颜色的指数,单位为 Ra。Ra100 是最大值。Ra80 及以上被视为适合在办公室、工厂、学校等的正常活动。对于需要更好地区分颜色的工作,如商店和医院,建议使用 Ra90 以上的值。

Compact fluorescent lamp 紧凑型荧光灯(CFL):小型荧光灯,通常将所有配件整合在一起,使用寿命长,能耗低。

Correlated Colour Temperature 相关色温(CCT):光的颜色外观,由以开氏度表示的色温确定。数字越低,光线越暖。小于 3300 K 为暖(红)色;3300—5300 K 为中间温度,大于 5300 K 为冷(蓝)色。

Cylindrical illumination 柱面照度(CI):落在位于指定点的非常小的圆柱体的曲面上的总光通量除以圆柱体的曲面面积(单位:lux)。

Discharge lamp 放电灯(DL):电流在通过含有蒸气或气体的玻璃管释放时而发光的灯。

Efficacy 功效(E):灯发出的初始流明除以其功率消耗(W)的比率(lm/W)。

Emergency lighting 应急照明(EL):当主电源发生故障时,用于逃生目的的,由低输出电池或发电机供电的照明。

Flood 泛光灯(F):一种设计有宽光束的灯。

Fluorescent tube 荧光灯管(FT):一种管形灯,其内部通过氩气和低压汞蒸气放电产生蓝 / 紫光。管的内侧有一层荧光粉涂层，可以将其中的一部分光线转换（荧光化）成其他颜色以产生白光。

GLS (General Lighting Service) lamp　通用照明灯（GLS）: 标准钨丝灯的别名。

Halogen lamp　卤素灯（HL）: 一种装有碘或溴的低压蒸气的白炽灯。有时被称为卤钨灯。

HID (High Intensity Discharge) lamps　高强度放电（HID）灯: 通过含有金属卤化物、水银和钠的蒸气或气体的玻璃放电产生光的灯。

Illuminance　照度（I）: 落在表面上的光的量。单位为勒克斯（lx），即每平方米 1 流明（lm/m^2）。

Incandescent lamp　白炽灯（IL）: 封闭在真空或充满惰性气体的玻璃外壳内的钨丝，便于在不烧坏的情况下进行电加热。白炽灯意味着用热发光；因此，它是一种低效的光源，强调红色、黄色和绿色，同时抑制蓝色。

Initial lumens　初始流明（II）: 白炽灯在 1 小时后测量的光输出，荧光灯和放电灯在 100 小时后测量的光输出。制造商目录中引用的流明是"初始"流明。

LED 灯: LED 灯是彩色光的"固态"发射器，由与用于制造电子集成电路的材料相似的材料（半导体）制成。它们的发光方法与白炽灯、荧光灯或放电灯完全不同，不需要加热或高压即可工作。LED 灯"管芯"通常尺寸只有 0.25 mm×0.25 mm，封装在固体树脂中，制成带有连接引线的单个 LED 元件。

Light-Loss Factor　光损耗因子（LLF）: 由于灯具或配件上的污垢，导致灯具输出的光损失。现在，通常将其称为维护系数。

Light Output Ratio　光输出比（LOR）: 灯具发出的总光与其所包含的灯的总输出的比率，总是小于 1。

Lumen　流明（L）: 光通量的单位，用于测量光源发出的光量。

Luminaire　灯具（L）: 灯及其配件的总称。

Luminance　亮度（L）: 给定方向的表面亮度，以坎德拉 / 平方米

（cd / m²）为单位。

Luminous flux 光通量（LF）：来自光源或从表面反射的光能流，以人眼标准化，以流明（lm）为单位。它用于计算照度。

Lux 勒克斯（L）：照度单位，单位为流明每平方米（lm/m²）。明亮的阳光是 10^5 lx；满月是 1 lx。

Maintained illuminance 保持照度（MI）：清洁 / 重新照明前，一个区域的最低照度。

Maintenance factor 维护系数（MF）：一个装置在一定时间后的光输出与其初始光输出的比例。

Metal halide lamps 金属卤化物灯（MHL）：含有添加剂的高压汞放电灯，具有从暖到冷较大的色温范围。

Rated Average Life 额定平均寿命（RAL）：预计安装的 50% 灯具出现故障的时间。

Sodium lamp 钠灯（SON）：一种高效的暖黄色灯，主要用于街道和泛光照明。它的显色性很差，低压（SOX）型使除黄色以外的所有颜色都呈现棕色或黑色。

Spot 聚光灯（S）：产生窄光束而不是中等 / 宽光束的灯。

Task area 任务区（TA）：执行可视任务的区域。

Tri-phosphor lamp 三色磷光灯（TL）：具有良好显色性的磷光灯。

Tungsten-filament lamp 钨丝灯（TL）：普通的白炽灯。

照明：级别和颜色

相对光照水平	lx
明亮的阳光	100000
靠近窗户的工作台或办公桌	3000
有满月的晴朗的夜晚	1
建议照明水平	lx
房屋 / 公寓 / 床位	
入口大厅	100
休息室	150

厨房	150—300
浴室	150
卫生间	100
公共区域	
主入口	200
走廊	20—100
楼梯	100
休息室	100—300
电视休息室	50
静室 / 休息室	100
餐厅	150
洗衣房	300
商店	100

色温	K
蓝天	10000
均匀的阴天天空	7000
平均自然光	6500
荧光冷白灯	4000
荧光暖白灯	3000
LED 冷白灯	4000
LED 暖白灯	3000
卤素白炽灯	3000
通用照明钨丝灯	2700

CIE（国际照明委员会）显色指数

Ra		CIE 分组
100	需要精确配色的地方，例如专业印刷 / 纺织品检验	1A
90	需要良好的色彩效果的地方，例如商店、艺术品 / 工艺品	1B

续表

Ra		CIE 分组
80	可接受中等显色性的地方,例如办公室、住宅	2
60	显色意义不大,但明显失真是不可接受的,例如重型制造	3
40	显色不重要的地方	4

灯具类型

下面列出了常用的主要类型的灯具,不包括仪表、园艺、娱乐等专业灯具。有关可用灯具范围的更多信息,请查阅制造商的目录。

所引用的光输出(光通量)为初始流明。给出的最低值,用于珍珠或蛋白石样式的灯,或者"更暖"色温的 LED 灯或荧光灯。

LED(发光二极管)灯

在 LED 灯中,电流通过半导体(通常是硅)材料。当电子在半导体中的带电原子之间迁移时,光子被释放。

LED 照明是目前最有效的照明系统。技术的进步、持续的成本降低以及快速的产品创新和多样性,使得 LED 照明几乎是不可避免地会在不久的将来成为主要的照明形式。它们的效率很高,许多产品提供 80—100 lm/W 的光通量,虽然有些产品的效率可能只比好的 CFL(紧凑型荧光灯)略高。此外,它们具有超长的使用寿命和卓越的开关频率电阻,通常平均约 35000 h 和 30000 次开关。LED 照明现在可用于几乎所有的家庭照明。

LED 照明设备可安装在传统的吊灯配件中,包括卡口灯座或爱迪生螺旋灯座。筒灯、传统的"灯泡"形、直管型和蜡烛型灯都可用。

建议仅为 LED 灯指定专用 LED 灯具和控制装置(尤其是调光开关)。使用 LED 灯替换原有灯头时,可能存在与原有变压器和调光开关相关的操作问题,应使用与 LED 灯兼容的电子设备进行更换。

优点:

- 能效等级 A+;
- 低运行成本——显著节省终身成本;
- 灯泡使用寿命长: 许多产品使用寿命超过 30000 h;
- 色温范围广: 2700—6000 K;
- 提供良好的显色性;
- 热量输出最小;
- 流明输出 / 光束角度的范围广。

缺点:

- 更高的购买价格（但价格在迅速下降）;
- 质量和性能的变化大;
- 如果需要调光，必须指定特定的电路和灯。

选用 LED 时需要考虑的关键问题:

1）流明输出;

2）发光效率（每瓦特功率的流明输出）;

3）流明维护和额定寿命;

4）色温（可用相关色温 CCT 度量）;

5）显色性（颜色鉴别指数 CDI）;

6）工作温度。

荧光灯

在荧光灯或荧光管内，电荷通过水银气体，产生紫外光，然后激发管内侧磷光涂层产生可见光。

荧光灯需要一个镇流器来为启动提供合适的电流: 这可以并入灯泡的设计中，也可以作为照明设备的附件。优质荧光灯符合现行《建筑规范》。

荧光灯非常节能，使用寿命长。冷光和启动时间慢是它的两个特点。然而，随着荧光照明技术的发展，已经产生了一系列的产品，这些产品在许多家庭应用场景下都是令人满意的。荧光灯有两种不同的类型：直管形荧光灯（LFL）和较新的紧凑型荧光灯（CFL）。

直管形荧光灯（LFL）

直管形荧光灯是人们熟悉的"光管"，自 20 世纪 60 年代以来一直被普遍使用。它们通常产生非常明亮的光。在家庭环境中，这使得直管形荧光灯在厨房（如橱柜下）、家庭办公室、杂物间和浴室（如镜子旁）的工作照明中很受欢迎。

与紧凑型荧光灯（见下文）不同，直管形荧光灯没有集成的镇流器，需要专用配件。虽然这种形式的照明是节能的，但 LED 等效产品也有管状形式，可以提供"一模一样"的替代品。

优点：

- 能效等级 A；
- 低运行成本；
- 使用寿命超过 20000 h；
- 色温范围 2700 —6000 K。

缺点：

- 必须安装镇流器 / 控制装置；
- 含有汞，必须小心处置；
- 除非有电子镇流器，否则不可调光。

紧凑型荧光灯（CFL）

紧凑型荧光灯具有很高的能效等级（通常为 A 级），对于需要长时间照明的区域（例如客厅、商店和卫生间）来说是一个不错的选择；然而很明显，LED 替代品现在提供了更大的优势。

紧凑型荧光灯及其专用配件有多种尺寸、形状和颜色可供选择。有些适合调光，但需要兼容的控制装置和调光器。

选择紧凑型荧光灯时，注意不要选择过大的尺寸或不适合的灯罩、外壳或安装位置。

优点：

- 通常能效等级为 A；
- 低运行成本；
- 使用寿命 8000—15000 h；
- 色温范围广：2700—6000 K。

缺点：

- 需要短暂的预热时间；
- 含有汞，必须小心处置；
- 不适合使用预先存在的"标准"家用调光开关调光。

选择紧凑型荧光灯时，注意以下特征：

- 使用寿命至少 10000 h；
- 光输出维护系数＞76% 的时间有 10000 h；
- 显色指数（CRI）不低于 Ra80（原书单位"cri"错误——译者注）；
- 功率因数不小于 0.9；
- 色温 2700 K；
- 发光效率大于 55 lm/W；
- 开启 2 s 后，最小 35% 流明输出；
- 开启 60 s 后，最小 80% 流明输出。

关于内含汞的注意事项

紧凑型荧光灯确实含有少量汞，但低于法定限值：仅为 3—5 mg。但是，当荧光灯泡破裂时要小心，需按照制造商的建议进行处置。

卤钨灯（卤素灯）

卤素灯是一种白炽灯，其灯丝悬浮在少量卤素（碘或溴）气体中。

它们比同等的白炽灯小；工作温度更高，效率略高。卤素灯可以发出迷人的明亮白光，立即达到完全照明水平，可以持续 1000—3000 多个小时。但是，大多数卤素灯，包括较新的生态卤素类灯，都无法满足《建筑规范》L 部分中低能耗照明的 46 lm/W 的要求。

卤素灯最常用于筒灯，但是其高能耗和相对较短的使用寿命意味着它们正被等效的 LED 灯所取代。

即使是最好的卤素灯，其功效等级和使用寿命也远低于紧凑型荧光灯和 LED 灯的性能，但是，如果考虑采用卤素灯，则优先看使用寿命，有些灯的寿命为 3000 h，并选择 B 级或以上的能效等级。

优点：

- 购买价格低；
- 色温：良好，尽管仅限于 3000 K 左右；
- 显色性：极好（显色指数接近 Ra100）；
- 没有预热时间；
- 易于调光。

缺点：

- 能效等级主要是 C 类——根据《建筑规范》，不能算"节能"；
- 运行成本高；
- 使用寿命短：通常为 2000 h；
- 表面温度非常高。

白炽灯 / 钨丝灯 / 通用照明灯（GLS）

由于能耗非常高，除了专用灯之外，这一类其他所有的灯都已在欧盟范围内停止销售。

有关此照明的更多一般性建议，请参阅由灯光与照明学会（SLL）编制的《照明手册》。有关详细的技术信息，请参阅也是由 SLL 编制的《照明规范》。

白炽灯

通用照明灯

PAR 38 型灯泡

卤素灯

35 mm 和 50 mm 灯杯

灯珠

灯泡比较

	通用照明白炽灯		双 U 紧凑型荧光灯		
	lm	W	W	lm	
	410	40	7	460	
	700	60	11	600	
	930	75	15	900	
	1350	100	20	1200	

荧光灯与灯管

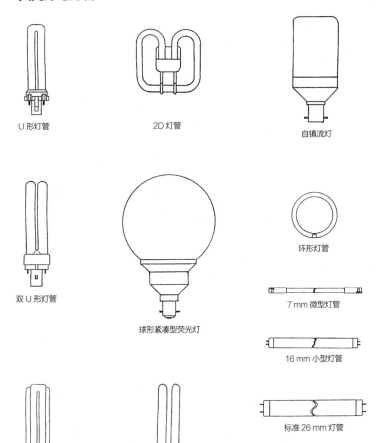

U 形灯管

2D 灯管

自镇流灯

双 U 形灯管

球形紧凑型荧光灯

环形灯管

7 mm 微型灯管

16 mm 小型灯管

标准 26 mm 灯管

标准 38 mm 灯管

三 U 形灯管

双 U 形灯管
（通用白炽灯泡的替代品）

声音

声级和频率

声音可以通过音量（声级）和音调（频率）来感知。

声级以分贝（dB）为单位，范围为 0—140 dB，代表听觉阈值至疼痛阈值。分贝是一个对数尺度，每增加 10 dB 被认为是振幅的翻倍。

对于正常听力，可听见的频率在 20 Hz 低音到 20 kHz 高音之间（钢琴的中央 C 是 262 Hz）。在更高的频率下，耳朵的灵敏度更高。然而，随着年龄的增长，我们的听力会下降，特别是对更高的频率。

以下是以 dBA 为单位的各种来源的示例噪声水平（资料来源：noisehelp.com）。以 dBA 为单位的分贝值，是一个单一数字值 *，它考虑了人耳对声源频率频谱的感知敏感度。

噪声源	dBA	噪声源	dBA
• 起飞时的喷气发动机	140	• 对话交谈	60
• 体育场高峰时人群噪声	130	• 流量较小的交通	50
• 雷声	120	• 潺潺的小溪	40
• 摇滚乐队	110	• 耳语	30
• 手持式钻机	100	• 沙沙作响的叶子	20
• 割草机	90	• 掉落的针	10
• 闹钟	80	• 健康的听力阈值	0
• 淋浴	70		

　　* 单一数字值（single figure value）：材料的隔声性能是在许多不同的频率（通常为从 100—3150 Hz 的 16 个三分之一的八度音阶）下测量的。然而，出于多种目的，包括《建筑规范》中对住宅的要求，需要一个单一数字的等级。可以使用多种方法将 16 个单独频率处的隔声值减少到单个数字值。详细介绍可以参考 https://www.steelconstruction.info/Introduction_to_acoustics#Single_figure_rating_values。——译者注

隔声

隔声是材料或结构抵抗声音通过的能力。建筑物中的隔声针对两

种声音：空气声和冲击声。

隔绝空气传播的声音（例如语音或音乐），需要衰减相邻房间之间或从室外到室内的空气噪声，而隔绝冲击声则需要结构具有降低传输由直接物理激励（例如地板上的脚步声）产生噪声的能力。

空气中的噪声可以通过两条路径传播：通过分隔结构本身（直接传播），以及间接地通过相邻的建筑构件（侧面传播）。通常侧翼路径将减低可实现的整体空气隔声效果。决定两条线路噪声衰减的主要因素是：

- **质量**：质量越大，隔绝空气传播声音的效果越好。根据质量定律，固体构件的质量每增加一倍，隔声性能大约增加 5dB。

- **隔离**：带有空腔的结构，如轻质立筋墙，在两片墙面之间提供一定程度的隔离。这有助于减少导致声音在相邻房间散播的结构振动的传播。较大的空腔和使用不连续的结构，例如双立筋墙将增加隔离度，并相应增加隔声效果。这种构造产生的隔声效果明显高于整面实心墙的隔声效果。如果空腔内含有厚度达 50 mm 的致密矿物纤维，将进一步增加建筑的隔声效果。

- **密封**：结构中必须没有间隙，因为即使是很小的间隙也会导致声学性能显著下降。一个很好的类比是一个有洞的水桶，无论桶壁多厚都会漏水。因此，墙壁和顶棚之间的接缝必须用胶带密封或填缝。

以下是示例材料及其单一数字加权的降噪值 Rw。但是，由于未考虑侧翼路线或房间尺寸，现场隔声性能将较低。根据经验，分隔隔墙 / 地板的降噪性能应至少比空间之间所需的空气隔声量大 5dB。

材料	Rw dB
• 单层 9.5 mm 厚石膏板	25
• 4/12/4 mm 双层玻璃	31
• 10/12/6 mm 双层玻璃	38
• 轻质混凝土砌块，两侧抹灰	39

材料	Rw dB
• 立筋墙（70 mmC 形金属龙骨、双面 12.5 mm 厚石膏板）	45
• 110 mm 厚砖，两侧抹灰	45
• 150 mm 厚密实混凝土砌块	47
• 10/200/6 mm 双层玻璃内窗	49
• 230 mm 厚砖，两侧抹灰	50
• 立筋墙（70 mmC 形金属龙骨、双面 12.5 mm 厚石膏板，内含有 50 mm 厚的密实矿物纤维）	50
• 双立筋墙（C 形金属双龙骨，空腔厚 137 mm，内含有 50 mm 厚的密实矿物纤维，两面 15 mm 厚密实石膏板，）	62

对于所有墙壁和地板结构，在较高的频率下都可以实现更大的衰减。

当住宅被地板隔开时，冲击隔声是一个重要的考虑因素。地板减少冲击噪声传播的能力在很大程度上取决于结构内提供的隔离。通常需要使用弹性层的浮动地板或吊顶。在这两种情况下，冲击噪声通过结构的振动传输将降低，从而提高冲击隔声性能。需要仔细深化设计，以确保任何弹性层之间没有桥接，尤其是地板周边。

《建筑规范》核准文件 E 部分规定了住宅改造和新建建筑的最小空气传播和最低冲击隔声性能值。为了证明合规性，需要进行竣工前的隔声测试，除非使用了经过现场测试的"稳健细节"（www.robustdetails.com）。

英国教育部的《建筑公告 93》（BB93）提供了学校的最低隔声标准。

室内噪声水平

房间内的噪声水平将影响休息 / 睡眠状况、声音隐私、言语交流以及需要集中注意力的工作或学习能力。因此，根据房间的使用情况，室内噪声水平是设计人员的重要考虑因素。

以下是各种房间用途的无人占用时的室内噪声限值（即不包括

占用人自身活动所产生噪声的水平）示例（来源：BS8233:2014 和 BB93）。这些限值是根据"平均"噪声级（LAeq）规定的，通常适用于稳定的噪声源，如道路交通噪声或机械设施。

场所	LAeqdB	场所	LAeqdB
• 餐馆	40—55	• 普通教室	35—40
• 开放式办公室	45—50	• 客厅	35
• 图书馆	40—45	• 卧室	白天 35，晚上 30
• 科学实验室	40—45	• 餐厅	40

室内混响

空间的"混响时间"（RT）描述了声音衰减的时间，对语音清晰度有很大影响。在高混响的空间里，例如在教堂里，声音不会很快衰减。这会导致噪声逐渐累积，因为新出现的声音是在先前声音衰减的背景下听到的。

室内混响时间与房间体积除以总吸声量成正比。声吸收是声波入射到表面时吸收的能量与反射的能量相比的一种量度。如果所有的能量都被吸收而没有被反射，则该表面或材料的吸收系数为 1。

吸收系数以 8 度频带进行测量和表示，因为（通常）材料在不同频率下吸收差异很大。但是，材料的吸声性能通常以吸收类别来表现，范围从 A（吸收最多的声音）到 E（几乎完全反射）。

如果没有软家具，特别是在开放和公共的区域，空间的回响时间通常会很长。这里引入专用吸声材料，如矿棉墙板或吸声吊顶，可将混响时间缩短至适当的持续时间。

家居技术集成

概述

技术的发展改变了我们所生活的世界，并且正在改变我们在"互联之家"中设计和生活的方式。尽管没有对互联之家的单一定义，但可以将其视为一个"家"，技术可以改善居住在其中的人们的生活。通常，它至少包括以下一些内容：

- 提供宽带、电视和电话等服务分发的数据网络；
- 集成的供暖控制，既可简化操作，同时又优化用户舒适度和能源消耗；
- 家庭自动化，可以控制（无论在家中还是从远程）音频、视频、照明、电动百叶窗/窗帘、中央供暖等；
- 先进的照明系统，可通过百叶窗/窗帘控制人造光和自然光的照射，以创建场景设置系统，同时降低能耗；
- 独立的全套家庭音响系统，提供逐个房间的聆听体验，没有难看的高保真音响组件和笨重的扬声器；
- 音频和视频存储/播放系统，允许电影和音乐在整个家庭中共享和播放；
- 具有技术集成的家庭影院（或媒体室）的设计和安装；
- 集成式的安防、门禁和对讲系统，提供最高级别的安全性和便利性。

多年来，人们越来越重视在住宅建设中提供服务。曾经被认为是奢侈品的中央供暖系统现在已成为几乎所有新房的标准配置。所有建筑和装修都应考虑采用与电气、管道等其他服务相同的方式来整合家居技术水平。

几乎所有的家庭都需要某种程度的技术，即使只是一台基本的电视机和一个可靠的互联网连接。

由于布线和将技术设备放置在适当位置的复杂性，将良好、可靠的家庭技术改造到现有住宅比在新的或翻新的住宅中建设正确的基础设施要昂贵得多。改造后的电缆在视觉效果上也会降低房屋的感知价值。在最简单的层面上，建筑师可以通过整合足够的布线来提供一个基本的基础设施以提升建筑的价值。

大多数客户投资家庭技术解决方案是为了节省能源、增加安全性和自动化带来的简单性，而不是为了拥有技术。与仅有传统技术的同类住宅相比，具有自动化系统的住宅的售价可能会高出很多。对住宅进行自动化对于提高其市场价值和吸引未来可能的买家来说是一项值得的投资。

与供暖／管道工程师负责设计、安装和经常维护中央供暖系统一样，也有家庭技术的设计、安装和维护专家，被 CEDIA 称为"家庭技术专业人员"。CEDIA 是家庭技术行业的国际贸易组织，在全球有近 4000 家会员公司，通过 CEDIA 网站可找到经过认证的专业人员。

注意事项

以下是一些与几乎所有建筑师项目相关的一般注意事项：
在项目设计的早期阶段让"家庭技术专业人员"参与进来

- 通过整合其他服务，如照明、供暖等，通常可以实现显著的价值，而家庭技术解决方案可能会对这些其他服务的设计产生影响，如果早期考虑，通常对成本几乎没有影响。
- 房主通常希望通过使用墙内／顶棚产品等来保持其技术安装不引人注意，这可能会影响墙壁和顶棚的建造方式。例如，允许顶棚托梁沿某个方向，以便安装顶棚内置投影仪屏幕。
- 家庭技术专业人员可能会与许多涉及建造或翻新的行业合作。

在设计中留出适当的位置和空间，以放置下一节中所述的中央集线柜 *

- 确切的要求将取决于安装范围，但是在地板和顶棚之间留有 600 mm 宽、750 mm 高的空间应该足以满足许多安装的要求；
- 技术设备，例如卫星电视盒、放大器等通常位于该中央集线柜中，以减少整个房屋各房间中的设备混乱，以便各类服务的分配；
- 根据位于中央集线柜中的设备，需要考虑通风要求和设备风扇产生的声音；

---

* 有时被称为"超低电压前端"或 ELVHE。

家庭技术解决方案的基本要求包括良好的无线覆盖和提供一些有线连接

- 尽管有线连接通常更快、更安全，但无线连接还是家庭网络的关键部分。许多老房子在整个过程中都很难提供良好的无线信号，但某些现代建筑材料，如钢框架、铝箔背石膏板等，也会限制 Wi-Fi 的传输和性能。
- 路由器应尽可能靠近接入的电信公司主插座，但如果其中包括 Wi-Fi，则不太可能提供最佳覆盖范围，因此通常需要其他解决方案。
- 考虑仍旧包括一些有线连接；正确的布线将通过提供灵活性来帮助满足未来买家的家庭技术需求，为住宅增值。
- 一些基本布线可以消除上述许多 Wi-Fi 问题；一个联网了的互联之家包括三个要素：
  - 用于输入服务的电缆（宽带、电话、数字地面电视、卫星或有线电视、调频或数字音频广播等）；
  - 一个中央集线柜，所有输入服务在此交会；
  - 与中央集线柜相连接的电缆，以便在整个家庭（某些情况下还包括花园）中分配 / 集成各类服务。

重要的是，电源插座的要求应与每个房间的同轴和数据插座的定位一起考虑。

确保电缆布线的选项可用

- 鉴于电缆将从整个家庭路由到这个中央集线柜的位置，任何简化（从而降低安装成本）电缆布线的考虑都是有益的。例如，楼层之间的立管。
- 在物业周围铺设低压和超低压电缆时，需要特别考虑。由于它们所携带的信号类型，它们容易受到电源和高压电缆的干扰——它们不应共享相同的电缆路线。
- 更多信息请参阅《CEDIA 推荐布线指南》，该指南可从 CEDIA 网站免费获得。

第5章 建筑构件

楼梯和栏杆

建筑规范要求

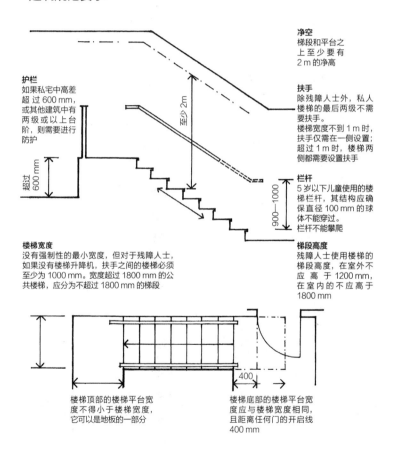

护栏
如果私宅中高差超过 600 mm，或其他建筑中有两级或以上台阶，则需要进行防护

超过 600 mm

净空
梯段和平台之上至少要有 2 m 的净高

至少 2m

扶手
除残障人士外，私人楼梯的最后两级不需要扶手。
楼梯宽度不到 1 m 时，扶手仅需在一侧设置；超过 1 m 时，楼梯两侧都需要设置扶手

栏杆
5 岁以下儿童使用的楼梯栏杆，其结构应确保直径 100 mm 的球体不能穿过。
栏杆不能攀爬

900～1000

楼梯宽度
没有强制性的最小宽度，但对于残障人士，如果没有楼梯升降机，扶手之间的楼梯必须至少为 1000 mm。宽度超过 1800 mm 的公共楼梯，应分为不超过 1800 mm 的梯段

梯段高度
残障人士使用楼梯的梯段高度，在室外不应高于 1200 mm，在室内的不应高于 1800 mm

400

楼梯顶部的楼梯平台宽度不得小于楼梯宽度，它可以是地板的一部分

楼梯底部的楼梯平台宽度应与楼梯宽度相同，且距离任何门的开启线 400 mm

建筑规范要求（续）

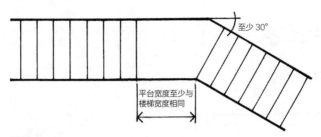

至少 30°

平台宽度至少与
楼梯宽度相同

长梯段

连续梯段中超过 36 个踏步的楼梯应至少改变一次方向，且不小于 30°。用于商场和聚会的区域，梯段的踏步数不应超过 16 个

锥形梯级踏面尺寸

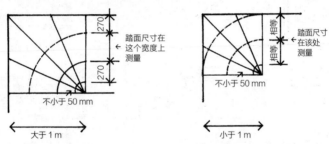

270

踏面尺寸在
这个宽度上
测量

270

不小于 50 mm

大于 1 m

相等　相等

踏面尺寸
在该处
测量

不小于 50 mm

小于 1 m

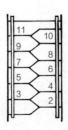

交替式梯级

在没有足够楼梯空间的改建阁楼中，可以使用交替式梯级。它们只能通到一个房间，两侧必须有扶手，踏板必须防滑

11 10
9
7 8
5 6
3 4
2

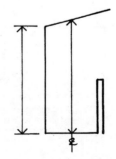

改建阁楼

如果楼梯中心的高度至少为 1900 mm，楼梯一侧的高度不少于 1800 mm，则可减少改建阁楼的净空

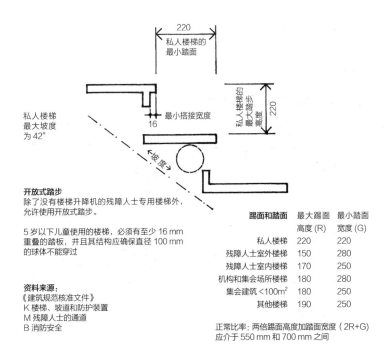

开放式踏步
除了没有楼梯升降机的残障人士专用楼梯外，允许使用开放式踏步。

5 岁以下儿童使用的楼梯，必须有至少 16 mm 重叠的踏板，并且其结构应确保直径 100 mm 的球体不能穿过

资料来源：
《建筑规范核准文件》
K 楼梯、坡道和防护装置
M 残障人士的通道
B 消防安全

踢面和踏面	最大踢面 高度 (R)	最小踏面 宽度 (G)
私人楼梯	220	220
残障人士室外楼梯	150	280
残障人士室内楼梯	170	250
机构和集会场所楼梯	180	280
集会建筑 <100m²	180	250
其他楼梯	190	250

正常比率：两倍踢面高度加踏面宽度（2R+G）
应介于 550 mm 和 700 mm 之间

梯度

%	坡度	应用
5%	1：20	骑自行车者最喜欢的最大上坡坡度 行人适用最大室外坡度
6.5%	1：15.4	骑自行车者最喜欢的最大下坡坡度
5%	1：20	最大轮椅坡道，最大长度 10 m，上升 500 mm
6.7%	1：15	最大轮椅坡道，最大长度 5 m，上升 333 mm
8.3%	1：12	最大轮椅坡道，最大长度 2 m，上升 166 mm
8.5%	1：11.8	行人适用最大室内坡度
10%	1：10	货车装卸区和大多数停车场的最大坡道
12%	1：8.3	任何比这更陡的道路，在没有雪地轮胎或防滑链的雪中都将无法通行。对于长度小于 1 m 的下降路段路缘石的最大值
15%	1：6.7	多层停车场的绝对最大值

壁炉（建筑规范要求）

壁炉凹槽

实心不可燃材料的最小尺寸

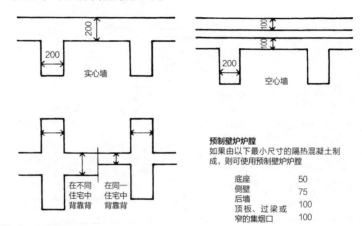

实心墙

空心墙

在不同
住宅中
背靠背

在同一
住宅中
背靠背

预制壁炉炉膛
如果由以下最小尺寸的隔热混凝土制
成，则可使用预制壁炉炉膛

底座	50
侧壁	75
后墙	100
顶板、过梁或 窄的集烟口	100

结构炉床

最小尺寸

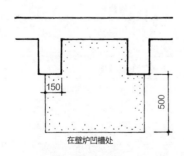

在壁炉凹槽处

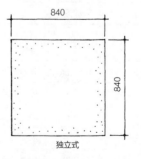

独立式

明火、火焰高出装修层地面小于 186 mm 的
燃气烟道、地面温度可能超过 100 ℃的固体
燃料或燃油设备，需要建造结构炉床。如果低
于 100 ℃，则设备可放置在不可燃的板或瓷砖
上—两者都至少有 12 mm 厚

炉床材质必须为至少 125 mm 厚的固
体不可燃材料，其中可包括任何不可
燃装饰表面的厚度

叠加式炉床

自动器表面的最小尺寸

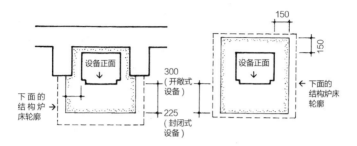

叠加式炉床是非强制性的。它们必须由固体不可燃材料制成，且放置于结构炉床之上。设备必须置于炉床上（无论是结构炉床还是叠加炉床），最小尺寸如上图所示。这一炉床区域的边缘必须清楚地标记出来，例如通过改变平面高度

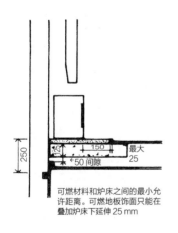

可燃材料和炉床之间的最小允许距离。可燃地板饰面只能在叠加炉床下延伸 25 mm

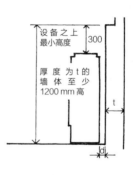

与炉床相邻的不属于壁炉凹槽的墙体必须具有以下厚度，并且是固体不可燃材料：

紧邻墙面的炉床	
d (0—50)	t
d (51—300)	200
不与墙面紧邻的炉床	75
炉床边缘 < 150	75

资料来源：
这是对《建筑规范核准文件 J 2010》中一些要求的总结。

烟囱和烟道（建筑规范要求）

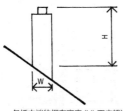

包括末端的烟囱高度 (H) 不应超过最小宽度尺寸 (W) 的 4.5 倍（《建筑规范文件 A》）

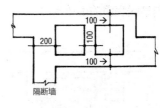

隔断墙

砖和砌块烟囱的最小壁厚，不包括任何内衬
100 mm　两个烟道之间
100 mm　烟道和室外空气之间
100 mm　烟道和同一建筑的其他部分之间
200 mm　烟道和另一个隔间或建筑物之间

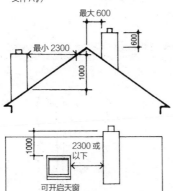

坡屋顶

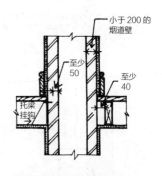

可燃材料应和砖石烟囱分离，距离烟道至少 200 mm 或者距烟囱外表面至少 40 mm，除非是地板、踢脚板、护墙板、画轨、壁炉架或过梁。
与可燃材料接触的金属固定件应距离烟道至少 50 mm

所有无烟道和开放式烟道的设备以及一些房间密封型号的烟囱，都需要燃烧空气，并确保燃烧产物被输送到室外空气中

这些要求都汇总自《建筑规范核准文件 J 2010》

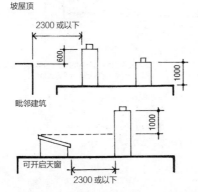

毗邻建筑

坡度小于 10° 的平屋顶
烟囱烟道出口在屋顶上方的最小高度

烟囱中的烟道应尽可能垂直。最大允许的垂直偏移为45°。必须制定清扫烟道的规定。烟道尺寸参见《建筑规范》表2.2

烟道偏移

用防火砂浆对内衬进行勾缝。用弱砂浆或保温混凝土填充内衬和砖石之间的空隙。砖和砌块烟囱应有内衬,除非由耐火材料制成

内衬座应位于最上方,以防冷凝水泄漏到砖石堆中

烟道内衬

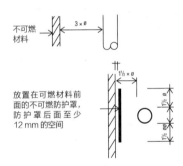

不可燃材料

3 × ∅

1½ × ∅

放置在可燃材料前面的不可燃防护罩,防护罩后面至少12 mm的空间

非隔热烟管——与可燃材料的最小距离

烟管

只能用来连接设备和烟囱。它们不应穿过屋顶空间、内墙或地板,除非直接穿进砖石烟囱。烟管与设备背面的水平连接长度不得超过150 mm。烟管的直径或横截面积应与设备出口的直径或横截面积相同

烟管可由以下材料制成:
符合 BS 41 的铸铁
至少 3 mm 厚的软钢
至少 1 mm 厚的不锈钢
符合 BS 6999 的搪瓷玻璃钢

平衡烟道

安装在浴室、淋浴间的燃气器具和卧室内 14 kW(总功率)以上的燃气炉或加热器必须使用平衡烟道(房间密封)。有关平衡烟道的定位,请参见《建筑规范》图 3.4 所示的众多尺寸限制

燃气锅炉的烟道

根据《建筑规范》L 部分,所有新的燃气和燃油锅炉都必须是高效冷凝型。其中大部分都将配备风机辅助的具有同心烟管的平衡烟道,其中燃烧空气通过外管输送,烟气通过内管排放;风机辅助使得这些管道水平运行可达 10 m 或包括一些弯管。或者,入口和出口管道可以分开,由于烟道温度非常低,可以在塑料废物管道中形成。冷凝锅炉通常会在其烟道出口处产生大量的水蒸气,需要与烟道位置以及《建筑规范》图 J3.4 中的限制条件一起考虑

无烟道瞬时燃气热水器不应安装在小于 5 m³ 的房间内

工厂制造的隔热烟囱应遵从 BS 4543 的规定,并应符合 BS 7566 的要求

资料来源:
这些要求都汇总自《建筑规范核准文件 J 2010》。

　　用于木材 / 生物质燃烧设备的烟道,如用于固体燃料的烟道,需要特别注意,要安装内衬以应对顺烟道流下的焦油。隔热烟道往往性能更好,冷凝水更少。现有的传统砖石烟囱容易出现焦油泄漏和沾污。通过允许间歇性热灼烧,将热储存与生物质结合使用,可以最大限度地减少这些问题。

门

　　标准门采用公制和英制尺寸制造。制造商说这是因为建筑行业的需求。在较旧的房产中也需要更换门，因为这个原因，仍然会生产像 2'8" × 6'8" 这种显然是特殊尺寸的门。除非大批量订购，标准尺寸的门要比特殊尺寸的便宜得多。

　　由于需要照顾到轮椅使用者，现在对更宽的门的需求越来越多了。对于轮椅使用者来说，800 mm 的净宽被认为是绝对最小值。从实际门宽扣除 60 mm，以达到明确的净宽尺寸。这个尺寸考虑了门的厚度，铰链在一侧打开，而在另一侧的缩进或门挡。

单扇标准门的典型尺寸（公制）

	926 × 2040	826 × 2040	807 × 2000	726 × 2040	626 × 2040	526 × 2040	厚度（mm）
外门							
实木镶板			*				44
玻璃镶板			*				44
（与墙）齐平		*	*				44
钢面			*				44
框架和横档			*				44
横档和斜撑			*				36
内门							
实木镶板				*			35
玻璃镶板		*	*	*			40
（与墙）齐平	*	*		*	*	*	40
成型镶板	*	*		*	*	*	35 或 40

续表

	926×2040	826×2040	807×2000	726×2040	626×2040	526×2040	厚度（mm）
防火门							
30 min	*	*	*	*	*	*	44
1 h		*		*			54
结构开口	1010	910	810	810	710	610	

单扇标准门的典型尺寸（英制）

	838×1981 2'9"×6'6"	813×2032 2'8"×6'8"	762×1981 2'6"×6'6"	686×1981 2'3"×6'6"	610×1981 2'0"×6'6"	厚度（mm）
外门						
实木镶板	*	*	*			44
玻璃镶板	*	*	*			54
（与墙）齐平	*	*	*	*	*	44
钢面	*		*			44
框架和横档	*	*	*	*	*	44
横档和斜撑	*	*	*	*	*	36
内门						
实木镶板	*		*	*	*	35 或 40
玻璃镶板	*	*	*	*	*	35 或 40
（与墙）齐平	*	*	*	*	*	35 或 40
成型镶板	*	*	*	*	*	35 或 40
防火门						
30 min	*	*	*	*	*	44
1 h	*	*	*			54

其他类型的门

防火门

防火门有大多数标准尺寸可供与墙平齐的门使用，有些也可用于室内成型镶板门。半小时和一小时防火门只有与安装有膨胀条（结合烟雾密封）的适当的门框一起使用时，才能定级为 FD 30（S）和 FD 60（S）。膨胀条和烟雾密封件也可以安装在防火门的顶部和长边上。现有的镶板门，特别是已登记建筑的镶板门，可以使用膨胀纸和涂料进行升级，以提供 30 和 60 分钟的防火保护。

资料来源：Envirograf（一家英国的防火材料生产厂，www.envirograf.com。——译者注）

法式门

双扇带有玻璃的门，开入或开出，由硬木和软木制成，具有以下典型尺寸：

公制：1106 宽 ×1994 高（mm）; 1200、1500 及
　　　1800 宽 ×2100 高（mm）

英制：1168 宽 ×1981 高（mm）（3'10" × 6'6"）以及
　　　914 宽 ×1981 高（mm）（3'0" × 6'6"）。

特制连接结构可以适应不同的玻璃厚度和设计。

隔热外门

隔热和气密的外门和门框可用铝、钢、玻璃钢和木材制成，具有多点锁定机制，以确保安全和有效的耐候性。

推拉门和推拉折叠玻璃门

这些门的材料有硬木、软木、外铝覆层的软木、uPVC（未塑化聚氯乙烯——译者注）和硬木框架的铝。公制标称开口尺寸通常为：

双扇：1200，1500，1800，2100，2400 宽 × 2100 高（mm）;

OX 和 XO

三扇：2400 至 4000 宽（增量为 200）× 2100 高（mm）；

OXO

四扇：3400 至 5000 宽（增量为 200）× 2100 高（mm）；

OXXO

门扇打开方式通常标记为：

O = 固定面板，X= 滑动面板，两者均为站在室外观看时的情形。

一些制造商提供的产品，其所有门扇都可推拉。有些制造商还提供可将所有门扇都推拉到一个开放角落的推拉门。

许多制造商会根据门扇的重量，定制适合开口高度和宽度的尺寸。超薄铝制框架，可在 3500 mm 宽的门的双层玻璃中使用，厚度最小可达 22 mm。

入墙式推拉门

入墙式推拉门是一整套建造门框并把门框与木柱或金属立柱的墙相结合的系统。入墙式推拉门的门框形成了一个与成品墙壁宽度相同的凹槽，供门滑入，从而将门隐藏在空心墙内。这种门在狭窄空间或在房间之间创建简单的隐蔽式开口时特别有用。

车库门

车库门由硬木、软木、胶合板、钢和玻璃钢制成。车库门可以是铰链式的，或者是上翻式的、上盖式的，或者是完全可伸缩的；卷帘门的门板可以垂直或水平地卷起，卷帘门可以是电动的。一些制造商提供隔热和气密的车库门。以下典型尺寸不包括门框，门框建议使用最小标称 75 mm 的木材。

	宽（mm）× 高（mm）	
单门	1981 × 1981	(6'6" × 6'6")
	1981 × 2134	(6'6" × 7'0")

续表

	宽（mm）× 高（mm）	
单门	2134 × 1981	（7'0" × 6'6"）
	2134 × 2134	（7'0" × 7'0"）
	2286 × 1981	（7'6" × 6'6"）
	2286 × 2134	（7'6" × 7'0"）
	2438 × 1981	（8'0" × 6'6"）
	2438 × 2134	（8'0" × 7'0"）
双门	4267 × 1981	（14'0" × 6'6"）
	4267 × 2134	（14'0" × 7'0"）
	其他双门宽度可达 4878（16'0"）	

门的开启

描述门的设置的传统方式是"左右开"（参见图 1）。国际标准化组织（ISO）的编码方式（图 2），将开门的动作描述为顺时针或逆时针。尽管 ISO 名字中包含了"国际"，但它并不是国际化的，也没有被广泛使用。门的不同部件有时也会发生冲突，例如，需要右插锁的门可能需要左顶置的闭门器。如有疑问，设计师应绘制示意图。

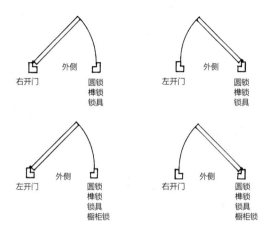

图 1 "左右开"方式

门的"外侧"定义为：
外墙中的门的外侧；
房间门的走廊侧；
门关闭时看不到铰链关节的连接门的一侧；
在双门的情况下，它们之间的空间；
橱柜、衣柜或壁橱的房间一侧

 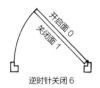

图 2　国际标准化组织（ISO）编码方式

编码

顺时针关闭	= 5	例如：	5.0=	顺时针关闭 / 开启面
逆时针关闭	= 6		5.1=	顺时针关闭 / 关闭面
开启面	= 0		6.0=	逆时针关闭 / 开启面
关闭面	= 1		6.1=	逆时针关闭 / 关闭面

上面的例子中，用门的"关闭方向"和"开启、关闭面"来说明门的设置。

传统木门——定义和典型截面

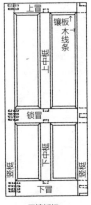

四镶板门

冒头通过榫卯和楔子固定在全高的竖框上。

中框与冒头之间采用榫接。

如左图所示，更为牢固的接头可以使用定位销，用于承受较大的不均匀收缩。

所有框架部分都有至少 9 mm 的凹槽以容纳门芯板（镶板）。

竖框的标称尺寸通常为 100×50 或 125×50。

下冒和锁冒一般较宽，其标称尺寸通常为 200×50。

镶板厚度：内门至少为 6 mm，外门至少为 9 mm

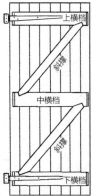

横档与斜撑木板门

由标称 150×32 的横档、100×32 的斜撑与标称 25mm 厚、宽度不超过 125 mm 的企口式 V 形连接板制成的门。

横档用螺丝固定在木板上，木板则用钉子钉在横档上

门用钢制 T 形铰链或更坚固的锻铁带状铰链悬挂，并用萨福克门闩固定

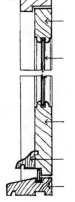

外门门框
用于内开门

标称 100×75 门头

标称 100×50 上冒，（本身）具有卡槽线条

9 mm 厚胶合板

标称 200×50 下冒

硬木挡雨线条，宜与门扇榫接
挡雨条应缩进门框

门槛延伸到边框下，最小坡度为 9°

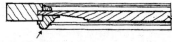

突出框架外的突线条
突起的镶板

外面

内部定位线条，固定玻璃，外部油灰

玻璃压条

定位线条在外，玻璃压条在内

玻璃门

门套线条盖住石膏（墙面）和衬里之间的主接缝，踢脚线结束于此

门框
标称 100×75，带门挡槽口。可以在建墙之前竖立好，或者在建墙之后装进门洞口

门套
标称 32 mm，具有不同尺寸适合不同厚度的墙。门套比门框薄，仅用于内门，上有门挡，适合安装在粉饰完成的门洞中

窗

下面列出的标准窗是用软木、铝包层的软木、硬木、绝热的铝和钢以及 PVC 制成的，具有各种尺寸和类型。尺寸是近似值。标准尺寸的窗户在较小的项目中不太重要，大多数窗户都是按照标准部件或定制采购的。符合"被动房"标准的极低能耗窗户——整窗 U 值低于 0.8 W/m² · ℃——通常采用三层玻璃、层压窗框和包含隔热材料的窗扇。

侧悬窗

这显然是英国最常见的标准窗户类型。它们可以是单扇的，也可以是双扇、三扇和四扇。有许多的组合：全开式侧悬窗，一个或多个固定窗扇，较小的上悬通风口，带或不带窗梃等等。侧悬式窗扇可在窗扇顶部和底部安装反射式铰链，代替传统铰链，以便从内部进行清洁。

宽度：630，915，1200，1770 以及 2340 mm。

高度：750，900，1050，1200 以及 1350 mm。

飘窗

飘窗可以是方形、45°角张开的半圆形或浅弧形，由固定窗扇、侧悬或上悬平开窗以及双悬窗扇组成，嵌入约 1200 至 3500 mm 宽度的结构开口。凸出墙面尺寸可以从 130 mm（弧形飘窗），到 1000 mm（半圆形飘窗）。

上悬窗

上悬窗扇通常不带窗梃。

宽度：单扇 630，915 以及 1200 mm；单扇 1770 mm（边上带固定窗扇）。

高度：450，600，750，900，1050，以及 1200 mm。

此外，窗扇的中间为水平横梁、上半部为上悬开窗窗扇的竖向排布方式，是对传统的双悬窗扇的模仿。

宽度：单扇 480，630，915 以及 1200 mm；双扇 1700 以及 2340 mm。

高度：750，900，1050，1200，1350，1500 以及 1650 mm。

固定窗扇

一系列由固定窗扇组成的窗有时被称为直接采光窗。

宽度：300，485，630 以及 1200 mm。

高度：450，600，750，900，1050，1200 以及 1350 mm。

圆形：直径 600 mm（牛眼）。

半圆形：直径 630，915 以及 1200 mm 扇形窗，带或不带两根 60°窗梃。

双悬窗扇

带螺旋状平衡装置的软木双悬窗扇，有些还装有倾斜机构，便于从内部清洁。这类窗扇有的带有窗梃，有的则没有。

宽度：单扇 410，630，860，1080 mm；双扇为 1700 及 1860 mm。

高度：1050，1350 以及 1650 mm。

传统的双悬窗扇挂在窗框内铅制的重物上，可以做成任何尺寸，尽管双层玻璃窗扇因玻璃重量，整个可以被平衡的窗扇重量受到限制。

高性能窗

带有复杂铰链机构的高性能软木窗，可部分突出通风，也可完全反转以便于清洗。有的高性能窗还可用作侧悬式逃生窗。

宽度：450，600，900，1200，1350，1500 以及 1800 mm。

高度：600，900，1050，1200，1350，1500 以及 1600 mm。

资料来源：英国 JELD-WEN 公司，Premdor 公司

倾斜旋转两用窗

这些是欧洲最广泛可用的高性能窗户，特别是在需要达到非常低能耗范围的时候，如达到"被动房"标准等。它们有两种开启方式：下悬朝内倾斜，以实现相对安全的通风；侧悬朝内旋转，以实现清洁或逃生。

能耗评级

BFRC（英国门窗等级评定委员会）体系是英国评定门窗能效的国家系统，在《建筑规范》中被认为是一种表明替换窗户安装合规性的方法。

BFRC 标签根据制造商达到的能效水平，清楚地标明指定门窗（从 A+ 到 G）的等级。A+ 是最节能的，G 是最不节能的。能效水平由一系列彩色条中的一条表示，与冰箱、冷藏箱、洗衣机和其他家用产品上的能效标签非常相似。

在评级过程中，能效等级由 BFRC 计算和验证，BFRC 完全独立于任何制造或安装公司。BFRC 等级产品的制造商和 BFRC 授权安装商均经过审核，以确保其节能门窗达到规定的等级。BFRC 评级结果包括：

1. 等级：A、B、C 等；
2. 能耗指数，例如 $3\,kW \cdot h/m^2 \cdot a$ 是指产品每年每平方米损耗 $3\,kW \cdot h$；
3. 整窗传热系数 U 值，例如 $1.4\,W/(m^2 \cdot K)$；
4. 由于空气渗透而产生的有效热量损失为 L，例如 $0.01\,W/(m^2 \cdot K)$；
5. 太阳热增益，例如 $g = 0.43$。

资料来源：英国门窗等级评定委员会（www.bfrc.org）

门窗玻璃

大多数窗户都有适合双层玻璃（根据《建筑规范》的要求）的槽口，玻璃厚度高达 28 mm，以实现高性能；但也有超薄的总厚度为 10—12 mm 的双层玻璃，专门用于历史建筑。双层玻璃可以有多种选择，包括普通玻璃、磨砂玻璃、退火玻璃、层压玻璃或钢化玻璃。为了满足《建筑规范》L 部分的要求，双层玻璃必须在其内层玻璃的外表面上涂一层低辐射涂层。硬涂层经处理后更坚固，但软涂层的热效率更高。填充惰性气体，例如氩气、氪气或氙气，以及在周边使用非金属绝缘垫片，可以最大限度地提高热性能。再下一步是三层玻璃，可将整窗 U 值降到 0.8 以下，符合被动式节能建筑（Passivhaus）一类的标准。2+1 的三层玻璃单元可以包含百叶窗，用以辅助控制阳光和眩光。

花饰铅条窗是由小玻璃窗格组成的窗户，这些玻璃窗格是规则的或像彩色玻璃一样有图案，固定在铅制棂条（H 形窗梃）中。

保护

《建筑规范》要求，窗户中距地面 800 mm 以下、门和侧面窗扇中距地面 1500 mm 以下的所有玻璃，以及距门 300 mm 以内的窗扇，均应采用安全玻璃。小窗格的最大宽度应为 250 mm，面积应不超过 0.5 m^2，并应使用最小 6 mm 厚的玻璃。

资料来源：《建筑规范》核准文件 K

挡雨条

挡雨条应始终作为所有可开启窗扇的标准配置，以尽量减少空气泄漏，并应由切缝固定，而不是粘贴。

饰面

通常木窗供货的时候只涂了底漆，以便用户自己油漆。可选购油漆完成后的木窗，保修期可达 10 年。

通风

现在，大多数窗户都在上窗框内安装了通风装置，较窄的窗户可提供 4000 mm^2 的通风，而较宽的窗户可提供 8000 mm^2 的可控安全通风，以适应当前的《建筑规范》。配备机械通风和热量回收（MVHR）系统的低能耗建筑无需配备窗式通风器。

配件

随窗户提供的紧固件、销钉、铰链等，材质包括铝、铬、不锈钢、喷金、黄铜漆、棕色、白色或其他颜色饰面，都需额外收费。

弧形上框和曲线形状

顶部为椭圆曲线的窗格可按工厂整装或散件供货。所有供应商都不提供曲线形状的铝包木窗。

消防逃生窗口

需要提供一个面积至少为 0.33 m^2 的无障碍可打开区域，每边尺寸不小于 450 mm。一个 450 mm 宽、750 mm 高的畅通无阻的开口就可以达到要求。

传统木窗——定义和典型截面

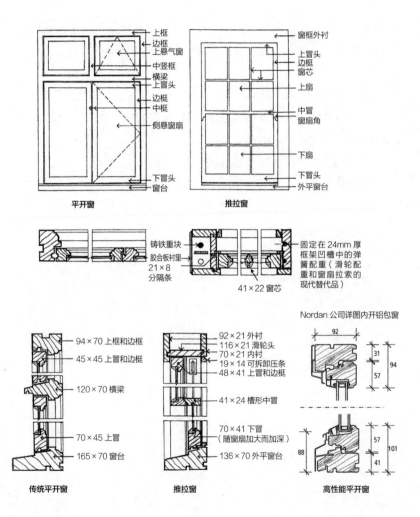

平开窗

- 上框
- 边框
- 上悬气窗
- 中竖框
- 横梁
- 上冒头
- 边框
- 中框
- 侧悬窗扇
- 下冒头
- 窗台

推拉窗

- 窗框外衬
- 上冒头
- 边框
- 窗芯
- 上扇
- 中冒
- 窗扇角
- 下扇
- 下冒头
- 外平窗台

铸铁重块
胶合板衬里
21×8 分隔条

41×22 窗芯

固定在 24mm 厚框架凹槽中的弹簧配重（滑轮配重和窗扇拉索的现代替代品）

传统平开窗
- 94×70 上框和边框
- 45×45 上冒和边框
- 120×70 横梁
- 70×45 上冒
- 165×70 窗台

推拉窗
- 92×21 外衬
- 116×21 滑轮头
- 70×21 内衬
- 19×14 可拆卸压条
- 48×41 上冒和边框
- 41×24 槽形中冒
- 70×41 下冒（随窗扇加大而加深）
- 136×70 外平窗台

Nordan 公司详图内开铝包窗
高性能平开窗

根据《建筑规范》核准文件 K 对门窗玻璃的保护

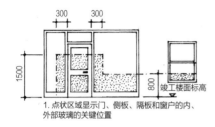

1. 点状区域显示门、侧板、隔板和窗户的内、外部玻璃的关键位置

玻璃的某些区域可能是有危险的，特别是对儿童而言。
1. 显示了这些区域的范围，这些区域应按照 BS 6206:1981 的规定，采用安全玻璃或安全塑料；
2. 或者，这些区域的玻璃应放在较小的窗格中；
3. 或者如果使用标准退火玻璃，这些区域的内部和外部均应使用永久性屏蔽物进行保护；

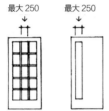

2. 如果使用退火玻璃，则其应位于不超过 0.5 m² 的小窗格中，最大宽度为 250 mm。玻璃应至少厚 6 mm

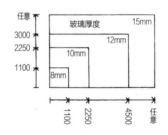

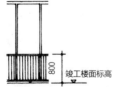

3. 如果将退火玻璃用于接近楼层地面的低层玻璃，则必须使用永久性的屏蔽物对其进行内外保护。它们应该至少有 800 mm 高，不可攀爬（即不使用水平杆件），并且应设计成能防止直径 75 mm 的球体接触到玻璃

4. 上图为退火玻璃厚度 / 尺寸限制。退火玻璃如果不超过上述厚度 / 尺寸限制，可适用于展示厅、办公室等公共建筑，符合法规的要求；
非住宅建筑中的大面积玻璃应在离地 1500 mm 处用一系列图案、标志等"显示"自身，除非使用竖框、横梁、宽框、大把手或类似的东西使玻璃的存在变得明显

坡屋顶窗

水平旋转天窗

专为 15°—90° 的斜屋顶而设计。由上了清漆的松木或涂有聚氨酯漆的框架，双层或三层玻璃，透明、磨砂、钢化、层压或具有低辐射涂层的玻璃组成。玻璃空腔中充气，并使用可选涂层，以达到 1.7 及低至 1.0 的 U 值，如果是三层玻璃，则可达到 0.5 W/（m² · K）。

标准尺寸，整体框架：宽 × 高（mm）

550 × 700			1140 × 700	
550 × 780*				
550 × 980*+	660 × 980	780 × 980*+	940 × 980		1340 × 980
	660 × 1180*	780 × 1180*	940 × 1180	1140 × 1180*+	
		780 × 1400*	940 × 1400	1140 × 1400	1340 × 1400
		780 × 1600	940 × 1600*	1140 × 1600	1340 × 1600
		780 × 1800			

* = 库存品；
\+ = 可与倾斜的隔热镶边石结合，用于平屋顶。

饰面：　　外部：灰色铝为标准，其他饰面包括钛锌和黑色（用于保护采光天窗）。

内部：上清漆或白色油漆的木框架；聚氨酯白色框架。

配件：　　顶部控制杆可操作窗户和通风阀；摩擦铰链；用于锁定在两个位置的螺栓；安全螺栓。

防水板：　适用于大多数屋面材料。如果需要，它们可以使窗户并排或上下层叠成组安装。隔热套和防潮层可最大限度地提高能效。

　　附件：　　外部遮阳篷（对于控制从朝南的采光天窗获得的热量
　　　　　　　　至关重要）；卷帘百叶窗。
　　　　　　　　内部防虫纱窗；内部衬里。
　　　　　　　　卷帘、遮光帘、百褶帘或百叶帘。
　　　　　　　　用于操作窗扇、百叶窗等的绳索、杆和电子控制装置。
　　　　　　　　打破玻璃（危急逃生用）。
　　　　　　　　排烟系统在发生火灾时自动打开窗户。
　　　　　　　　预装的电气系统可通过红外遥控器操作高空天窗。

上悬天窗

专为低坡度屋顶设计，这样，旋转的窗户可能会干扰净空高度。适用于15°—55°的坡度（使用特殊弹簧可达到77°）。可旋转180°清洗。某些版本可用作逃生门 / 检修门。尺寸与旋转窗相似。

附加固定窗扇

附加固定窗扇可以直接安装在天窗的正上方或正下方，在同一平面内，以扩大视野并增加日光。

阳台系统

上悬式天窗水平打开，与固定在同一平面上的下悬式窗扇组合。较低的窗扇打开到垂直位置，栏杆自动展开以关闭侧面并创建一个小阳台。

屋顶露台系统

该系统结合了一个上悬式天窗和一个垂直的侧悬窗，窗扇固定在下面，没有中间的横梁，可通向阳台或露台。

附加垂直窗

如果楼层地面低于屋檐并且需要更多的光线和视野，可以将下悬窗或倾斜式窗户固定在天窗正下方的垂直平面中，该天窗则固定在上方的斜屋顶中。

保护区天窗

带有中央竖向窗棂、嵌入式安装和黑色外部饰面的水平轴旋转窗，可被已登记建筑和保护区的登记建筑管理人员所接受。

尺寸（mm）：　550 × 980*, 550 × 1180, 660 × 1180, 780 × 1180, 780 × 1400, 1340 × 980, 1140 × 1600

* 此窗的一个版本可用作侧悬式逃生 / 检修天窗。
资料来源：Velux 有限公司

平屋面采光天窗

单个采光天窗通常在平面图上呈正方形、矩形或圆形，实际上是完全平面、穹顶或金字塔形。除受保护的楼梯上的采光天窗必须具有 TP（a）刚性等级外，塑料采光天窗适用于任何空间。

标准尺寸（mm）：　标称净屋顶开口

正方形：	边长 600，900，1200，1500，1800
矩形：	600 × 900，600 × 1200，900 × 1200，1200 × 1500，1200 × 1800，1200 × 2000
圆形：	直径 600，750，900，1050，1200，1350，1500，1800

材料

硬化 / 层压玻璃：	双层或三层玻璃，防火等级：0 级，可在其上行走
聚碳酸酯：	透明的、乳白色的或有色的。几乎牢不可破，透光性好，单层、双层或三层膜
	防火等级：TP（a）1 级
	平均 U 值：单层膜 5.3，双层膜 2.8，三层膜 1.9（W/m² · K）

聚氯乙烯 （PVC）：	透明的、乳白色的或有色的。比聚碳酸酯便宜，但时间久了会褪色。单层或双层膜。 防火等级：TP（a）1 级 U 值：单层膜 5.05，双层膜 3.04（W/m² · K）

采光天窗镶边

镶边通常与采光天窗一起提供，但采光天窗也可直接安装在建筑的木料或混凝土的镶边上。镶边通常有 30° 倾斜的侧面，由铝或玻璃钢制成，并在屋顶平台上方 150—300 mm 处竖立。它们也可以作为一个垂直侧面的复合绝缘板提供。

它们可以是非绝热的、绝热的或顶部装有各种形式的通风设备，通常是手动或电动的、固定或可调的百叶窗。

检修口	手动或电动铰接式采光天窗，通常为 900 mm²
排烟口	由电磁铁连接到烟雾 / 热探测系统的铰链式采光天窗
可选的附加配件	镶边内通风口的防虫防鸟网。防盗条 – 铰链式格栅，固定在镶边或现场竖立构件上

资料来源：Cox 建筑产品公司，Duplus 穹顶有限公司，Ubbink（英国）有限公司，Sunsquare 有限公司

专利玻璃

无灰玻璃窗系统通常用于屋顶，但也可以用于幕墙。窗棂（通常是铝制的）可以有几米长，通常中心间距为 600 mm。这些窗棂具有隐藏的通道，可将水分从屋檐或玻璃墙的底部排出。双层玻璃带有氯丁橡胶垫圈的密封装置，单层玻璃覆盖外部空间。窗棂也可用作热隔绝，还可带有开口天窗。它们可以是自支撑的，也可以由木屋梁支撑。除非使用日光控制玻璃，这些系统很难实现日光控制，因此应仔细考虑朝向。

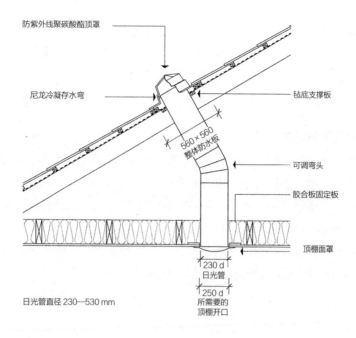

防紫外线聚碳酸酯顶罩

尼龙冷凝存水弯

毡底支撑板

560×560
整体防水板

可调弯头

胶合板固定板

顶棚面罩

230 d
日光管

250 d
所需要的
顶棚开口

日光管直径 230—530 mm

日光管

一种镜面涂层管，将日光从具有钻石切面的圆顶或与屋顶齐平的方形采光天窗，从屋顶层转移到内部空间。它可以适合任何屋顶轮廓，并可弯曲以适应几何形状。 直径范围在 230—530 mm，可以与太阳能通风装置结合使用。

资料来源：Monodraught 日光管公司

安全配件及五金

新的电子技术使防范入侵者的安全措施变得越来越复杂。然而，重要的是对建筑物的物理保护，特别是要有一个安全的周界。"设计安全"（Secure by Design）组织专注于在住宅和商业场所的设计、布局和施工阶段预防犯罪，并促进将安全标准应用于广泛的场景和产品中去。

外门

外门必须足够坚固，并正确安装，以抵抗肩部撞击和踢打。门框应至少有 18 mm 的槽口，并牢固地固定在开口的 600 mm 中心处。门的最小厚度为 44 mm，门框的宽度至少为 119 mm，以便装锁。门板厚度应不少于 9 mm。平开门应为实心结构。双开门接头处应有槽口。

门的五金配件

前门应配备高安全性的圆柱锁，以便在建筑物被占用时使用，另外还需符合 BS 3621、BS EN 12209: 2003 规范的五或七杆榫眼锁。后门和侧门应装有类似的榫眼锁，顶部和底部应有两个安全螺栓。榫眼锁应装盒装扣板以防止被撬，并应加固钢制滚轮以防止被锯。高性能入口门具有多点杠杆操作的锁定系统，可增强安全性并节省能源。门应悬挂在三个（1.5 对）金属铰链上。向外打开的门应具有铰链螺栓，以防止门在铰链侧被撬开。将字母板放置在离锁至少 400 mm 的位置。在任何可能向陌生人打开的门上安装门观察装置和门链。链条应使用 30 mm 长的螺丝固定，以防被强行打开。入口门应该有灯光照亮，以便晚上可以看到叫门者。窃贼对打碎玻璃持谨慎态度，所以玻璃门不一定是脆弱的，只要玻璃是从内部固定的。但是，滑动玻璃门却特别脆弱。主榫眼锁应辅以一对固定在顶部和底部的由钥匙操控的锁紧螺栓。应在门板和门框之间的缝隙中安装防提升装置，以防止外门被从滑道上撬起。

窗

后窗风险最大，从阳台或平屋顶可进入的窗户也面临最大风险。推拉窗的设计应使其无法从外部拆卸窗扇或玻璃。外部铰链销和枢轴应通过凸珠固定。窗框和门框需要足够的刚度，以防止在受到攻击时变形，从而"释放"玻璃单元和窗扇而不会断裂；对于 PVC 框架，这可能涉及用钢筋加固。避免使用穹顶用夹子固定的采光天窗，因为这种穹顶很容易从外部闯入。如果不用作消防逃生，应将金属条或格栅固定在天窗下方。

窗的五金配件

所有一层、地下室和任何上层易受攻击的窗户，应在每个窗扇和双悬窗扇的中梃上安装两个安全螺栓。上层窗扇应至少有一个安全螺栓。为了更高的安全性，应选择具有不同钥匙的锁，而不是有共同钥匙的锁，那些有经验的入侵者很有可能会拥有的那种"万能"钥匙。许多窗户的把手都将锁作为标准配置。

其他物理设备

可折叠格栅、滑动或滚动百叶窗，以及在一定情况下，要备有防爆和防弹网，防撞柱。

家用保险箱可以小到"两砖"入墙式保险箱或放入地板的嵌地式保险箱。较大的置地式保险箱的重量 370—2300 kg 不等，必须固定在地面上。锁可以是钥匙、组合锁或电子锁。

电子设备包括：

- 访问控制：语音/视频、键盘、读卡输入、电话系统；
- 入侵者检测：入侵者报警、闭路电视监控、安全照明；
- 防火/气体保护：烟雾和热量检测、火灾报警、"破碎玻璃"开关、自动与消防站连接。一氧化碳和二氧化碳报警。

报警系统可与其他建筑电子装置集成，并可由业主或其代理人进行远程监控。

资料来源：Banham 保安公司，《家庭安全：基本指南》（Home Security: A Basic Guide）
Chubb 物理安全产品公司
Secure by Design（www.securedbydesign.com）
《建筑规范》核准文件 Q：住宅安全

第6章 材料

建筑材料是建筑师的调色板,对于从功能、经济到心理和审美的各个方面的成功,至关重要。材料的选择对环境和社会经济的影响越来越复杂。

混凝土

混凝土是世界上仅次于水的第二大最广泛使用的材料,其在建筑中的广泛用途,可从地下的基础,到一些复杂、昂贵且富有时尚气息的装修饰面。

尽管制造业的能源效率正在提高,但据估计,水泥的生产,其中的"活性成分"将产生全球约5%的二氧化碳排放。增加水泥替代品在混凝土中的掺入量,以及用石灰替代水泥,都有助于减少对环境的破坏,但在环境和成本压力的作用下,最大的潜力仍在于更有效地设计和制造结构混凝土。

加气混凝土:一种没有粗集料的轻质混凝土,由水泥、石灰、砂和化学添加剂制成,这些添加剂会使气泡形成均匀的孔隙。强度低,但保温性好。易切割且易受钉。分很多等级,有些不适合用于地下。吸水后会损害它的保温性。

粗面石工:用压缩空气锤击混凝土或石头,去除1—6 mm的外皮,显示表面纹理,以改善其外观。

人造石饰面:在混凝土板上铺一层薄薄的水泥、花岗石碎屑和砂,最好做整体找平,以提供良好的耐磨表面。可在最终抹平前在表面喷洒金刚砂粉来实现防滑。

玻璃纤维增强混凝土（GRC）：预制混凝土，用玻璃纤维增加强度，做成强度较高和抗冲击性的薄板。

聚合物混凝土：用聚合物制成的混凝土，聚合物通过填充普通混凝土中的所有空隙来提高混凝土的强度。从而降低它的吸水性，并使其具有更好的尺寸稳定性。

耐火混凝土：用高铝水泥和耐火骨料（如破碎的耐火砖）制成的混凝土，以承受非常高的温度。

露骨料混凝土：根据外观、纹理选择骨料，制成混凝土，待初凝后清洗混凝土表面以去除表面细粉和浮浆，露出外观；用于装饰混凝土构件表面和铺砌地面。

砖与砌块

制砖

黏土取自土壤，砖的性质根据黏土原料的地理位置及其黏土深度而变化。

根据成品材料所需特性，有时需要混合来自不同位置和深度的黏土。随后，黏土被磨碎并与水混合，变成一种可塑性材料。如果有大块黏土，可能需要将其打碎以减小颗粒尺寸。

砖的成形方式有以下两种：

- 挤压——先形成柱状或弹头形的黏土条，然后切割成单个砖块。通过这种方法制成的砖通常是穿孔的，也可能是实心而无压痕的（压痕是指砖的一个或多个表面上的凹痕）。

- 软泥成型——砖由模具盒成型，此过程可以由工匠一块块地手工制作，也可由机器自动化地批量生产。这种方法制作的砖通常是有压痕的，尽管有些砖是实心的。

然后，必须对砖进行干燥，以尽可能减少其水分，防止在烧制时爆裂。烘干机的温度通常保持在 80—120 ℃，同时保持较高的湿度，以保证砖的外部尽可能潮湿，而使砖从内到外地干燥。标准形状的砖，干燥过程可能需要 18—40 h，而特殊形状的砖需要更长的时间。青砖，或欠火砖，不是耐候材料，可用于内墙或不受这些因素影响的地方。

不同类型的黏土烧制的温度不同。在烧制过程中，黏土颗粒和杂质熔合在一起，形成一种坚硬的耐候材料。砖块在干燥和烧制过程中会收缩，在决定模具尺寸时必须考虑到这一点。温度随黏土类型的不同而变化，但通常在 900—1200 ℃。

由于涉及极高的温度，燃烧过程分三个阶段进行：

1. 预热：该阶段确保砖完全干燥；

2. 燃烧：然后用燃料来提高和保持温度；

3. 冷却：将空气吸入窑内，以降低温度，从而可以分选和包装砖块。

资料来源：砖块开发协会（Brick Development Association）

砖的尺寸

标准砖的砌块（实际）尺寸为：

　　　　215 × 102.5 × 65（mm）

加上 10 mm 灰缝厚度的综合尺寸为：

　　　　225 × 112.5 × 75（mm）

公制模块尺寸为：

　　　　190 × 90 × 65（mm）

其他较少使用的尺寸有：

　　　　215 × 102.5 × 50（mm）

　　　　215 × 102.5 × 73（mm）

　　　　215 × 102.5 × 80（mm）

　　　　290 × 102.5 × 50 或 65（mm）

　　　　327 × 102.5 × 50 或 65（mm）

　　　　450 × 102.5 × 50 或 65（mm）

　　　　520 × 102.5 × 37（mm）

砖的重量

kg/m³

青砖	2405	伦敦砖	1845
工程砖	2165	灰砂砖	1845
水泥砖	2085	弗莱顿砖	1795
耐火砖	1890	红饰面砖	1765

抗压强度和吸水率

砖	N/mm²	吸水率（质量百分比）
工程砖 A 级	> 70	< 4.5
工程砖 B 级	> 50	< 7.0
弗莱顿砖	14—25	15—25
伦敦砖	3—18	20—40
手工饰面砖	7—60	10—30

砖的抗冻性和可溶性盐分含量

砖可根据其抗冻性进行分类，并可进一步依据其盐分含量进行分类。

盐分含量分为 L（低）级或 N（正常）级。盐分含量会对砖砌体的风化概率产生一定影响，尽管砂浆和地下水中的盐分也会影响砖砌体的外观。

抗冻等级与含盐等级相结合，就构成了黏土砖的全部六个类别：FL 和 FN、ML 和 MN，以及 OL 和 ON。

大多数景观工程，只能选择 FL 或 FN 级的砖，尽管有些 ML/MN 级别的砖也可用于地下 150 mm 以上的砖砌体工程。

标号	抗冻性	含盐量
FL	抗冻	低含盐量
FN	抗冻	正常含盐量

适用于所有建筑工程，包括可能会被反复浸泡的部位，如挡土墙或地下。

ML	中等抗冻性	低含盐量
MN	中等抗冻性	正常含盐量

在非浸泡条件下（即在防潮层和屋檐之间）使用时相当耐用。

OL	不抗冻	低含盐量
ON	不抗冻	正常含盐量

仅适用于室内；不得用于景观工程。

砖的组砌方式

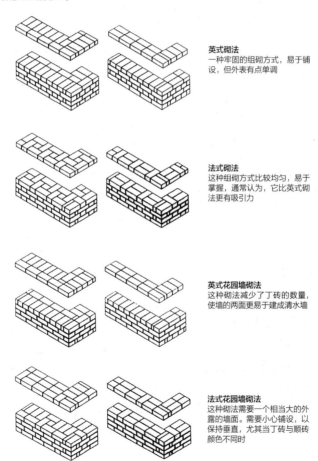

英式砌法
一种牢固的组砌方式，易于铺设，但外表有点单调

法式砌法
这种组砌方式比较均匀，易于掌握，通常认为，它比英式砌法更有吸引力

英式花园墙砌法
这种砌法减少了丁砖的数量，使墙的两面更易于建成清水墙

法式花园墙砌法
这种砌法需要一个相当大的外露的墙面。需要小心铺设，以保持垂直，尤其当丁砖与顺砖颜色不同时

组砌强度
任何组砌方式，重要的是，垂直缝不应小于相邻层砖长度的四分之一

顺砖组砌
有时称为"顺砌法"，这是半砖墙的组砌方式

砖和砌块工程所用砂浆

等级名称	水泥：石灰：砂	砌筑水泥：砂	水泥：含增塑剂的砂	初步现场抗压强度 N/mm²	
I	1：¼：3	—	—	16.0	11.0
II	1：½：4 – 4½	1：2½ – 3½	1：3 – 4	6.5	4.5
III	1：1：5 – 6	1：4 – 5	1：5 – 6	3.6	2.5
IV	1：2：8 – 9	1：5½ – 6½	1：7 – 8	1.5	1.0

注：

1. 砂浆等级 I 最强，IV 最弱。

2. 砂浆强度越弱，越易于流动。

3. 砂的体量会发生变化，级配良好的砂，量较大，粗砂或均匀细砂的量较小。

4. I 级和 II 级砂浆，用于荷载较高或外露面积较大的墙（如挡土墙、防潮层下部的墙、女儿墙、压顶和独立墙）中的高强度的砖和砌块。

5. III 级和 IV 级砂浆用于防潮层与屋檐之间不严重外露的墙。

纯石灰砂浆，使用石灰腻子或无水泥的水硬性石灰，广泛用于历史建筑工程和避免产生伸缩缝的新建工程；石灰砂浆为强度较弱的砖石提供了更长的使用寿命和更好的耐候性。

接缝

平缝

最大承载面积

适用于粗纹理砖

水流和吸收均匀

使用寿命和耐候性最好

半圆凹缝

比平缝更突出缝隙效果，强度和耐候性几乎与

平缝一致。

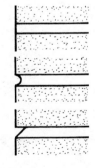

斜切凹缝

给接缝一道阴影线。如果施工正确，灰缝坚固耐用。

平凹缝

可以让雨水渗透，并应限于抗冻砖和遮蔽的情况。

特种砖

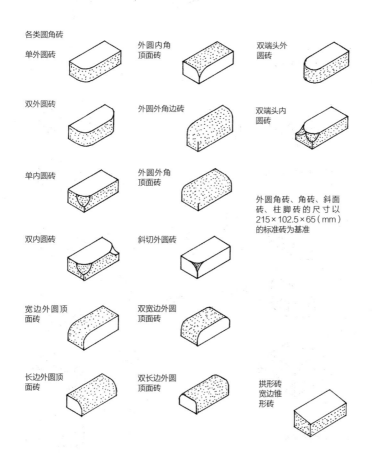

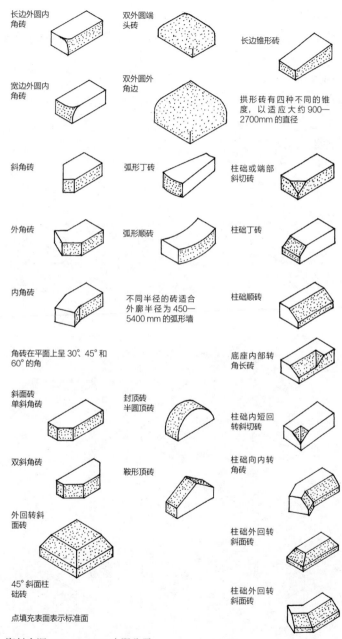

长边外圆内角砖

双外圆端头砖

长边锥形砖

宽边外圆内角砖

双外圆外角边

拱形砖有四种不同的锥度，以适应大约900—2700mm 的直径

斜角砖

弧形丁砖

柱础或端部斜切砖

外角砖

弧形顺砖

柱础丁砖

内角砖

不同半径的砖适合外廓半径为450—5400 mm 的弧形墙

柱础顺砖

角砖在平面上呈 30°、45° 和 60° 的角

底座内部转角长砖

斜面砖单斜角砖

封顶砖半圆顶砖

柱础内短回转斜切砖

双斜角砖

鞍形顶砖

柱础向内转角砖

外回转斜面砖

柱础外回转斜面砖

45° 斜面柱础砖

柱础外回转斜面砖

点填充表面表示标准面

资料来源：Ibstock Brick 有限公司

混凝土砌块

尺寸

标准砌块表面尺寸为：

440×215（mm）和 440×140（mm），厚度为 75、90、100、140、150、190、200 和 215（mm）。

根据健康与安全条例，现场手提的砌块重量不得超过 20 kg，并规定所使用的高密度实心砌块规格不超过 100 mm 厚，或者用轻质砌块或空心砌块来替代，20 kg 以内的高密度空心砌块，厚度可达 190 mm。

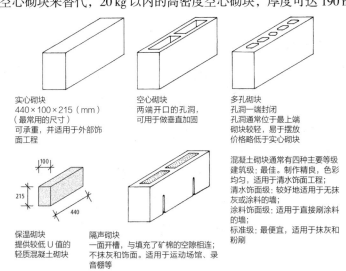

实心砌块
$440 \times 100 \times 215$（mm）
（最常用的尺寸）
可承重，并适用于外部饰面工程

空心砌块
两端开口的孔洞，可用于做垂直加固

多孔砌块
孔洞通常位于最上端
砌块较轻，易于摆放
价格略低于实心砌块

保温砌块
提供较低 U 值的轻质混凝土砌块

隔声砌块
一面开槽，与填充了矿棉的空隙相连；不抹灰和饰面。适用于运动场馆、录音棚等

混凝土砌块通常有四种主要等级
建筑级：最佳。制作精良，色彩均匀，适用于清水饰面工程；
清水饰面级：较好地适用于无抹灰或涂料的墙；
涂料饰面级：适用于直接刷涂料的墙；
标准级：最便宜，适用于抹灰和粉刷

典型的基础砌块尺寸为：

440×215（mm）和 440×140（mm），厚度 224、275、305 和 355（mm）。除非运用机械操作，否则使用轻质砌块。

抗压强度：

根据成分不同，砌块强度 $2.8 - 7.0 \text{ N/mm}^2$，平均为 4.0 N/mm^2。

大多数砌块厂商提供的中、轻质砌块种类繁多；最有效的保温砌块由加气混凝土制成，导热率低至 0.11，对墙体保温有显著作用，在实心砌块墙中，简单的隔热间层与地面保温层相结合，特别有效。

有些加气混凝土砌块制造商有一系列薄缝"胶合的"砌体，这些砌体可加快施工速度，提高精度和保温性能。

混凝土砌块的气流阻力因其制造过程不同而不同：具有开放纹理表面和细骨料含量较低的骨料砌块可能会严重渗漏，并导致显著的热损失，如果墙体饰面使用干衬里而不是湿灰泥，这种现象尤为明显。

出于环境原因，在结构要求较低的情况下，可使用未烧结的黏土砖，或掺和了麻灰等类似材料的砖块。

空心墙拉杆（筋）

安康泰普洛墙体拉杆　带 V 形开口的扁平碟形拉杆　带绝缘夹的垂直扭曲鱼尾拉杆　带绝缘夹的蝶形拉杆　带绝缘夹的双三角形定位拉杆

泰普洛拉杆　空心墙尼龙拉筋　带垂直扭件的"安全"重型不锈钢板拉杆　"安全"轻型不锈钢拉筋

墙体拉杆间距

单墙厚度 65—90 mm 的拉杆：水平间距 450 mm/ 垂直间距 450 mm；

单墙厚度大于 90 mm 的拉杆：水平间距 900 mm/ 垂直间距 450 mm；

墙体空腔较宽时，可能需减小拉杆间距，并须经建设管理部门批准。

空心墙拉杆采用不锈钢（钢筋直径为 2.5—4.5 mm）或增强塑料制造，以降低热桥，它相当于 50 mm 的空腔隔热层。拉杆长度取决于墙厚和空腔宽度，约为 150—300 mm。隔热空腔宽达 250 mm 时，可使用超长拉杆。

大多数拉杆可以用卡子固定在空腔隔热板内。外层的水分从中心扭结处滴落。

请参见 www.ancon.co.uk 等网站,以获取不同用途的墙体拉杆选项。

铺砖样式

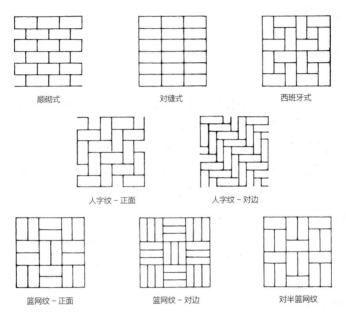

顺砌式　　　　　　　　　对缝式　　　　　　　　　西班牙式

人字纹 – 正面　　　　　　人字纹 – 对边

篮网纹 – 正面　　　　　　篮网纹 – 对边　　　　　　对半篮网纹

铺路板和石块铺面

混凝土铺路板:最大尺寸 600×600,厚度 38—50(mm)

长方石 / 方石铺面:混凝土、砖或石头的混合尺寸 200×100、100×100,厚 40—80(mm)。

石材铺路板:混合尺寸为 300×300—600×900,厚 15—40(mm)。

可渗透路面可以让水透过并被收集作为可持续城市排水系统的一部分。

在路面下方应使用土工膜,以防止杂草生长,并尽量减少使用化学除草剂。

供行人使用的铺路板通常铺在干硬性砂浆垫层上，供车辆使用的通常铺在混凝土基层上；通常用灰浆或干砂勾缝。铺路砌块通常完全卧于砂垫层中，并用干砂振动填缝。

黏土制品分类

陶瓷制品：砖土制成的陶制品；比粗陶瓷软。裸露的表面通常是光滑的。

耐火砖：由难以熔合且有较高石英含量的黏土制成。用于温度高达 1600 ℃的壁炉背墙和锅炉内壁。

粗陶瓷制品：用于卫生设备和排水管的高玻化黏土制品。

玻璃瓷：一种由白色黏土和细碎矿物制成的坚固的高级陶瓷制品。所有外露表面均涂有不透水的无裂纹玻璃釉。用于卫生洁具，与上釉的粗陶瓷相比，更易清洗，但易碎。

陶土制品：一种硬烧至约 1100 ℃进而全部玻璃化的黏土。它具有低吸水性，可用于无釉地砖、排水管等。可以用角磨机进行光切。

石材工程

建筑石材源自三种岩石：
- 火成岩：由冷却的熔岩形成，如花岗石。
- 变质岩：由原岩在高温和高压后再结晶而成，如板岩和大理石。
- 沉积岩：由沉积在海床或河床上的古代沉积物被压实或自然胶结而成，如石灰岩或砂岩。

典型建筑石材

石材	地区	色彩	干重 kg/m³	抗压强度 kN/m²
花岗石				
康沃尔	康沃尔郡	银灰色	2610	113685
彼得赫德	格兰皮安区	鲜红色	2803	129558
鲁比斯拉夫	格兰皮安区	蓝灰色	2500	138352
砂岩				
绿苹果	西约克郡	灰色至浅黄色	2178	42900
达利戴尔	德比郡	浅灰色	2322	55448
迪恩森林	格洛斯	灰色至蓝色	2435	67522
克里奇	德比郡	浅黄色	2450	62205
润玉米红	柴郡	斑驳红色	2082	27242
石灰石				
安卡斯特	林肯郡	奶油色至棕色	2515	23380
巴斯	威尔特郡 / 萨默塞特	浅棕色至奶油色	2082	24024
克里普瑟姆	莱斯特郡	淡奶油至浅黄色	2322	29172
曼斯菲尔德	诺丁汉郡	乳黄色	2242	49550
波特兰	多塞特郡	浅棕至白色	2210	30780

石材工程应根据其天然的河床铺设,以保证耐久性。用于墙壁、窗台和顶盖的石材可能来自不同的采石场。

石材工程所用砂浆

典型砂浆	适用石材
水泥:熟石灰:砂 1:3:12	致密石材(花岗石等),非石灰石
腻子/石灰:砂 2:5	大多数建筑石材
水泥:熟石灰:砂 1:2:9	外部细节,不适用石灰石
水泥:熟石灰:砂 1:1:6	大多数砂石

接缝	厚度 mm	接缝	厚度 mm
室内大理石饰面板	1.5	抛光花岗石板	4.5
室外饰面板	2—3	小块方石	6（最大值）
板岩饰面板	3	碎拼石墙板	12—18
大规格饰面板	4.5		

资料来源：麦凯建筑公司

防潮层

防潮层提供了不可渗透的屏障，以防止水分从下方、上方或水平方向通过。它们可以是柔性的、半刚性的或刚性的。刚性防潮层仅适用于阻挡上升的湿气。软金属防潮膜价格昂贵，但在复杂情况下最安全。连接空腔的构件上方需要空腔托盘，以便将水引至室外；在一层有氡气的地方也需要空腔托盘（以阻止氡气通过空腔进入室内）。防潮层两侧均应铺设砂浆。防潮层应密合到地膜上。上部和垂直防潮层应始终搭接在下部或水平防潮层之上。防潮层不得伸入空腔，在那里它们可能会收集砂浆并桥接空腔。

类型	材料	最小厚度 mm	接缝	适用范围	特点
柔性聚合物类	聚乙烯	0.46	最小搭接长度 100 mm，密封	墙基处、窗台下、壁柱处的 H	适当的横向移动；坚韧，容易密封，价格昂贵，可被刺穿
	沥青聚合物	1.5	最小搭接长度 100 mm，密封	墙基、台阶处的 H；壁柱处的 CT 和 V	
柔性沥青类	沥青/麻布基层	3.8	最小搭接长度 100 mm，密封	墙基处、顶盖和窗台下的 H；壁柱处的 CT 和 V	麻布可能会腐烂，但如果沥青层不破坏就可以。如果使用前冷却或加热防潮层，可能会使沥青在温度的作用下被挤出

类型	材料	最小厚度 mm	接缝	适用范围	特点
柔性沥青类	沥青/麻布基层/铅	4.4	最小搭接长度 100 mm，密封	墙基处、顶盖和窗台下的 H；壁柱处的 CT 和 V	铅层提供了额外的拉伸强度
半刚性	沥青玛瑞脂	12.0	无	顶盖下的 H	关键应加砂，易膨胀
半刚性	铅	1.8	最小 100 mm，从上面贴上防潮条	顶盖下、烟囱处的 H	与砂浆接触时会腐蚀，应用沥青覆盖两侧加以保护
半刚性	铜	0.25	最小 00 mm，从上面贴上防潮条	顶盖下、烟囱处的 H	抗腐蚀性好，不易施工，会将砌体污为绿色
刚性	石板	双层 4.0	错缝铺设	在独立支撑的挡土墙底部的 H	非常耐用，采用 1∶3 的水泥砂浆
刚性	符合 BS EN 771-1 的砖	双层 150.0	错缝铺设	在独立墙和挡土墙底部的 H	适用于独立墙

H：水平防潮层；V：垂直防潮层；CT：空腔托盘。

防潮膜（DPM）和地气防护

防潮膜是一种卷材或涂膜，用于抵抗毛细作用引起的潮湿。它们的性能不必像罐装膜那样好，能够抵抗水压。防潮膜可以位于场地底板下方，前提是用至少 25 mm 厚的滚砂或 25 mm 厚的细石混凝土将碎石硬核垫层抹平。这个位置比将其放置在光滑抛光的场地底板上更容易受到损坏。在这个位置，防潮膜可以防止底板与找平层之间的粘结，所以需要一个较厚的找平层，理想情况下至少为 63 mm。

防潮膜必须与墙上的防潮层搭接。在这方面，涂膜比卷材好。在铺设时必须谨慎避免将膜刺穿。在浇筑砂浆层之前，任何管道都必须就位，因为任何后续工作都可能损坏防潮膜。

　　根据建筑规范的要求，地面气体对氡、甲烷、二恶英和碳氢化合物的防护由卷材薄膜和空腔屏障提供。在详细设计防潮膜之前，需要测试现场的氡水平；简单测试可以在线进行。氡水平的测试结果共有三种，其相应的防护需求为：无需防护、基本防护及全面防护。只需通过空腔托盘将仔细密封的防潮膜连接到周边防潮层即可提供基本防护。全面防护要求在首层楼板下采用被动式烟囱或风扇辅助的通风设备进行通风。对于首层承重楼板，通风管道应连接到中央通风井——其有效半径约为 15 m 或面积为 250 m^2。

类型	说明
低密度聚乙烯薄膜（LDPE）	最小 0.3 mm 厚。是最便宜的 DPM，可防甲烷和氡气。不能抵抗水压。接缝必须用胶带严密地封住。容易在现场被穿透。通常由回收材料制成
冷涂沥青溶液；煤焦油；沥青/橡胶或沥青橡胶乳液	最好是三层。必须小心涂抹，避免出现补丁和针孔
LDPE 沥青板	不像 LPDE 薄膜那样容易移位，也更容易搭接。穿孔的可能性较小，如同可以"自我修复"一样
双面沥青高密度聚乙烯（HDPE）	高性能聚乙烯芯线两侧涂有沥青，上表面与聚乙烯膜粘合。底面有薄膜，在铺设前会释放出来
排水腔膜	地下墙和地板内衬有满铺的聚乙烯和聚丙烯薄膜，以控制水流，并通过渠道将其从建筑物引至外部排水系统
自粘薄膜	高密度聚乙烯（HDPE）与罐装底漆一起使用，可提高附着力，防止刺穿和撕裂
胶凝涂层	可用于外部和内部，并与排水腔膜结合使用

　　资料来源：Visqueen Building Products（维斯奎因建筑产品）

抹灰和粉刷

外墙抹灰

　　抹灰砂浆基本上与铺设砌体的砂浆相同，但应使用干净、鲜明、冲洗过的抹灰砂浆。

在可能的情况下，使用与面层相同的混合砂浆做底层抹灰，否则底层应采用比面层更坚固的材料。

坚固的基底，如混凝土或工程砖，可能需要一层初始的黏合层或飞溅物（如 1∶1.5 或 1∶3 水泥砂浆）甩在表面而不是抹平。

对于严重暴露的表面，最好涂刷两层底灰。

在金属板网上，通常需要双层底灰；特别重要的是，应减少抹灰层开裂的机会，增加水分蒸发到外部的可能性；这些问题对于涂刷未做防潮层或防潮层做得较差的建筑，至关重要。

由于高强度水泥拌和料会增加收缩开裂并阻碍水汽蒸发，因此应避免使用。传统建筑应使用无水泥的水硬性石灰或腻子石灰进行粉刷；现代建筑最好使用强度较弱的水泥、熟石灰和砂的混合料来抹灰，以提高柔韧性，或使用抹灰专用拌和料。底灰中可以添加聚丙烯或玻璃纤维，以减少开裂。

专用的预拌彩色灰料有多种柔和色调可供选择，还有既可以手工抹灰，也可以机械操作的双层或单层涂料。

对于所有粉刷饰面，需要注意其基层的位移，尤其在洞口和狭窄区域，应力可能会导致涂层开裂。

不同基层和表面所用的灰浆

用途	基层	高级	中级	初级
底层抹灰 （首层层及中间层）	致密、坚固	Ⅱ	Ⅱ	Ⅱ
	中等偏强，多孔隙	Ⅲ	Ⅲ	Ⅲ
	中等偏弱，多孔隙	Ⅲ	Ⅳ	Ⅳ
	金属板网	Ⅰ / Ⅱ	Ⅰ / Ⅱ	Ⅰ / Ⅱ
面层抹灰	致密、坚固	Ⅲ	Ⅲ	Ⅲ
	中等偏强，多孔隙	Ⅲ	Ⅳ	Ⅳ
	中等偏弱，多孔隙	Ⅲ	Ⅳ	Ⅳ
	金属板网	Ⅲ	Ⅲ	Ⅲ

抹灰和粉刷术语表

Aggregate 集料（A）： 形成砂浆或灰泥的主体，即砂或碎石。

Binder 胶粘剂（B）： 使集料结合在一起变硬的成分；通常是石灰或硅酸盐水泥。

Browning 棕灰泥（B）： 由石膏和砂做成的灰泥。它取代了石灰和砂的"粗骨料"。现在通常用预拌的轻质灰泥来取代（但不适合潮湿的环境）。

Cement 水泥（C）： 通常是波特兰水泥，之所以这么说，是因为它凝固时像波特兰石。它是在窑中烧成的白垩和黏土的混合物。当与水混合时，它会在水合作用的过程中变硬。

Dash 甩毛灰（D）： 外墙抹灰时用手或涂抹器将灰泥甩到墙上。

Dry dash 干粘石（DD）： 将粗骨料抛到湿的抹灰层上，使骨料表面裸露。

Dry hydrated lime 干熟石灰（DHL）： 普通的（非水硬性的）石灰，作为干粉，加入足够的水使生石灰熟化（加入更多的水产生石灰泥）。熟石灰通常用于水泥、石灰和砂组成的混合砂浆，以提高可塑性和柔韧性。

Gypsum 石膏（G）： 一种白色固体矿物，主要成分是硫酸钙，用作石膏灰泥的胶粘剂。

Gypsum plaster 石膏灰泥（GP）： 石膏与轻骨料和缓凝剂制成的灰泥。不适用于外部工程或潮湿区域。用作光滑的面层抹灰。

Hemihydrate plaster 半水石膏（HP）： 将石膏轻轻加热以除去大部分化合水而变成半水的石膏。在净状态下即为熟石膏（也称巴黎石膏），但加入角蛋白等缓凝剂后，它成为所有石膏灰泥的基本材料，被称为缓凝半水石膏。

Hydrated lime 熟石灰（HL）： 用水熟化的生石灰。

Hydraulic lime 水硬性石灰（HL）： 在水下没有空气的情况下可以凝结的石灰。它是用高达 22% 的黏土燃烧石灰制成的。它通常以袋装粉末形式被广泛使用，对泥瓦匠来说，与不使用石灰腻子直接处理水泥一样方便。

Keene's cement　干固水泥（也称基恩水泥）（KC）： 硬烧无水石膏，与明矾混合而成灰泥，可用抹子抹平，使其表面光滑、坚硬。

Lightweight plaster　轻质灰泥（LP）： 用轻质骨料（如膨胀珍珠岩和缓凝半水石膏）制成的灰泥；收缩率低，隔热好（不适用于潮湿地区）。

Lime　石灰（L）： 在窑中烧至 825 ℃以上的白垩或石灰石。

Lime putty　石灰腻子（LP）： 浸泡熟石灰使其具有可塑性。用于石灰浆、粉刷、砂浆、勾缝剂和石灰水。

Mortar　砂浆（M）： 一种砂、水泥 / 石灰和水的混合物，主要用于铺设和勾缝砌体、铺设地砖以及外墙的底层和面层抹灰。

Non-hydraulic lime　非水硬性石灰（NHL）： 用相对纯的石灰石分解而成的高钙石灰。用这种石灰制成的灰浆凝结缓慢，相对较软，但能很好地适应正常的建筑变形，具有较高的透气性和孔隙率。

Pebble dash　小卵石涂抹（PD）： 一种干浇泼粉面，将清洗干净的小卵石嵌入湿砂浆，并使其露出表面。

Plaster　灰泥（P）： 通常是用于室内的石膏灰泥，或用于室外工程的水泥浆。

Pozzolana　火山灰（P）： 原产于意大利火山口的天然火山硅灰。与石灰混合后，即使在水下也会变硬，形成罗马水泥。"火山灰添加剂"这一术语，现在包括其他具有类似水化特性的骨料，如粉煤灰（PFA）和砖尘。

Quicklime　生石灰（Q）： 未经熟化的石灰。它与水发生强烈反应生成熟石灰。

Rendering　抹灰（R）： 外墙的灰浆底层和面层，并可用湿砂浆铺设瓷砖。

Retarder　缓凝剂（R）： 加入水泥、石灰或砂浆中，通过抑制水化来减缓初凝速度。

Spatter dash　喷涂（SD）： 水泥和沙子用水拌和，也可使用胶粘剂，用涂抹器轻弹成细微雾滴。用于为附着力较差的基层创建关键层。

Stucco　装饰抹灰（S）: 光滑抹灰，以前用石灰砂浆，现在用水泥石灰砂浆。通常用装饰线脚来模仿粗糙的砖石或柱子的装饰。

Tyrolean finish　提洛尔饰面（TF）: 用手工涂刷器将灰浆甩在墙上形成飞溅的图案。

资料来源：《企鹅建筑词典》(The Penguin Dictionary of Building)
《建筑图解词典》(Illustrated Dictionary of Building)

预拌石膏灰泥

预拌石膏灰泥是由石膏制成，石膏是一种天然的矿藏——二水硫酸钙。它们应符合《BS EN 13279-2:2014 石膏胶粘剂和石膏灰泥规范》的要求。

预拌石膏灰浆不可用于长期潮湿的地方，也不应用于温度超过43 ℃的地方。石膏灰浆不适用于外部工程，因为石膏可部分溶于水。石膏灰泥会受到潮湿的严重影响；在这种情况下，石灰或水泥的灰泥可能表现得更好。

英国石膏"Thistle"分为三类：

底涂层灰泥

"Thistle"

干涂层	用于旧墙底层抹灰的水泥灰泥，其中的石膏成分已被剔除，并加入了化学防水剂。

石膏灰泥

"Thistle"棕灰泥	一种利用适当的机械作用为坚硬基层提供中等附着力的底层灰泥。
"Thistle"粘结层	一种用于低附着力基层（如石膏板、混凝土或用"Thistle"胶粘剂处理过的其他表面）的底层灰泥。
"Thistle"硬质墙抹灰	一种抗冲击性好并能快速干燥表面的底层灰泥。可用手工或机械施涂。

| "Thistle" 硬壳 | 覆盖率高，抗冲击性好。适用于在大多数砌体基层上用手工或机械抹灰机施涂。 |
| 常用厚度 | 墙壁 11 mm，顶棚 8 mm，外加饰面层 2 mm。 |

单层灰泥

| "Thistle" 通用单层灰泥 | 适用于大多数基层的单层灰泥，具有光滑的白色饰面。可以手工或机器施涂。 |
| 常用厚度 | 墙壁 13 mm，顶棚 10 mm。 |

饰面灰泥

"Thistle" 多重饰面	一种多用途的终饰灰泥，适用于多种基层。
"Thistle" 木板饰面	适用于中低附着力的基层，如石膏板或干涂层。
"Thistle" 硬面漆	石膏饰面灰泥，专门为提高意外损坏的抵抗力而配制。能够显著延长维护周期并降低长期成本。
"Thistle" 磁性石膏	一种含有磁吸引力特性的面漆灰泥，可以将墙壁转换为交互式区域。
"Thistle" 纯饰面	"Thistle"纯饰面灰泥包含"主动呼吸"技术（ACTIV air），专门用于将甲醛排放分解为无害惰性化合物，从而消除再排放的风险。这种多功能的终饰层灰泥在所有基层上都能提供良好的效果，因此，在需要改善室内空气质量的工作中，它是底涂层和木板基层上的饰面层的最佳选择。
"Thistle" 喷涂饰面	"Thistle"喷涂饰面是一种用涡轮泵喷涂机或手工喷涂的石膏饰面灰泥。用于石膏板和用"Thistle"胶粘剂处理过的低/中附着力的基层。

"Thistle" 通用饰面	"Thistle"通用饰面是一种石膏饰面灰泥，专门配制用于重新粉刷各种基层，而无须预处理。它为室内墙壁和顶棚提供了光滑、惰性、高质量的表面，并为施涂装饰性饰面层提供了耐用的基层。
正常厚度	2 mm。

资料来源：英国石膏有限公司（British Gypsum Ltd.）

金属

建筑业常用的金属

名称	化学式	原子序数	说明
铝	Al	13	重量轻、相当坚固的金属，常用作铸件和强腐蚀挤压件的合金
黄铜	—	—	一种含锌和50%以上铜的合金。易成型，强度高，耐腐蚀
青铜	—	—	一种铜和锡的合金，有时与其他元素结合在一起。坚固耐腐蚀
铜	Cu	29	一种耐用的、有延展性的金属，容易形成，但在加工和退火时硬化得快。有良好的导电性和导热性
铁	Fe	26	一种重金属，是地壳中含量第四丰富的元素，常与其他元素混合使用
铅	Pb	82	最重的重金属，暗蓝灰色，易熔，柔软，可塑性强且非常耐用
不锈钢	—	—	一种钢合金，含高达20%的铬和10%的镍，耐腐蚀，但比碳钢更难成型
钢	—	—	一种铁合金，且含碳量通常严格把控在1%
锡	Sn	50	一种在白度和光泽上接近银的金属，具有很高的延展性和上光性。用于形成合金，如青铜、白镴等
钛	Ti	22	在海滩中发现的相对较轻的、强度高的过渡金属。硬度与钢相同，而重量只有同体积钢的45%；硬度比铝大2倍，但重量重了60%

续表

名称	化学式	原子序数	说明
锌	Zn	30	一种坚硬、易碎、蓝白色金属，可从各种矿石中获得，在 95—120 ℃之间具有延展性和韧性，腐蚀速度比钢慢 25 倍

* 给定样品中原子平均质量与碳 12 原子质量的 1/12 之比。

双金属的相容性

尽可能避免不同金属之间的接触。

如果无法避免接触并且可能存在湿气，则应按下表所示分离金属。

	不锈钢	低碳钢	铜 / 青铜	铸铁	铝
不锈钢	✔	✗	✔	✗	✗
低碳钢	✗	✔	✗	✔	✗
铜 / 青铜	✔	✗	✔	✗	✗
铸铁	✗	✔	✗	✔	✗
铝	✗	✗	✗	✗	✔

✔ = 可能有联系；✔ = 可能在干燥条件下接触；✗ = 不应用于接触。

金属—— 一些常用的工业技术

铝型材：将铝通过一系列模具挤压而成的铝型材，直至获得所需的复杂形状。

钎焊：一种简单、廉价的方法，将两块热金属与一层铜锌合金（一种硬焊料，也称为填料）连接起来。钎焊钢接头的强度不如焊接接头。

铸铁：含碳量超过 1.7%（通常为 2.4%—4%）的铁和碳的合金。部件是由重新熔化的生铁（锭）与铸铁和废钢一起铸造而成。它熔点低，流动性好，比钢或锻铁更复杂的形状有用。

锻造：传统上在铁砧上，把金属锤成红热形状的行为。以前适用于铁，但现在包括钢、轻合金、有色金属和动力锤、落锤和液压锻压机。

喷丸清理：用压缩空气喷射钢丸来清理金属表面。用作油漆或金属涂层的准备工作。

熔焊：当熔化的焊料在金属部件之间流动时，将它们结合在一起，就像在毛细管接头中一样。毛细管接头是金属管道中的一个插口和插座接头。

回火：通过加热和缓慢冷却（退火）来降低钢的脆性。

焊接：通过加热和/或压力将金属制成的塑或液体连接起来。也可使用熔化温度与待接合金属相同的填充金属。电弧焊用电弧把金属熔化在一起，通常用自耗金属电极。

熟铁：碳含量极低的铁（0.02%—0.03%)。具有延展性，不能通过回火硬化。并且很软，不像钢容易生锈，但价格更贵，所以基本上已经被低碳钢所取代。用于铁链、铁钩、铁条及装饰铁制品。

金属饰面

阳极氧化：把铝合金物体浸入铬或硫酸溶液中，使电流通过而形成的一种持久的保护性氧化膜。这种薄膜可以用染料上色。

镀铬：将铬电解沉积在其他金属上，以产生非常坚硬、光亮的表面。当应用于铁或钢时，如果先沉积一层镍或铜，铬的粘附性最好。

镀锌：一种非常耐用的钢铁涂层，在中等条件下能很好地防止腐蚀。部件在熔融的锌液中热浸或电解镀锌。

粉末涂料：聚酯、聚氨酯、丙烯酸和环氧塑料喷涂并热固化到金属上，如铝或镀锌钢，形成 50—100 μm 厚的薄膜。成品组件也可以在 200—300 μm 厚的聚乙烯或尼龙薄膜中热浸。

镀锌层：在小物件（如螺母和螺栓）上涂上一层锌的保护层，在装有沙子和锌粉的滚筒中滚动 10 h，加热至 380 ℃。该层很薄，但锌扩散到钢中形成锌合金。它不剥落，变形少，比镀锌更耐用。

炉内上釉：用热干燥耐用的搪瓷颜料，通常在 65 ℃以上，用对流炉或辐射加热灯加热。

玻璃上釉：把干燥或悬浮在水中的粉末状玻璃涂在金属表面形成的光滑表面。这是真正的珐琅——不是珐琅漆。

保温材料表

保温材料的特性

保温体	K值	蒸汽参透性	耐湿性	刚性	用于砌墙	用于木框架/屋顶	用于结构	原材料	内含能	CO_2影响	相对成本
加气混凝土	0.16	中	高	强	墙砖	否	是	矿物	高	高	中
麻制混凝土	0.07	高	中	中	填充	填充	中	植物和矿物	非常低	高	高
软材	0.14	中	低	强	否	是	是	植物	低	非常低	中
木丝板	0.11	高	中	强	否	是	是	植物和矿物	中	低	中
蛭石颗粒	0.065	高	良好/LiV*	无	否	是	否	矿物	高	中	低
繁叶饰	0.035/CbS*	低	高/LiV*	无	内置保护腔	是	否	油	非常高	高	非常高
玻璃棉	0.033—0.04	高	中/LiV*	无	内腔	是	否	矿物	高	高	低
矿棉	0.033—0.04	高	中/LiV*	视情况而定	内腔	是	否	矿物	高	高	低
羊绒	0.035	高	高	无	否	是	否	动物	低	低	高

续表

保温体	K值	蒸汽参透性	耐湿性	刚性	用于砌墙	用于木框架/屋顶	用于结构	原材料	内含能	CO₂影响	相对成本
纤维素纤维	0.038	高	非常差	无	否	是	否	植物和回收	低	低	中低
塑料棉	0.04	高	高	无	否	是	否	回收（油）	高	中	中
发泡聚苯乙烯	0.032—0.04	低	中/LiV*	低	内腔	是	否	油	高	高	低
挤塑聚苯板	0.028—0.036	无	高	中	内腔	是	否	油	高	高	中
聚醚泡沫	0.022—0.028	无	高	中	鞘状空腔	是	否	油	高	高	中高
异氰尿酸盐泡沫	0.022—0.028	无	中	中	内置保护腔	是	否	油	高	高	高
酚醛	0.02	无	高	中	内置保护腔	是	否	油	高	高	高

注：

LiV：潮湿状态下保温性能的损失值（Loss in Insulating Value）；保温棉浸湿后永久失去保温价值；各种板材在干燥后恢复保温价值。

CbS：假设两边都有空腔（Cavities both Sides），包括：典型的 30 mm 厚的多层含金属薄片占据大约 60 mm 厚度，性能和 60 mm 矿物纤维一样好。

保护型：这些隔热材料不是作为完全的空腹填充材料推向市场的，所以需要空腔、薄膜或聚苯乙烯空腔板保护。

保温隔热

保温层

仅次于真空，滞留的空气或惰性气体是最有效的隔热方法，因此所有的保温材料都以这种方式工作，从最天然的材料（如羊毛）到技术最先进的油基材料（如酚醛泡沫）。真空材料现在也可以买到，但是昂贵且"脆弱"，所以用途有限。

建筑保温材料必须在不同的环境下使用，例如潮湿和干燥的环境，所以不同的环境适用不同的材料。

一些"保温材料"还可以通过其他方式发挥作用，如加气混凝土砌块墙；其他一些如多箔，将空气捕捉技术与反射率结合起来，以抵抗热量传递（尽管一些多箔制造商的性能声称被证明是夸大的）。

保温体的相对性能可以通过导热率（"K 值"，越低越好）或热阻率（"R 值"，越高越好）来衡量。在英国，使用 K 值及其相关的 U 值（传热系数，参见第 162—164 页），而在美国，热阻率和 R 值（材料特定厚度的热阻）是标准。

虽然酚醛泡沫（K: 0.02）和绵羊毛（K: 0.039）在保温性能上有很大差异，但其他因素，如与相邻材料的透气性和湿度控制，使相互比较更加复杂。

在许多情况下，特别是在现有建筑中，使用更环保的保温材料，如再生纤维素纤维或羊绒，所带来的空间或成本影响可能令人望而却步。而使用高性能、高能耗的油基保温材料，具有长期环境价值，因此可能更有价值。无论如何，对于列出的建筑物，官员或许会阻止使用"非自然"材料。

尽管空心墙保温是一种相对较低的成本相对较低且可靠的方法，可以大大提高空心墙建筑的保温性能，现有空腔的较小尺寸（通常为 50—70 mm）与可靠空腔壁保温材料（发泡矿物纤维和发泡聚苯乙烯珠）选择限制和保温值意味着大多数装置仍然无法达到当前的建筑规范。

为了获得更好的性能，内部或外部保温，例如使用 125 mm 酚醛泡沫板，可以将 U 值降低到低于 0.15 的被动式节能屋标准。

每个内部保温安装都是具有破坏性且昂贵的，需要重新装配内部细木工、抹灰细节和外墙服务，以及周边地板的拆卸，以此允许托梁之间的保温。

外部保温的好处是保持内部不受干扰，可能仍被占用，然而需要全高的脚手架，以及重新安装雨水管、屋顶屋檐细节、窗台等，也会受到天气延迟的影响。与内部隔热相比，其优势体现在现有砖墙的蓄热体保持在建筑的热包层内。

在新建筑中，结合保温、隔声、蓄热体和结构功能的材料，如麻石灰混凝土或加气混凝土可能更理想，而对于现有建筑的热干衬砌，最大限度地减少厚度和最大限度地保温可能是最重要的选择标准。

保温隔热和冷凝

除了保温材料本身的选择外，成功隔离建筑物的最关键细节之一，是控制建筑物内人类活动产生的水蒸气，即呼吸、出汗、洗涤、烹饪等。随着建筑物被更好地密封以节约能源，这一点变得更加重要。

抽气设施的使用，无论是被动的还是风扇驱动的，都不能完全有效或正确控制。很重要的一点是，建筑物外表面的"渗透性"要不断上升，这样建筑物才能"呼吸"，而不会在寒冷的外部，或者说至少不会造成冷凝。

这一问题最糟糕的例子发生在不透水的外层，如平屋顶或金属板覆层，而避免这一问题的最好的例子，是完全透水的传统石灰砂浆砌体或土墙，或开放通风的木材覆层到框架结构。另一个问题是，传统的屋顶空间覆盖着沥青油毡沙丁布，在这种情况下，顶棚水平的绝缘标准提高，导致屋顶空间温度下降，在许多情况下，屋檐通风的流动受到限制，以至于通过顶棚上升的水蒸气在油毡的冷底面凝结沙漏和滴水到下面的隔热顶棚上；这个问题的一个极端例子经常出现，必须通风的卤素筒灯安装在浴室顶棚上，冷凝症状可能与严重的屋顶泄漏一样严重。

有两种方法可以解决这个问题（对于最不透水的外表面，如平屋顶，两者都是必需的）。首先是在隔热层和外部表皮之间的空气空间通风，使蒸汽和冷凝水有机会蒸发；第二种方法是在绝缘材料的暖侧引入隔汽带，最常见的是聚乙烯薄片，但有时与衬里材料结合，以减少到达表面的蒸汽量。重要的是，隔汽带不如预期般完美：虽然蒸汽屏障在理论上是可能的，但它们需要精细的设计和在施工中彻底且认真的工艺，这在大多数情况下是无法现实的。

为了解决这个问题，可以使用 WUFI Pro 或类似的软件来模拟建筑面料的性能，该软件提供了比使用 Glazer 方法进行稳态冷凝预测计算更真实的湿热性能评估。

屋面材料

泥瓦、石板和木瓦

典型材质的最小坡度		典型材质的最小坡度	
沥青瓦	17°	混凝土瓦 – 平瓦	35°
雪松木瓦	14°	混凝土瓦 – 企口瓦	15°
雪松墙面板	20°	纤维水泥板	20°
泥瓦 – 平瓦	35°	天然石板瓦	22.5°
泥瓦 – 企口瓦	15°	石板石 – 砂石和石灰石	30°

注意：在大风和大雨天气，这些最小坡度可能不可取。
低坡度可能需要挂钩固定件和恰当的垫层。

屋面石板瓦

类型	尺寸 （mm）	块（m²） 挂瓦条间距	块（m²） 挂瓦条间距	块（m²） 挂瓦条间距
		50 mm 搭接	75 mm 搭接	100 mm 搭接
公主	610×355	10.06　280	10.55　267	11.05　255
公爵夫人	610×305	11.71　280	12.28　267	12.86　255
小公爵夫人	560×305	12.86　255	13.55　242	14.26　230
侯爵夫人	560×280	14.01　255	14.76　242	15.53　230
大伯爵夫人	510×305	14.26　230	15.11　217	15.99　205
伯爵夫人	510×255	17.05　230	18.07　217	19.13　205
大子爵夫人	460×255	19.13　205	20.42　192	21.79　180
子爵夫人	460×230	21.21　205	22.64　192	24.15　180
贵妇	405×255	22.16　177	23.77　165	25.80　152
女士	405×205	27.56　177	29.56　165	32.09　152

级别	厚度	重量
最佳	4 mm	31 kg/m²
中等强度	5 mm	35 kg/m²
重度	6 mm	40 kg/m²

石板瓦现在通常以公制为单位，厚度为 6、7、8、10 mm。

BS 5534:2014 挂瓦条和瓦片

屋面瓦

	黏土平瓦	黏土企口 单波形瓦	混凝土企口 双罗马瓦	混凝土企口 双波形瓦	混凝土企口 平板瓦
尺寸（mm）	265×165	380×260	418×330	420×330	430×380
最小倾斜度	35°	22.5°	17.5°	22.5°	17.5°

续表

	黏土平瓦	黏土企口单波形瓦	混凝土企口双罗马瓦	混凝土企口双波形瓦	混凝土企口平板瓦
最大倾斜度	90°	90°	90°	44°	44°
最小搭接（mm）	65	65	75	75	75
最大规格（mm）	100	315	343	345	355
保护层宽度（mm）	165	203	300	296	343
覆盖面积（m²）	60	15.6	9.7	9.8	8.2
重量（kg/m²）（最大间距）	77	42	45	46	51
每 1000 个重量（t）	1.27	2.69	4.69	4.7	6.24

覆盖范围与在最大量规处铺设的瓦片有关。瓦片的数量随着厚度的减小而增加。

重量是估算的，与瓦片布置的最大规格相关。重量会随着规格的减小而增加。

防护膜

衬垫是铺在椽子上和挂瓦条下的防风雨膜，用于屋顶的通风和防风雨，防止雨水或雪穿透瓦片或石板。

传统的加强型沥青毡已被更轻、更透气的薄膜所取代，这些防护膜可铺设，形成有效的防风屋顶，但仍容许水蒸气自由扩散，以避免屋顶空间产生凝结水；这种材料一般不需要屋檐、屋脊和屋顶的通风设备。当它们直接放置在椽子之间的保温层上，或放置在可渗透的木板上时，用钉在椽子顶部的 25×50 倒置板条，以便与下方的保护膜保持净空。人们发现可透气的薄膜可以诱捕蝙蝠，因此在蝙蝠栖居的屋顶空间或屋面瓦片处，强制使用传统的沥青可能是有效的。

挂瓦条

所有瓷瓦和石板瓦可固定在 50×25（mm）的挂瓦条上，支座最大中心距为 600 mm。当支座间距为 450 mm 时，用于平板黏土瓦的挂瓦条可缩小为 38×25（mm）。有关泥瓦或石板瓦的重量及搭接长度，请咨询制造商的相关信息。

配套附件

与泥瓦和石板瓦配套的（或与其颜色相配的）、由各种材料制造的配件包括：分段和角形屋脊瓦、单脊瓦、特定角度屋脊和屋脊瓦、装饰性屋脊瓦、端脊瓦、隐蔽边缘瓦、屋脊通风瓦、屋脊烟道瓦、通气瓦和排水管和风机管道用石板瓦。

PVC/聚丙烯配件

这些配件包括没有砂浆的情况下固定边脊和屋脊瓦所用的装置，以及为坡屋面提供屋檐下通风和桥台通风的装置。

资料来源：雷德兰、马利埃特尼特、克洛伯有限公司

木瓦和木质墙面板

木瓦是用西洋红雪松或橡木和甜栗木块锯成的锥形木瓦。

1 号蓝色标签是屋顶和墙壁的最高等级。木质墙面板与之相似，但是，是劈开而不是锯开的。

尺寸

标准尺寸为 400 mm 长，宽度 75—350 mm。厚度从头部的 3 mm 逐渐变窄到尾部的 10 mm 厚。

颜色

红褐色，风化时褪色为银灰色。

处理

可提供未经处理、经防腐处理或阻燃处理的木瓦。经防腐处理的木瓦建议外用。有些地方政府根据所处位置会坚持使用经阻燃处理的木瓦。

各式端头

是指带菱形、半圆、箭头、鱼鳞、六角形、八角形等形状的木瓦，适用于坡度大于 22° 的屋顶。

配件

可利用 450 mm 长的预制雪松屋脊装置，它被固定在 150 mm 宽的屋面油毡条上。

坡度

14° 最小坡度

14°—20° 最大建议规格   = 95 mm

> 20° 最大建议规格   = 125 mm

垂直墙体最大建议规格   = 190 mm

覆盖范围

木瓦是按捆定做的。一捆 100 mm 规格的木瓦覆盖约 1.8 m² 的面积。

重量

长 400 mm，95 mm 宽

未经处理的木瓦 8.09 kg/m²

经防腐处理的木瓦 16.19 kg/m²

经阻燃处理的木瓦 9.25 kg/m²

挂瓦条

木瓦固定在 38×19（mm）的 挂瓦条上，相邻木瓦之间有 6 mm 的间隙，使用硅青铜钉——每个木瓦上有两颗钉子。钉子距侧边 19 mm，高于上层对缝条 38 mm。也可以比较经济地使用 Paslode 钉枪和 JB ShingleFix 不锈钢钉来固定木瓦。

应符合 BS 5534：2014。John Brash 推荐 JB–RED 工厂级挂瓦条，规格 25×38（mm）。

建议使用符合附录 A BS 5534：2014 要求的透汽型垫层。对于温暖的屋顶，挂瓦条和隔热板之间需要使用倒置板条。

防水板

应在金属防水板上施涂沥青漆，以避免瓦和金属之间接触并引发变色。作为替代方案，GRP（玻璃增强热固性塑料）和防水板可能更适合。

资料来源：John Brash 有限公司

茅草屋顶

水芦苇

芦苇，生长在英国和欧洲大陆的河流和沼泽中。诺福克芦苇是最好的茅草材料。水芦苇茅草发现于东英吉利亚、南海岸、南威尔士和苏格兰东北部。

精梳麦秸

马里斯猎人通过一个精梳机梳理出冬天的麦秸。对接端对齐形成茅草的表面。产于西方国家，有时叫 "Devon Reed"。

长麦秸

手工将湿麦秸反复敲打，穗和尾混在一起，更长的茎暴露在外。产于英格兰中部、南部和东南部地区。

坡度

建议 50°，最小 45°，最大 60°。

重量

约 34 kg / m²。

钢丝网

这对于保护茅草不受鸟类和啮齿动物的破坏是至关重要的。20 或 22 号镀锌钢丝网能使用 10—15 年。

莎草

海芋是一种沼泽植物，有着类似灯芯草的叶子。它仍然用在沼泽地，用于由诺福克芦苇制成的茅草屋顶的屋脊。

石楠属植物

帚石楠曾经在诸如达特穆尔高地和东北部等非玉米种植区广泛使用，现在在苏格兰偶尔还能看到。

预期寿命

根据使用的材料、屋顶坡度、暴露程度和茅草的质量，差别是很大的：最好的诺福克芦苇茅草可以使用 30—50 年，而麦草茅草可以使用 15—30 年；屋脊线和其他细节工作可能需要中间修复。

茅草数据

	水芦苇	精梳麦秸	长麦秸
长度	0.9—1.8 m	1.2 m	1.2 m
表面厚度	300 mm	300—400 mm	400 mm
覆盖范围	80—100 束 /9.3m²（1 束 = 300 mmØ）	1 t/ 32 m²	1 t/36.6 m²

续表

	水芦苇	精梳麦秸	长麦秸
使用寿命	50—70 年	20—40 年	10—20 年
压缝条间距 （38 mm 和 25 mm）	255 mm	150—230 mm	150 mm

资料来源：Peter Brockett 和 Adela Wright，SPAB，《茅草屋顶的维护和修理》

金属屋面

金属屋面包括各种材料、细部构造、安装、美学和成本，可用于各种不同的建筑，从历史建筑上复杂的铅屋面的构造，到成本最低的仓库和谷仓的压型钢板屋顶。

所有屋面金属的一个共同特点是，它们本质上是不透水的，且不受蒸汽和湿气的影响，因此它们需要通过通风良好的"冷屋顶"基底或有效的"暖屋顶"蒸汽控制层进行彻底的防冷凝保护。

屋面金属及其安装分为两类，完全由底板支撑的金属和横跨支架之间的压型金属；少数金属，主要是铝和不锈钢，以两种方式使用。

铅、铜和锌是完全支撑的金属。

铅屋顶

建筑用铅板既可以用符合 BS 12588:2006 标准的磨光铅板，也可以用建筑许可认证 86/1764 和 91/2662 的机铸铅板。

铸造铅板是由专业公司使用传统方法（即把熔化的铅置于准备好的砂床上）制造而成。这主要用于更换旧的铸造铅屋顶和装饰铅。

研磨铅板是最常见的，约占 85% 的市场。在性能、功能或成本方面，铸造铅板与研磨铅板无显著差异。铸造铅板最初看起来比研磨铅板稍微暗一些，没有光泽，但在安装后 6 个月就无法分辨了。

厚度

厚度的选择取决于用途。增加厚度能更好地应对热运动、机械损伤和抗风。它还可以被切割成很多的形状。

尺寸

铅板由其 BS 代码或其厚度（mm）来定义规格。公制尺寸的分类与以前的英制尺寸 lb/ft^2 的分类非常接近。铅板卷材端部可带有颜色标记，以便于识别，如下所示。

英标编号	厚度（mm）	重量（kg/m^2）	色标	适用范围
3	1.32	14.99	绿色	防漏嵌条
4	1.80	20.41	蓝色	防漏嵌条、防水板
5	2.24	25.40	红色	防漏嵌条、防水板、排水沟、墙壁和屋顶
6	2.65	30.05	黑色	排水沟、墙壁和屋顶
7	3.15	35.72	白色	排水沟、屋顶
8	3.55	40.26	橙色	排水沟和平屋顶

板材尺寸

铅板可按照要求的尺寸或者按照最宽 2.4 m、最长 12 m 的尺寸来切割。

对于防水板，卷材有 3、4、5 号铅，宽度以 50 mm 增量，从 150—600 mm。长度为 3m 或 6m。

重量

要确定一根铅的重量（kg），用公式长度（m）× 宽度（m）× 厚度（mm）× 11.34 计算。

接缝

最大间距

英标编号	平屋顶 0°—3°		坡屋顶 10°—60°		坡屋顶 60°—80°		墙面覆盖层	
	竖向接缝	横向接缝	竖向接缝	横向接缝	竖向接缝	横向接缝	垂直接缝	水平接缝
4	500	1500	500	1500	500	1500	500	1500
5	600	2000	600	2000	600	2000	600	2000
6	675	2250	675	2250	675	2250	600	2000
7	675	2500	675	2400	675	2250	650	2250
8	750	3000	750	2500	750	2250	700	2250

女儿墙和锥形排水沟

英标编号	滴水槽最大间距（mm）	最大总周长（mm）
4	1500	750
5	2000	800
6	2250	850
7	2700	900
8	3000	1000

防水板

为了确保防水板长期的使用寿命，3 号铅板的长度不得超过 1.0 m，4 号和 5 号的防水板长度不得超过 1.5 m。防水板应水平搭接至少 100 mm。垂直搭接应至少如下所示。

屋顶坡度	搭接长度（mm）	屋顶坡度	搭接长度（mm）
11°	359	40°	115
15°	290	50°	100
20°	220	60°	85
30°	150	90°	75

防潮层（DPC）

4 号铅板适用于大多数 DPC。如果超过 50 mm 空腔，则可将其增加至 5 号。

铅板 DPC 的两侧应涂上沥青漆，以避免新鲜硅酸盐水泥中游离碱造成的腐蚀风险。

冷凝水

在供暖良好的建筑中，温暖潮湿的空气可能通过屋顶结构过滤，并在铅覆盖层的下面产生凝结水，长此以往将导致严重腐蚀。应确保支撑铅板的底板和任何保温层之间有通风。

防腐蚀性

铅可与铜、锌、铁和铝密切接触。它可能受到来自硬木和雪松木瓦的有机酸的侵蚀。

资料来源：铅板协会米德兰铅制造商有限公司，罗伊斯顿铅有限公司

铜屋顶

铜被列为贵重的材料。它有很长的使用寿命（75—100 年），耐腐蚀，重量轻，易操作。它比铅更能抵抗垂直表面的蠕变，并能覆盖平坦或弯曲的表面。

屋顶、防水板和 DPC 用铜应符合 BS EN 1172：2011。

铜带　=　厚度为 0.15—10 mm，宽度不限，长度不限。它通常以　　　　　50kg 的卷材供货。它比薄板便宜。

铜板　=　0.15—10 mm 厚的扁平材料，长度精确，宽度超过　　　　　450 mm。

铜箔　=　0.15 mm 或以下。

正常的屋顶厚度是 0.6 mm；0.45 mm 现在被认为是不合标准的。0.7 mm 用于预镀铜板和强风场地。

镀铜最早于 20 世纪 80 年代末在德国使用。0.7 mm 厚的铜片具有化

学诱导的氯化铜绿。这就产生了蓝绿色的外观，比一些自然产生的铜绿的条纹外观更均匀。板材尺寸限制在 3 m 内，因此不适合长条状屋面。

长条铜屋面

这种方法于 1957 年从欧洲大陆引入英国。工厂或现场成型的铜制浅盘由底板支撑，彼此之间通过立缝或滚缝连接。所用的铜具有较硬的回火性，接缝处特殊的膨胀夹允许纵向移动。主要优点是，坡屋顶上无横缝，平屋顶上无滴水，从而节省劳力，降低成本。适用于 6°—90° 的坡屋面。

铜盘尺寸 =525 mm（立缝中线间距）× 10.0 m。在露天场地，铜盘宽度应减少到 375 mm。

超过 10 m 长，应横向设置 50 mm 高的滴水。

重量
0.6 mm 厚，525 mm 宽，重量 5.7 kg/m^2

高差
铜质屋顶的最小高差 1：60（17 mm/1 m）
铜排水沟的最小高差 1：80（12 mm/1 m）

女儿墙排水沟
板材的最大长度为 1.8 m。此后，应接入最小高度为 50 mm 的滴水。从瓦片或石板上持续滴下的雨水可能会穿透排水沟的内衬。排水沟中应放置"牺牲板条"，其磨损时应及时更换。

台阶式防水板
最大长度为 1.8 m，有焊接接缝。单步防水板，每端搭接 75 mm，在小面积腐蚀的地方更容易修复。

铺设

用浸渍亚麻毛毡做的底毡铺在地板下，并保持通风的空间或空隙，以避免结露。固定件是用铜钉或黄铜螺丝固定在地板上的铜夹（夹板）。避免使用软焊料，以防止电解作用。在护墙板和管道之间使用胶泥。

防潮层（DPC）

由于铜具有良好的柔韧性，不受水泥砂浆的侵蚀，因此非常适用于 DPCs。接头应重叠 100 mm。

防腐蚀性

除非烟囱上升到远离屋顶的高度，否则烟囱里的二氧化硫会腐蚀铜。铜与浸渍了一些阻燃剂的潮湿木材以及从西部红雪松包层流出的材料接触后会发生腐蚀。氨（来自猫的尿液）可能会导致破裂。铜与铝、锌和钢直接或间接接触都会被水腐蚀。铜可能会在砌体上留下绿色污点。

铜绿

需要 5—20 年的时间，视地点而定。它是一层薄薄的、不溶于水的铜盐层，保护底层材料免受大气侵蚀。它通常是绿色的，但在充满烟尘的空气中可能看起来是浅黄色或黑色的。

传统铜屋顶

铜屋顶有两种传统方法：

滚边压条

40 mm 高的木滚边条平行于坡面铺设。隔间板在滚边压条的两侧翻起，并用铜盖条覆盖。边缘滚压条高 80 mm。适用于平屋顶和坡屋顶。

隔间尺寸 = 500 mm（立缝中线间距），长 1.8 m。

立缝

适用于不受行人影响的屋顶侧面接缝，可用于 6° 以上的屋顶。接缝为 20—25 mm 高的双焊接缝。

隔间尺寸 =525 mm（立缝中线间距），长 1.8 m。

横向接缝

与木质滚边压条或立接缝成直角。它们应该是双锁横向焊缝。在 45° 以上坡屋顶，可使用单锁横向焊缝。错开相邻隔间的横向接缝，可以避免接缝处的金属过多。在平屋顶上，横向接缝中线间距达到 3 m 时需插入 65 mm 深的滴水（见上文的"高差"）。

最大板材尺寸

板材尺寸不应超过 1.3 m²，如果使用 0.45 mm 厚的板材，则减至 1.1 m²。

资料来源：铜开发协会（Copper Development Association）

抗菌铜

铜是一种强大的抗菌剂，对细菌和病毒，包括 MRSA、大肠杆菌和诺如病毒，具有快速、广谱的疗效。它与一系列铜合金，如黄铜和青铜器，共享这一优势，形成了一个统称为抗菌铜的材料家族。在医院试验中，抗菌铜表面的污染比非铜表面少 80%。

目前，世界各地的机场、火车站和医疗机构都在使用由固体抗菌铜制成的护手表面，以减少感染的机会，这为良好的手部卫生和定期的表面清洁和消毒等关键感染控制措施提供了支持。

资料来源：www.antimbialcopper.org

锌屋顶

锌具有通用性、延展性、经济性、耐大气腐蚀性等、适用于海洋环境。

在 20 世纪 60 年代，锌合金取代了商用锌作为屋顶材料。材料含量为 99.9% 纯锌，再加钛和铜合金。有两种类型，A 和 B，应符合 BS EN 988：1997 标准。安装方式见 CP 143-5：1964。

类型 A

细小、均匀的晶粒结构，具有良好的抗蠕变和热运动性能。主要用于屋顶。有板材和卷材。

建议屋顶厚度为 0.65、0.70 和 0.80（mm）。

典型板材尺寸：2438×914（mm）（8'×3'），厚度为 0.50—1.0 mm。

典型卷材尺寸：宽 500、610、686、914 和 1000（mm）。最长可达 21m。

锌也可以预先涂成蓝灰色，厚度 0.70 mm。

类型 B

轧制成柔软的卷材，主要用于防水板，也可用于小阳台、天篷、天窗的防水层。

典型卷材尺寸：宽 150、240、300、480 或 600（mm），最长可达 10 m。

隔间大小

500—900 mm。

典型的长隔间尺寸：立缝中线间距 525 mm，滚边压条中线间距 540 mm。

最大隔间长度：10 m。

重量

0.7 mm 厚，中线间距 525 mm，重 5.1 kg/m^2。

高差

最小坡度 3°，但可能发生积水，因此建议最小坡度 7°，尤其是对于隔间较长的屋面。最大坡度为 25°。

侧接缝

立缝和滚边压条——类似于铜屋顶。

横向接缝

坡度 3° 和 10° 之间——75 mm 深的滴水。

坡度 10° 和 25° 之间——带有附加的焊接覆盖层的单锁压边。

坡度 25° 和 90° 之间——带有 25 mm 下部覆盖层和 30 mm 的挡水板的单锁压边。

配件

钉子 = 镀锌钢或不锈钢。

螺丝 = 镀锌或锌阳极钢或不锈钢。

夹子 = 符合屋顶类型的锌。

焊料 = 60∶40 铅 / 锡合金。

液体助焊剂 = 贝克斯助焊液或焊酸盐。

防腐蚀性

锌无污染，可与铁、钢、铝、铅和不锈钢接触。从未受保护的钢铁中流出可能会造成污染，但不会造成伤害。锌不应直接或间接与铜一起使用，因为铜会引起腐蚀。锌可能会与西方红雪松、橡木、甜栗子、某些阻燃剂和墙体材料中的可溶性盐接触而被腐蚀。钛锌有很长的寿命。

资料来源：锌开发协会 Metra 有色金属有限公司

铝和不锈钢——承重和压型

铝屋顶

铝强度高，但重量轻，具有延展性，使用寿命长，维护费用低。在制造过程中使用了很高比例的再生材料。

最容易获得的屋顶等级推荐 1050A，它的材料是 99.5% 纯铝，用 H_2 回火。0 回火的（完全柔软）适用于防水板或复杂形状的铝板。适用范围见 CP14315:1973（2012）。

铝通常可打磨使用，会褪色为亚光灰色，在未受污染的区域保持光亮，但在工业大气中变暗。它也可以由工厂提供色彩范围有限的 PVF2 漆面。应避免采用深色铝板，以吸收热量。

厚度

屋面建议厚度为 0.8 mm。

板的宽度

标准尺寸为 450 mm。

隔间宽度

一般为 380 mm；典型的长条板为 525 mm；典型的滚边压条为 390 mm。

隔间长度

传统立缝——最长为 3 m，坡度大于 10° 的屋顶，最长为 6 m。
长条板——一般最长为 10 m，但最高可达 50 m。

重量

0.8 mm 厚，中线间距 525 mm，重 2.6 kg/m^2。

高差

最小 1∶60。

配件

均为铝制品，包括相邻的防水板和排水沟。

接缝

传统立缝、长条缝、滚边压条。

防腐蚀性

铝因与黄铜和铜接触而腐蚀。铅的直接接触和流出应使用沥青漆屏障进行保护。锌对铝有牺牲作用，这可能导致镀锌钢固定件过早失效。使用聚乙烯阻隔膜避免与木材防腐剂和酸性木材接触。

不锈钢屋顶

不锈钢重量轻，可预成型，膨胀系数低，抗拉强度高，可在一年中的任何时间工作，耐冷凝腐蚀，具有良好的环保资质，可大量回收，使用寿命长；可与铅搭配使用。屋顶用不锈钢应符合 BS EN ISO 18286∶2010 和 / 或 BS EN ISO 9445∶2010。

屋顶通常有两个等级：

等级 304：　（奥氏体）适用于英国大多数情况，但不适用于 15 英里以内的海洋或有害工业大气的范围。厚 0.38 mm。

等级 316：　（奥氏体钼）最高等级，是当今推荐的标准等级，厚适用于所有大气。厚 0.4 mm。

不锈钢具有自然反射性，但通过以下方式可实现低反射率：

机械轧制：　通过一套压制工具在压力下轧制板材。

镀铅锡涂料：涂有锡，可在天气变化时形成类似铅的中灰绿色。

板材宽度

卷材通常为 500 mm 和 650 mm 宽，但有时仍为英制 457 mm（18"）和 508 mm（20"）。

隔间宽度

立缝中线距离 385 mm 和 435 mm，滚边压条中线间距 425 mm 或 450 mm。

隔间长度

最大长度通常为 9 m，但最多可达 15 m。必须使用 3 m 以上的膨胀夹。

重量

0.4 mm 厚，中线间距 435 mm，重量 4 kg/m^2。

高差

最低 5°，最高 90°。室外场所建议至少 9°。

接缝

传统立缝、长条立缝、滚边压缝。
5° 和 12° 之间的横向接缝应采用搭接锁边。
13° 和 20° 之间的横向接缝应采用双锁贴边。
21° 和 90° 之间的横向接缝应采用单锁贴边。

固定件

所有夹子、钉子和螺丝均采用不锈钢。

防腐蚀性

能抵抗大多数化学药品。可用于清洁砌体的盐酸腐蚀。与铜接触可能会造成染色，但不会造成伤害。碳素钢切割 / 研磨机的火花会产生移锈痕迹。它不受水泥、木材中的碱、酸或地衣径流的侵蚀。

压型钢板屋面

钢和铝

压型金属板可用于屋面和保护层。压制金属薄板可增加刚度及强度。压痕越深，薄板的强度就越大，跨度也越大。深色的压型钢板投射出更暗的阴影，因此在美学上可能更受欢迎。涂层钢的成本最低，但其使用寿命仅限于表面处理的耐久性。铝会形成自己的保护膜，但抗冲击性较差。建筑物下部的覆层应采用护栏或其他装置进行保护。避免复杂的建筑形状，以简化细节。压型钢板安装、拆卸和维修速度快。最常见的剖面是梯形的。

弧形压型板

可使用弧形压型板实现圆角。典型最小外半径为 370 mm。非镶边压型钢板可预制成最小半径 3 m，这可用于弧形拱顶。普通压型钢板在现场可以做轻微的弯曲。根据经验，槽深以 mm 为单位，曲线则以 m 为单位。斜接配件可用于阴阳角，带有与之匹配的防水板。

厚度

0.5—1.5 mm。

板材宽度

500—1000 mm。

槽深

用于屋顶，深度 20—70 mm，用于结构底板，深度通常达 120 mm。

重量

3.7 kg/m² (0.9 mm 厚)。

高差

最小 1.5° (1 : 40)。

饰面

热浸镀锌、炉子和搪瓷、铅锡涂层、磨光铝、PVC 和 PVF2 彩色涂层、复合沥青矿物纤维等。

资料来源：Omnis exteriors（保温材料制造商）

非金属压型薄板屋面和保护层

纤维水泥板

纤维水泥板是其中使用最广泛的，最初内含石棉，现在采用"合成纤维和天然纤维"。

该材料使用寿命长，预计 50 年。可提供 30 年的保证，这使纤维水泥板得以成为压型金属板的替代品；适用于 5° 以下的坡屋顶和垂直保护层。

英国制造的薄板有 75 mm 或 150 mm 厚的型材。

沥青纤维板

含增强纤维的沥青层压板的使用寿命相对较短，但有 15 年的保修期；通常用于农业建筑和小型家庭建筑的屋顶，成本较低。

非金属平屋顶

平屋顶的定义是坡度小于 10° (1 : 6) 的屋顶。BS 6229:2003 具有连续支撑覆盖物的平屋顶设计原则。

设计注意事项

平屋顶必定是刚性结构，并对防水膜有实质和连续的支撑，应提供变形缝、雨水收集、隔热设计、防冷凝水、防风等构造，并考虑屋顶透风和对防水膜的适当保护。

维护

必须每年检查并清洁平屋顶，尤其是屋面上所有的出口、排水沟、墙体、竖柱和雨水管道的底部出口。在落叶较重的区域，谨慎的做法是在排水沟中安装刷子或在雨水管道上安装可拆卸的叶片防护装置。

雨水

平屋顶的最小落差应为 1∶80。但是，考虑到施工公差，最好将设计高差降至最小 1∶50。

平屋顶的防故障排水系统应落至外部排水沟；不太好的做法是，通过女儿墙中的排水孔排到外部雨落管。

如果计划使用内部雨落管，则应将其放置在远离女儿墙边缘的位置，因为女儿墙边缘会积水，并且难以做好防水密封。理想情况下，它们应位于最大挠度点。

在封闭的屋顶上，应避免只有一个出口，因为这可能会造成堵塞，导致水漫过墙体，并因渗水或结构超载而造成损坏；理想情况下，在显著位置设置溢流口，以警示出口堵塞。

当屋顶与墙壁相接时，墙壁至少超过屋面 150 mm。应用铅、铜或超纯铝防水板塞进墙体至少 30 mm，以保护墙体。

冷凝水

冷凝水是沥青油毡屋面失效的主要原因，它会导致油毡起泡和腐烂。平屋顶下的潮湿房间应具有良好的通风、附加保温和隔蒸汽层，能够承受施工期间的意外损坏。

避免热桥，否则会导致局部出现冷凝水。

风

各层材料必须正确地固定在基层上，以防被风吹起。

空气渗透

尽可能减少屋顶的渗透性。在可能的情况下，使用专有的组件，如带翻边的屋顶出水口和电缆套管。

防紫外线

紫外线会损坏屋顶的沥青毡，所以应该用黏在热沥青或冷沥青溶液中的石屑层来保护它们。另外，矿物增强水泥砖或玻璃纤维增强混凝土砖铺设在热沥青厚涂层上，将提供良好的上人屋面。

25 mm 厚的混凝土或地面砖提供了一个更稳定的步行面，应铺设在专有的塑料角支架上，该支架具有弥补不平整底面的优点，并能快速排出地表水，将人行面与防水膜分离。

浅色的顶面和反光涂料可反射太阳的能量，但对紫外线的伤害只能提供有限的防护。

隔蒸汽层

当在结构层上满铺时，包含铝箔的专有毡是最好的隔蒸汽层。它们在温暖的屋顶中是必不可少的，并建议铺设在寒冷的屋顶下，但在倒置式暖屋顶中不需要。在压型金属板上，由于缺乏连续支撑，可能需要将两层材料结合在一起。

沥青玛琋脂

沥青是由细集料和粗集料与沥青结合而成的混合物。配料被分批加热和混合，或者散装热送，或者铸造成块后在现场重新加热。

屋面级沥青见 BS 6925:1988。沥青屋面的规范和应用见 BS 8218:1998。

最新的发展包括加入能使材料柔性更好的聚合物。这些都被收入

BS EN 14023：2010。

沥青铺设在符合 BS 8747：2007 和 / 或 BS EN 13707：2013 标准的无味黑色油毡上，铺设两层，总厚度为 20 mm。两层间可错缝铺设。最后的表面用抹子抹平，使表层沥青充足，再用细砂修饰，以遮盖寒冷天气下的表面龟裂，并用碎石或铺路材料保护。见上文的"防紫外线"。

沥青膜

以前的屋面油毡是由涂有沥青的碎布、石棉或玻璃纤维芯制成。现在，大多数油毡用聚酯纤维制成，这种纤维能增强抗压能力。规格和应用见 BS 8218：1998。

较新的薄膜通常由聚合物改性沥青制成，具有更大的柔韧性和更好的性能。

屋面毡分为两层或两层以上，用热沥青粘合，用气枪或在毡的一侧用自粘层粘合。

第一层毡，通常穿孔，直接粘合到基板。

中间毡表面光滑，可完全粘合。

顶层毛毡的上表面可现铺保护层，如碎石。

盖帽毡是专门用于在没有进一步保护的情况下可以暴露在外，其表面覆盖有矿物碎屑或金属箔。

单层膜

由欧洲和美国开发，通常在英国可用，例如，EPDM 和 TPO 膜，见 BS ISO 4097：2014，由塑料、合成橡胶基材料和一些改性沥青材料制成。

有热固性和热塑性塑料：

热固性树脂包括所有合成橡胶。它们有固定的分子结构，不能被热或溶剂重塑，并由胶粘剂连接。

热塑性材料是指分子结构不能永久固定，通过加热或溶剂可形成焊接的材料。焊接比涂胶更令人满意，但需要更高的技能。

板材可以利用在接缝处设置的螺丝紧固件和盘式垫圈机械地固定在基层上，或者将薄膜焊接到固定在基层上的盘式垫圈，或通过胶粘剂粘接到基层上。在倒置式暖屋顶上，薄膜是松散铺设且有重物压载的。单层膜的主要优点是柔韧性好，使用寿命长。

某些单层材料不能与发泡聚苯乙烯绝缘材料一起使用。

玻璃

建筑用玻璃由 70% 的硅砂、14% 的苏打水、10% 的石灰和各种氧化物组成。将上述成分加入回收玻璃中，在炉中加热至 1550 ℃左右，精炼，冷却，然后将熔融液体浮到熔融锡上，形成完美的平坦表面。之后在退火室内将其从 620 ℃冷却至 250 ℃，将连续的冷玻璃带切割成 6000 × 3210（mm）的薄板。这种材料用于制造各种厚度为 2—25 mm 的玻璃板，以及许多不同性能的涂层。

环境控制

太阳能控制

如今，玻璃在建筑中的使用越来越多，因此必须考虑建筑物内居住者的舒适度。太阳能控制玻璃能成为建筑物引人注目的特色，同时还能减少对空调系统的需求，降低建筑运行成本，节约能源。

在炎热的气候下，太阳能控制玻璃可以用来最大限度地减少太阳热量的增加和帮助控制眩光。

在温带地区，它可以用来平衡太阳能控制和高强度的自然光。

从大型暖房到玻璃走道，从建筑外立面到中庭，太阳能控制玻璃可以用于任何可能产生过多太阳热量的情况。

Pilkington 系列的太阳能控制玻璃提供了一系列性能选择，以适应大多数建筑应用：有 Suncool、Eclipse Advantage、Optifloat tinted、

Arctic Blue（北极蓝）、Insulight Sun 及 Optilam 等多个品牌名称。

所有产品都有钢化或层压形式，以满足安全和安保要求，并可以结合其他优点，如噪声控制。

保温

随着环境意识的增强，人们越来越重视在住宅或商业建筑中节约能源的方法。近年来，出台了新的法规，规定了能源效率的最低要求。玻璃在这方面起着重要的作用。热损失通常用传热系数或 U 值来测量，通常用 W/m^2·K 表示。用最基本的术语来说，U 值越低，隔热效果越好。采用低辐射玻璃的中空玻璃单元可以显著提高隔热效果。

皮尔金顿（Pilkington）产品：

- K 玻璃（硬涂层低辐射玻璃）：在制造过程中使用该涂层；这种玻璃可以很容易地钢化或层压，并且具有比 Optitherm SN 玻璃更高的被动式太阳能增益。
- Optherm SN（软涂层低辐射玻璃）：一种高质量的透明玻璃，玻璃制成后，在一个表面涂上特殊配制的"离线"超低发射率涂层，且可采用钢化和层压形式。

环保玻璃性能

示例：带有两块透明浮法玻璃和 16 mm 充氩空腔的双层中空玻璃。

	退火/钢化最大*单元尺寸（mm）	透光率（%）	光反射率（%）	太阳辐射透热率（%）	遮阳系数（%）	U 值**（W/m^2·k）
6 mm 浮法玻璃	3000 × 1600	79	14	72	0.82	2.6
6 mm 钢化玻璃	4500 × 2500					

双层玻璃装置的示例，配有 6 mm 的透明白玻（Pilkington Optifloat）透明内板、16 mm 空腔和一个太阳能控制玻璃外板。

太阳能控制玻璃（系列专有名称）	Optifloat 6 mm 青铜	3000 × 1600 4500 × 2500	44	8	48	0.56	2.6
	EclipseAdvantage 6 mm 透明	3000 × 1600 2000 × 4000	60	29	55	0.64	1.6
	Suncool Brilliant 6 mm 66/33	3000 × 1600 4200 × 2400	65	15	36	0.42	1.1
	Suncool High Performance 6 mm 70/40	3000 × 1600 4200 × 2400	70	10	43	0.50	1.1
	Activ Suncool 6 mm 70/40	3000 × 1600 4200 × 2400	49	14	39	0.45	1.3

双层玻璃装置的示例，内层玻璃的内侧（空腔）表面涂有 6 mm 的 Pilkington Optitherm SN 内层玻璃涂层，16 mm 充氩空腔 ***。

热绝缘	Pilkington Optifloat 6mm 透明	3000 × 1600 4200 × 2400	77	11	61	0.71	1.2
	Activ 6mm	2200 × 3600 2000 × 3600	72	17	58	0.67	1.2
	Eclipse Advantage 6 mm 透明	3000 × 1600 3100 × 2500	58	27	47	0.55	1.1

* 最大尺寸仅供参考，不是推荐的玻璃尺寸。第一行数值用于退火玻璃，第二行数值用于钢化玻璃。

** 充气型腔的 U 值约值。高出 15%。在腔宽有限的情况下，氪填充提供的 U 值比氩低，但不容易获得，而且更昂贵。热边间隔棒，而不是铝，也会降低 U 值。

*** "K 玻璃"内窗格玻璃的 U 值约值。高出 15%。

隔声

皮尔金顿 Optilam™ Phon 玻璃可在公路、铁路、空中交通和其他来源产生过多噪声的情况下进行声音控制。皮尔金顿 Optilam™ Phon 玻璃采用 PVB（聚乙烯醇缩丁醛）专用中间层，是一种高质量的吸声层叠玻璃，具有极佳的降噪效果。

皮尔金顿 Insulight™ Phon 玻璃包括皮尔金顿 Optilam™ 或皮尔金顿 Optiphon™ 玻璃，提供了更好的解决方案，增强了隔声效果。

防火

有一系列耐火玻璃类型，可提供更高的保护级别，按照欧洲标准规定的时间段 [30、60、90、120 和 180（分钟）] 和完整性和绝缘性（或仅完整性）进行测量。

需要注意的是，防火玻璃必须被指定为经过测试和批准的玻璃系统的一部分，并且应该由专业人员进行安装，以确保在需要时达到预期的防火性能。玻璃面积受《建筑规范》单元 B 的限制。

皮尔金顿 Pyrostop™ 玻璃。一种透明的多层防火玻璃，既能保持其完整性，又能隔绝火灾的所有热量传递。

保温 30—60 分钟，完整性 60 分钟，厚度 15—51 mm。

皮尔金顿 Pyrodur™ 玻璃。清晰完整的防火屏障——加上防热辐射。

保温时间不到 30 分钟，完整性 30—60 分钟，厚度 10—13 mm。

皮尔金顿 Pyrodur™ Plus 玻璃。具有明确的完整性，只有防火玻璃与一个狭窄和抗冲击的理想防火门和分隔。

保温时间小于 30 分钟，完整性为 30—60 分钟，厚度为 7 mm。

皮尔金顿 Pyroshield™ 玻璃。在匹配的玻璃系统中完整性可超过 60 分钟。

丝网玻璃，透明或有纹理。30—60 分钟的完整性，6—7 mm 厚。

安全和安保

从安全到防火，安全玻璃可以在很多方面保护建筑中的居住者，同时还可以进行大胆而有吸引力的设计。此处概述可用于防护的主要玻璃类别。

安全玻璃

《建筑规范》条款 K5 涉及关键位置的玻璃。在这些地方，玻璃应该（1）安全地破裂；（2）在不破裂的情况下抵抗冲击，或者（3）被遮挡或永久保护不受冲击。

被视为安全破裂的玻璃必须符合 BS 6262:2005 的要求。可能需要将这些特征及应用融入玻璃中，以满足《建筑规范》中 K 单元的要求。钢化玻璃和夹层玻璃可以满足这些要求。

钢化玻璃

钢化玻璃是经过加热和快速冷却的普通退火玻璃（见皮尔金顿手册）。这会在表面产生高压缩力，并补偿芯部的张力。它的强度是退火玻璃的 4—5 倍，并且非常耐热冲击。当它破裂时，它会破碎成相对无害的碎片。钢化后不能对其进行切割，钻孔或边缘加工。任何此类工作都必须在钢化之前完成。钢化的"应变"模式，即在明亮的阳光下可以观察到的相距约 275 mm 的水平条带。可用于装饰或遮蔽设计。

厚度：　　　4—19 mm

最大尺寸：2550×1550（mm）; 2000×4000（mm）（根据玻璃类型而变化）

最小尺寸：300×500（mm）

夹层玻璃

夹层玻璃是由两块或两块以上不同的玻璃，加上层间的聚乙烯醇缩丁醛，粘结而成。正常厚度为 3 层，即两块玻璃加一层夹层。在受到冲击时，玻璃会粘附在夹层上。

与钢化玻璃不同，它可以在制造后进行切割、钻孔和边缘加工。在制造过程中还可以进行丝网印刷设计。

皮尔金顿 Optilam™（减反射夹胶玻璃）是通过将两块或更多块玻璃与 PVB 中间层结合在一起而制成的，正是这种层压技术使其能够提供冲击保护且更安全。通过改变玻璃的层数和厚度，它可以带来广泛的益处，并可以用于多种应用。

玻璃分为安全和安保两类。安全是指需要防止意外损坏，安保是为了防止故意损坏。出于安全原因使用的玻璃类型可以进一步细分，用于防止以下几种威胁：

- 人为攻击；
- 弹道攻击；
- 防爆。

防人为攻击的玻璃具有较厚的夹层，其设计符合 BS EN 356:1999 "建筑玻璃—安全玻璃—防人为攻击的测试和分类"。

防弹玻璃的厚度在 20 mm 以上。这种设计用来对付从 9 mm 的自动步枪到 5.56 mm 的军用步枪，或固体子弹中猎枪的特定子弹。它们还可以针对炸弹爆炸作出保护。

厚度：　　　4.5—45 mm

最大尺寸：3200×2000（mm），取决于所用的玻璃。玻璃梁、柱子和栏杆可以由层压板制成。

结构玻璃

结构玻璃可以为任何平面上没有框架的建筑创建一个完整的玻璃外壳。

位于内部或外部的支撑结构，可以使用玻璃竖梃、传统的钢结构或皮尔金顿 Planar™ 玻璃张力结构设计，视情况而定，尽可能做到精细微妙。

皮尔金顿 Profilit™ 玻璃是一种 U 形的碱性铸造玻璃。层压玻璃及其安装系统提供了许多有趣而多样的建筑设计方案。主要应用于外墙玻璃，适用于大型玻璃幕墙。

自清洁玻璃

一层利用自然力来帮助玻璃远离有机污垢的涂层，不仅减少了玻璃的清洁次数，而且使窗户更清晰、更美观。涂层的性能依据朝向和坡度的不同而变化。它可以与隔热玻璃相结合。

装饰性

有各种各样的玻璃可供选择：带图案的、缎光的、反光的、蚀刻的、丝网印刷的、有色的、染色的和手工制作的玻璃。

资料来源：英国皮尔金顿有限公司

玻璃砖

玻璃砖现在不再是英国制造，而是从德国和意大利进口。公制和英制尺寸都有，英制不仅用于新建工程，也用于翻新工程及美国市场。

公制尺寸：　$115 \times 115 \times 80$（mm）；$190 \times 190 \times 80$（或 100）（mm）；
　　　　　　$240 \times 240 \times 80$（mm）；$240 \times 115 \times 80$（mm）；
　　　　　　$300 \times 300 \times 100$（mm）。

英制尺寸：　$6" \times 6" \times 3\frac{1}{8}"$（　或 4"）；$8" \times 8" \times 3\frac{1}{8}"$（　或 4"）；
　　　　　　$8" \times 4" \times 3\frac{1}{8}"$（或 4"）；$8" \times 6" \times 3\frac{1}{8}"$

颜色：　　　标准为透明色；还有：青铜色、蓝色、钴色、蓝色、绿松石色、粉色、绿色、灰色。

图案：　　　波浪、方格、肋条、喷砂、佛兰芒、磨砂、气泡等。

特种砖：　　固定百叶通风口（190 mm^2）、转角砖、防弹砖、单边斜接的端部砖（用于独立面板的无框边缘）。

半径：　　　用于曲面墙的砖的宽度及相应的曲面墙最小内径：
　　　　　　$115 \text{ mm}=650 \text{ mm}$；$6"$（$146 \text{ mm}$）$=1200 \text{ mm}$；
　　　　　　$190 \text{ mm}=1800 \text{ mm}$；$240 \text{ mm}=3700 \text{ mm}$

重量：　　　80 mm 厚 $=100 \text{ kg/m}^2$；100 mm 厚 $=125 \text{ kg/m}^2$

U 值：　　　80 mm 厚 $=2.9 \text{ W/m}^2 \cdot \text{K}$；100 mm 厚 $=2.5 \text{ W/m}^2 \cdot \text{K}$

透光性：　　透明砖 $=80\%$；青铜砖 $=$ 约 60%

防火等级：　0 级——同时具有半小时和一小时防火等级，及完整性和隔热性能的固定系统。

隔声：　　　48—52dB，视频率而定。

构造：　　　玻璃砖是自承式的，但不能承重。
　　　　　　砂浆接缝面板在任何方向都不应超过长 5 m × 高 3.5 m（耐火板为 3 m），也不应大于 17.5 m^2。

安装：　　　玻璃砖通常是现场固定的，但也可以预制成面板。

正常接缝为 10 mm，为满足尺寸要求可以更宽。

砖块铺设在湿砂浆中，砂浆中水平或垂直放置直径为 6 或 8（mm）的 SS 预应力钢筋，通常每隔一块砖放置。再依次向上。

砖墙周边用有机硅胶密封。

膨胀型胶泥适用于耐火板的内外周边接缝。

此外，还有一个"Quiktech"干固体系，使用塑料型材将砖块隔开并居中，再使用特殊胶粘剂将它们粘合在一起；对 5 mm 的接缝进行灌浆，周边接缝用硅胶密封填充。

路面照明：　100 × 100（mm）见方，最大可达 198 × 198（mm），直径为 117 mm。可单独供应，也可设置在混凝土肋中，以供行人或车辆通行。

颜色：　　　透明、喷砂、蓝色、琥珀色。

资料来源：Luxstrate Ltd www.Luxcrete.co.uk
　　　　　www.glassblock s.co.uk

木材

木材的可持续性

全世界的森林正受到非法砍伐、农业扩张和管理不善的威胁。然而，木材可能是最节能的材料。一棵树在人类一生的时间里成长为成熟树材，而石油、化石燃料和矿物的储备需要数千年的时间才能生产出来，因此不是可再生资源。树木的生长稳定了碳的含量，事实上减少了大气中的二氧化碳。这一优势只有在管理良好的森林中才能体现出来，那里的树木会被取代。木材耗能（按重量计）是钢的 7 倍，铝的 29 倍，因为它的制造过程不需要热量，而且与采矿相比，取材相对便宜。那么建筑师如何从供应商那里获得木材是否来自可再生资源的信息？

森林管理委员会（FSC）成立于 1993 年，是一个国际性的非营利和非政府组织。它是一个由来自世界各地的环境和社会团体、木材贸易组织和林业专业人士组成的协会。其目标是为森林产品提供独立的认证机构，并向消费者提供有关这些材料的可靠信息。

它对世界各地的木材进行评估、认证和监测，无论是热带、温带还是寒冷北方的木材。认证是对森林进行检查的过程，以检查它们是否按照一套商定的原则和标准进行管理。这些措施包括承认土著人民的权利、长期经济可行性、保护生物多样性、保护古老的天然林地、负责任的管理和定期监测。来自 FSC 认可的森林的木材将受到"监管链证书"的保护。

要了解他们的供应商名单、认证的木材和木制品，请咨询 FSC。

欧盟议会条例第 995/2010 号：

欧盟木材条例（EUTR）对从事木材和木材相关产品贸易的企业规定了义务。它适用于原产于国内（欧盟）市场的木材，也适用于来自第三国（非欧盟）的木材。已经建立了尽职调查制度，以最大限度地降低投放欧盟市场的产品含有非法采伐木材的可能性。它们提供有关木材产品供应的信息。

"尽职调查"概念的核心是经营者进行风险管理，以最大限度地降低将非法采伐的木材或含有非法采伐木材的木材产品投放到欧盟市场的风险。

"尽职调查系统"的三个主要元素是：

- 信息：经营者必须能够描述木材和木材产品、采伐国、品种、数量、供应商详细信息以及遵守国家法律的信息；
- 风险评估：经营者应根据上述信息并考虑法规规定的标准，评估其供应链中非法木材的风险；
- 风险缓解：当评估显示供应链中存在非法木材风险时，可以通过要求供应商提供更多信息和核实来降低风险。

资料来源：森林管理委员会，地球之友，永恒森林

木材命名法

"软木"和"硬木"是植物学术语，不一定反映物种的密度。软木是北方气候的针叶树（球果），除了沥青松和红豆杉（670 kg/m³）外，都相对柔软。硬木是落叶乔木，密度变化很大，密度从热带美洲轻木（110 kg/m³）到侧柏（1250 kg/m³），差异很大。

湿度

新砍伐树木的含水率可达 60% 或更高。风干将使水分含量降低至 18% 左右。进一步通过窑炉干燥可使水分降至 6%。

BS EN 942：2007 木材的建议平均含水量：

外部细木工：	16%
内部细木工：间歇供暖的建筑物	15%
提供 12—16℃持续供暖的建筑物	12%
提供 24—24℃持续供暖的建筑物	10%

耐久性

耐久性与真菌腐烂有关。它分五个耐久等级（耐久年限见下方详述），并在第 303—304 页和第 305—308 页的表格中有编号。所有树种的边材都是不耐用的，不应在未经防腐处理的情况下使用。

1 = 非常耐用　　超过 25 年

2 = 耐用　　　　15—25 年

3 = 中等耐用　　10—15 年

4 = 轻微耐用　　5—10 年

5 = 不耐用　　　5 年以下

BS EN 350 标准

细木工用木材等级

这些是有效的外观等级，不涉及耐久性和可加工性、稳定性或表面吸水性。这四个等级描述了木材的质量和加工后（供应给第一个购买者时）的水分含量。其中描述了是否存在节疤、裂缝、树脂袋、边材、缺材、纹理平直度、外露木髓、腐烂、长木材中的裂缝、节疤中的填充物。

CSH 级：无疵软木和硬木，即没有节疤或其他表面缺陷的木材。除了精选的道格拉斯冷杉、铁杉、巴拉那松和西部红柏外，很难在软木中获得无疵木材。

一级：适用于软木和硬木构件，特别是小型线脚，如玻璃檩条和
　　　木珠子。也适用于细木制品，可获得清晰的表面效果。

二级：适用于一般用途的软木、细木工、层压材。通常用于窗扇。

三级：与第二级相同，但在结的大小和间距上有更大的自由度。

BS 1186-3 饰面板用木材等级

室外木饰面板共有三个等级，主要根据节疤的尺寸和频率：

- 一级：适用于"高品质"建筑。使用 100—150 mm 宽的饰面板，
　　　　节结限制在 22.5 mm。大多数硬木都有这种品质，但软木
　　　　仅限于进口的道格拉斯冷杉和西部红柏。

- 二级：最常用的非饰面木材面板类别。节结限制为 35 mm。

- 三级：通常是传统的涂漆面板。节结被限制在 50 mm 或不超过
　　　　木板宽度的 35%。

这个等级也有 CSH 级，由于该级木材实际上禁止出现节疤，因此该级别主要与小型装饰线脚相关。

木材尺寸

软木和硬木常用尺寸如后页和第 308 页的表格所示。

欧洲软木的供应长度通常为 1.8 m，以 300 mm 为增量，直至约 5.7 m。

北美软木的供应长度通常为 1.8 m，最长为 7.2 m，以 600 mm 为增量。其他长度可特殊订制，最长可达 12 m。

以原木形式进口的硬木可以切割成指定的尺寸，有 19、25、32、38、50、63 或 75（mm）厚可供选择；宽度在 150 mm 以上，长度从 1.8 m 到典型的 4.5 m，有时为 6 m。

软木——标准切锯尺寸（mm）

厚度	25	38	50	75	100	125	150	175	200	225	250	300
12	●		●	●	●		●					
16	●	●	●	*	*	*	*					
19	●	●	●	*	*	*	*					
22			●	*	*	*	*	*	*	*	*	*
25	●	●	●	*	*	*	*	*	*	*	*	*
32				*	*	*	*	*	*	*	*	*
36				●	*	*	*	*	*	*		
38			●	*	*	*	*	*	*	*	*	*
44				*	*	*	*	*	*	*	*	*
47				*		*	*	*	*	*	*	*
50			●	*	*	*	*	*	*	*	*	*
63				*	*	*	*	*	*	*		
75				●	*	*	*	*	*	*		
100					*		*		*		*	
150							*		*			*
200									*			
250											*	
300												*

该尺寸来源于欧洲

该尺寸来源于北美

● 可从存量中直接获取，或从较大的标准尺寸中锯出该尺寸；

* BS EN 1313–1:2010 标准中规定的尺寸。

设计的锯切尺寸及减扣量

结构木材　100 mm 以下，减扣 3 mm；100 mm 以上，减扣 5 mm

细木工和橱柜制品　35 mm 以下，减扣 7 mm；35 mm 以上，

减扣 9 mm

150 mm 以下，减扣 11 mm；150 mm 以上，

减扣 13 mm

软木

种类	原产地	外观	密度（kg/m³）	耐久等级	饰面	用途（备注）
黎巴嫩雪松 * 学名：Cedrus Libani	欧洲 英国	浅棕色	580	2	✔	花园家具、抽屉（芳香味）
花旗松 学名： Pseudotsuga menziesii	北美洲 英国	浅的、红棕色	530	3	✔	胶合板、结构（超长）、细木工制品、桶
西部铁杉 学名：suga heterophylla	北美洲	浅棕色	500	4		结构（大型）细木工制品（统一颜色）
欧洲落叶松 学名：Larix decidua	欧洲	苍白、微红	590	3	✔	船外板、坑木、电线杆
日本落叶松 学名：Larix kaempferi	亚洲	红棕色	560	3		木桩、结构
巴西杉 学名： Araucaria angustifolia	南美洲	金黄色和红色条纹	550	4	✔	室内细木工、胶合板（可能会扭曲）
科西嘉松树 学名：Pinus nigra maritima	欧洲	亮黄褐色	510	4		细木工、结构
海松 学名 Pinus pinaster	欧洲	浅棕色至黄色	510	3		托盘、包装

种类	原产地	外观	密度（kg/m³）	耐久等级	饰面	用途（备注）
北美脂松 学名：Pinus palustris	美国南部	黄棕色至红棕色	670	3		重型结构、细木工
辐射松 学名：Pinus radiata	南非澳大利亚	从黄色到浅棕色	480	4		包装、家具
苏格兰松 学名：Pinus sylvestris	英国	浅黄褐色至红棕色	510	4		结构、细木工
黄松 学名：Pinus strobus	北美	浅黄色到浅棕色	420	4		制模、门、绘图板
加拿大云杉 学名：Picea spp	加拿大	白色至浅黄色	450	4		结构、细木工
西卡云杉 学名：Picea sitchensis	英国	粉褐色	450	4		托盘、包装
西部白云杉 学名：Picea glauca	北美	白色至浅黄褐色	450	4		结构（大尺寸）、细木工
西部红杉 学名：Thuja plicata	北美	红褐色	390	2	✔	外包层、木瓦、温室、蜂房
欧洲白木树 学名：Picea abies and Abies alba	欧洲、斯堪的纳维亚、俄罗斯	白色至浅黄褐色	470	4	✔	室内细木工、结构、地板
紫衫 学名：Taxus baccata	欧洲	橙褐色至紫褐色	670	2	✔	家具、橱柜、车床细工（颜色范围良好）

* 限量供应。

资料来源：Trada 技术有限公司

硬木

种类	原产地	外观	密度（kg/m³）	耐久等级	饰面	用途（备注）
非洲红豆树 学名： Pericopsis elata	西非	浅棕色、颜色多变	710	1	✔	细木工、家具、包层
非洲阿勃木 学名： Gossweilero dendron balsamiferum	西非	黄褐色	510	2	✔	细木工、饰边条、面板（可能会分泌橡胶）
欧洲白蜡树 学名： Fraximus exelsior	英国、欧洲	淡白至浅棕色	710	5	✔	室内细木工（可能弯曲）、体育用品
热带美洲轻木 * 学名： Ochroma pyramidale	南美	粉白色	160	5		保温板、浮力板、建筑模型
欧洲桦 学名：Fagus sylvatica	英国、欧洲	浅粉褐色	720	5	✔	家具（易弯曲）、地板、胶合板
欧洲白桦 * 学名：Betula pubescens	欧洲、斯堪的纳维亚	白色到浅棕色	670	5	✔	胶合板、家具、车床细工（易弯曲）
欧洲樱桃树 学名：Prunus avium	欧洲	粉棕色	630	3	✔	橱柜、构造（可能发生卷翘）、家具
甜栗木 学名： Castanea sativa	欧洲	蜂蜜棕色	560	2	✔	细木工、栅栏（直纹的）

续表

种类	原产地	外观	密度 （kg/m³）	耐久 等级	饰面	用途 （备注）
黑檀木 * 学名： Diospyros spp	西非、 印度	带灰色条 纹的黑色	1110	1	✔	装饰工件，镶 嵌，车床细工 （仅小尺寸）
欧洲榆 学名：Ulmus spp	欧洲、 英国	红褐色	560	4	✔	家具、棺材、船 （抗开裂）
加蓬木 * 学名： Aucoumea klaineana	西非	粉棕色	430	4	✔	胶合板、木芯板
绿心樟 学名：Ocotea rodiaei	圭亚那	橄榄黄绿 到棕色	1040	1		重型海洋建筑、 桥梁等（超大尺 寸）
山核桃木 * 学名：Carya spp	北美	棕色至红 棕色	830	4		工具手柄、梯子 横档、体育用品 （弯曲良好）
绿柄桑木 学名： Chlorophora excelsa	西非	黄棕色	660	1	✔	细木工、操作 台、结构
克隆木 学名： Dipterocarpus spp	东南亚	粉棕色至 深棕色	740	3		重型和一般结 构、铺面、车辆 地板
愈创木 * 学名： Guaicum spp	中美洲	深绿色棕色	1250	1		灌木、轴承、体 育用品（仅限小 尺寸）
欧洲椴木 * 学名：Tilia spp	英国 欧洲	黄白色至 浅棕	560	5		雕刻、车工、木 桶、木塞（质地 细腻）
非洲桃花 心木 学名：Khaya spp	西非	红褐色	530	3	✔	家具、橱柜、细 木工

续表

种类	原产地	外观	密度 （kg/m³）	耐久 等级	饰面	用途 （备注）
美国桃花 心木 学名： Swietenia macrophylla	巴西	红褐色	560	2	✔	家具、橱柜、船 只、细木工（坚 固、易加工）
石枫 学名：Acer saccharum	南美洲	乳白色	740	4	✔	地板、家具、车 工工艺（耐磨）
深红柳桉 学名：Shorea spp	中南亚	中度到深 度红棕色	710	3	✔	细木工、胶合板 （均匀纹理）
美洲红橡树 学名：Quercus spp	南美洲	黄棕色带 着红色	790	4	✔	家具、室内细木 工（弯曲良好）
欧洲橡树 学名：Quercus robur	英国 欧洲	黄色至暖 棕色	690	2	✔	结构、细木工、 地板、桶、栅栏 （弯曲良好）
伞白桐 学名： Triplochiton scleroxylon	西非	白色至浅 黄色	390	4	✔	室内细木工、家 具、胶合板（非 常稳定）
欧洲悬铃木 * 学名： Platanus hybrida	欧洲	斑点红棕 色	640	5	✔	装饰品、车工、 镶嵌
棱柱木 学名： Gonystylus spp	东南亚	白色至浅 黄色	670	4	✔	线脚、家具、百 叶门（易加工）
黄檀木 * 学名： Dalbergia spp	南 美洲、 印度	紫褐色带 黑色条纹	870	1	✔	室内细木工、橱 柜、车床、贴面
红影木 学名： Entandophragma cylindricum	西非	红棕色带 条纹图案	640	3	✔	室内细木工，门 贴面、地板

种类	原产地	外观	密度 （kg/m³）	耐久 等级	饰面	用途 （备注）
槭树 * 学名：Acer pseudoplatanus	欧洲 英国	白色至乳 黄色	630	5	✔	家具、嵌板、橱 柜（不易污染）
柚木 学名：Tectona grandis	缅甸 泰国	金棕色	660	1	✔	家具、细木制 品、船（耐腐蚀 和防白蚁）
非洲楝木 学名： Entandophragma utile	西非	红褐色	660	2	✔	细木工、家具、 橱柜
非洲核桃树 * 学名：Juglans regia	欧洲 英国	灰棕色带 暗纹	670	3	✔	家具、车床、枪 托（装饰性）

* 限量供应。

硬木——标准切锯尺寸（mm）

厚度	50	63	75	100	125	150	175	200	225	250	300
19			*	*	*	*	*				
25	*	*	*	*	*	*	*	*	*	*	*
32			*	*	*	*	*	*	*	*	*
38			*	*	*	*	*	*	*	*	*
50				*	*	*	*	*	*	*	*
63						*	*	*	*	*	*
75						*	*	*	*	*	*
100						*	*	*	*	*	*

* BS EN 1313 – 2:1999 中规定的尺寸。

设计的锯切尺寸及减扣量

结构木材	100 mm 以下，减扣 3 mm； 101—150 mm，减扣 5 mm； 151—300 mm，减扣 6 mm
地板、配件	25 mm 以下，减扣 5 mm； 26—50 mm，减扣 6 mm； 51—300 mm，减扣 7 mm
木饰条	25 mm 以下，减扣 6 mm； 26—50 mm，减扣 7 mm； 51—100 mm，减扣 8 mm； 101—105 mm，减扣 9 mm 151—300 mm，减扣 10 mm
细木工和橱柜工作	25 mm 以下，减扣 7 mm； 26—50 mm，减扣 9 mm； 51—100 mm，减扣 10 mm； 101—150 mm，减扣 12 mm； 151—300 mm，减扣 14 mm。

软木线条

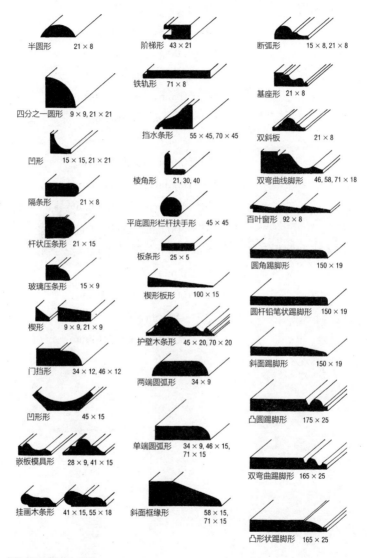

半圆形 21 × 8	阶梯形 43 × 21	断弧形 15 × 8, 21 × 8
四分之一圆形 9 × 9, 21 × 21	铁轨形 71 × 8	基座形 21 × 8
凹形 15 × 15, 21 × 21	挡水条形 55 × 45, 70 × 45	双斜板 21 × 8
隔条形 21 × 8	棱角形 21, 30, 40	双弯曲线脚形 46, 58, 71 × 18
杆状压条形 21 × 15	平底圆形栏杆扶手形 45 × 45	百叶窗形 92 × 8
玻璃压条形 15 × 9	板条形 25 × 5	圆角踢脚形 150 × 19
楔形 9 × 9, 21 × 9	楔形板形 100 × 15	圆杆铅笔状踢脚形 150 × 19
门挡形 34 × 12, 46 × 12	护壁木条形 45 × 20, 70 × 20	斜面踢脚形 150 × 19
凹形形 45 × 15	两端圆弧形 34 × 9	凸圆踢脚形 175 × 25
嵌板模具形 28 × 9, 41 × 15	单端圆弧形 34 × 9, 46 × 15, 71 × 15	双弯曲踢脚形 165 × 25
挂画木条形 41 × 15, 55 × 18	斜面框缘形 58 × 15, 71 × 15	凸形状踢脚形 165 × 25

有些截面有尺寸范围。
给出的尺寸是最常用的尺寸。

硬木线条

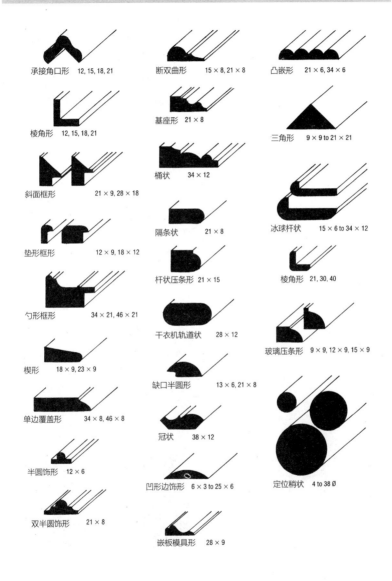

承接角口形　12, 15, 18, 21

棱角形　12, 15, 18, 21

斜面框形　21 × 9, 28 × 18

垫形框形　12 × 9, 18 × 12

勺形框形　34 × 21, 46 × 21

楔形　18 × 9, 23 × 9

单边覆盖形　34 × 8, 46 × 8

半圆饰形　12 × 6

双半圆饰形　21 × 8

断双曲形　15 × 8, 21 × 8

基座形　21 × 8

桶状　34 × 12

隔条状　21 × 8

杆状压条形　21 × 15

干衣机轨道状　28 × 12

缺口半圆形　13 × 6, 21 × 8

冠状　38 × 12

凹形边饰形　6 × 3 to 25 × 6

嵌板模具形　28 × 9

凸嵌形　21 × 6, 34 × 6

三角形　9 × 9 to 21 × 21

冰球杆状　15 × 6 to 34 × 12

棱角形　21, 30, 40

玻璃压条形　9 × 9, 12 × 9, 15 × 9

定位稍状　4 to 38 Ø

薄木片

1/4 切割的面板是在原木中与年轮成直角切割而成。夏 / 冬生长带来的颜色变化产生了直纹效应。这被认为是面板的优势，如沙比利木。

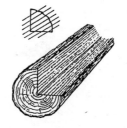 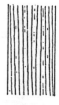

冠状切割（或平切）面板是贯穿原木切片而成，这样的面板纹路不太直，有更多的图形，通常也更具装饰性。

旋转切片是在车床上安装一根圆木，再将其对着固定的刀片旋转而成。这种切割随着环形年轮旋转，会在切面形成各式斑点。旋切面板非常宽。

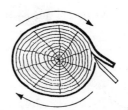

树瘤面板是由某些特定树种（主要是胡桃树）的肿大树干制成。纹理非常不规则，有紧密聚集在一起的小结节。这种面板的切片通常被连接在一起形成较大的片材。

资料来源：詹姆斯·莱瑟姆公司

结构保温板（SIP）

结构保温板（SIP）是由两层结构和一层保温材料组成的夹层结构。典型的 144 mm 厚结构保温板由两层定向刨花板（OSB），加 122 mm 厚优质碳处理膨胀聚苯乙烯（EPS）构成。

应力贴皮面板的本质使其格外坚固，同时主要由保温材料组成，这意味着与其他形式的建筑相比，可以在更薄的壁厚下实现更高的保温水平。由于不需要空腔或保温填充材料，结构保温板可以提供一种非常快速的方式来建造非常有效的墙，其 U 值低至 0.14（即被动式节能建筑标准）。结构保温板可用作外墙的内表面（替代木框架或木块），也可用作预隔热屋面结构。它们适用于新建和扩建建筑，也是理想的结构填充板材（如钢结构或木框架中）。

结构保温板可以与任何外部面层一起使用，无论是砖、抹灰、挡风板还是金属盖板。同样，它也可被石板、瓦片或金属屋面覆盖。在室内，可以简单地用石膏板和表面涂层饰面（如果需要，可以提供空腔），这意味着，湿作业被减到最低限度，进一步加快了施工时间。

结构保温板有着悠久的历史，最早于 20 世纪 30 年代在美国开发，自 20 世纪 80 年代开始在英国使用。有着良好的测试记录，大多数制造商都是结构木材协会（STA）成员。英国建筑研究所（BRE）已经就结构保温板撰写了一份资料（IP 13/04），代表政府和保险公司对结构保温板进行了测试。

资料来源：Sips Eco Panels www.sipsecopanels.co.uk

胶合木梁

胶合木梁是钢材或混凝土更接近自然的替代品。

到 20 世纪初，德国结构设计工程师奥托·海泽提出了一项专利，被称为"建筑用木材抗弯结构构件"，后来被称为胶合木。

胶合木是由精确刨平的木材在压力和热量下胶合在一起制成的。所得产品坚固、稳定、耐腐蚀，与结构钢和混凝土相比，具有显著优势。

胶合木是由斯堪的纳维亚可持续森林中的木材制成。所用树木通常是云杉，有时也可是红杉或西伯利亚落叶松。胶合木的制造、分配和处理都比其他结构建筑材料消耗更少的能量。胶合木是一种经久耐用的材料，易于使用。

用途广泛——胶合木几乎可以用于任何类型的结构。

质量轻——轻质胶合木的重量是同等钢筋混凝土梁的六分之一（钢材的三分之二）。胶合木的重量较轻，可以节省运输、地基和上部结构的费用。

易于安装——材料易于处理、操作和安装。

规格多样——可满足您的特定需求，尺寸标准。

与钢相比的耐火性——是重要的安全因素。

耐久性——胶合木经标准涂层或防腐剂处理后经久耐用。特殊的压力浸渍防腐剂还可提供额外的耐久性。

外观——胶合木具有自然且引人的外观。

认证的英国标准——4169:1988 和 BS EN 386:1995《胶合层压木材结构构件规范》

节能——木材是一种具有天然吸引力的可再生资源，胶合木只需消耗生产同等钢梁十分之一的能量。

资料来源: 胶合木有限公司，www.glulambeams.co.uk

腐木真菌

干腐菌——泪浆虫（Serpula lacrimans）

这是最有害的真菌。主要攻击软木，通常发生在嵌入潮湿砖石中的木材上。它需要含水率只有 20% 的木材，在黑暗、潮湿的环境中茁壮成长，因此很少在外部看到。它能穿透砖块和灰浆，因此可以将湿气从潮湿的地方输送到新的木制品上。

果实：坚韧、肉质的平托。黄色赭色变为锈红色，边缘为白色或灰色。

菌丝（真菌根）：丝般白色薄片，类似棉絮的垫子，或呈现出黄色和淡紫色的毡灰色肤。菌丝有时厚 6 mm，干燥时变脆。

危害：使木材变黑，出现大型立方形裂纹和深裂缝。

木材重量轻，易碎。没有坚固的木皮。

木头可能会翘曲，会散发出独特的霉味和蘑菇味。

湿腐菌

它们只能生长在含水率为 40%—50% 的木材上，而且往往不会扩散到潮湿的源头之外。

木腐菌（粉孢革菌）[Coniophora puteana（cellar fungus）]

一种发生在软木和硬木中的褐腐病。木制品最常见的腐烂原因是漏水。

果实：在建筑物中很少见。浅绿色橄榄棕色盘子。小疙瘩上有孢子。

菌丝：仅在高湿度条件下存在。细丝状，淡黄色渐变成深棕色或黑色。

危害：深色木材，小型立方形裂纹，通常在实木面板下方。

纤维孔菌（矿菌）[Fibroporia vaillantii（mine fungus）]

一种侵蚀软木的褐腐病，特别是在高温地区。

果实：不规则、白色、奶油色到黄色块状薄片，有许多小孔。

菌丝：白色或奶油色的蕨类植物。

危害：类似于立方块的干腐病，但木材颜色较浅，裂缝较浅。

相邻针层孔菌（Phellinus contiguus）

一种侵蚀软木和硬木的白腐病，经常出现在外部细木工制品上。

果实：偶尔才能发现。坚韧，可拉长，赭色到深棕色，布满微小毛孔。

菌丝：在缝隙中可能会发现黄褐色的簇毛。

危害：木材漂白并发展成多丝的纤维状外观。不会碎裂。

Donkioporia expansa（暂无中文名称——译者注）

一种白腐病，侵袭硬木，尤指橡树，并可能蔓延到邻近的软木上。常见于梁端，埋在潮湿的墙壁上，与死亡观察甲虫有关。

果实：厚硬，暗褐色或饼干色平托。毛孔通常有好几层。

菌丝：白色，饼干毡状生物，通常在木材中成形。会渗出黄褐色液体。

危害：木材会变白，并降低到与白色皮棉一致，后者会压碎但不会碎裂。

Asterostroma（暂无中文名称——译者注）

一种白腐病，通常见于软木细木工制品，如踢脚板。

果实：薄，片状，无毛孔，类似菌丝体。

菌丝：白色、奶油色或浅黄色的薄片，可以远距离穿越砖石。

危害：木材被漂白，变得黏稠并呈纤维状。

无成块开裂，不碎成细屑。

治理

遭受真菌或木蛀虫损害的木材只应在必要时进行处理。通常是陈旧的损伤，如已经被破坏的边材，但剩下的心材足以保证结构的稳定性。

许多缺陷可以通过消除湿气来源和改善通风来解决。使用不合理的治疗违反了有害健康物质控制（COSHH）法规，是不可接受的。

应用这种治疗的个人或公司可能会被起诉。

但是，当化学处理别无选择时，应采取下列行动：

- 鉴别真菌。迅速干燥任何湿气源并改善通风；
- 移走所有受影响的木材（距离可见的干燥腐烂迹象约 400 mm），最好就地焚烧；

- 搬运时避免散布孢子；
- 用批准的杀菌剂处理所有剩余的木材。换成经过预处理的木材。

木蛀虫

木蛀虫不依赖于潮湿的环境，尽管某些种类更喜欢被真菌腐蚀的木材。

木蛀虫的生命经历卵、幼虫、蛹和成虫。攻击的第一个迹象是成虫在交配时形成的出口孔，通常在繁殖后死亡。

下列昆虫都会造成严重的损害，而红毛蛀虫和长角甲虫会造成结构性损害。其他甲虫只以被真菌腐烂的潮湿木材为食，由于它们不能攻击完好的干燥木材，因此控制木材腐烂的补救措施可以限制进一步的侵扰。

一般家具窃蠹（窃蠹幼虫，Anobium punctatum）

它既可攻击软木和欧洲硬木，也可攻击用天然胶水制成的胶合板。它是分布最广的甲虫，只有在木材腐烂的情况下才会影响边材。常见于较旧的家具、结构木材、楼梯、橱柜和受潮湿影响的区域。

窃蠹长 2—6 mm，出口孔 1—2 mm，成虫羽化 5—9 月。

蛀木象鼻虫（胡氏五节象，Pentarthrum hut—ni/Euophryum confine）

在潮湿的环境下，它能侵蚀硬木和柔木，通常是在通风不良的地窖和与潮湿地板和墙壁接触的木材中。

甲虫长 3—5 mm，出口孔 1.0 mm，有表面通道，成虫随时羽化。

粉蠹虫（褐粉蠹，Lyctus brunneus）

它能袭击热带和欧洲的硬木，没有在软木中发现过。单板、胶合板和细木工板都容易受它影响。

甲虫长 4—7 mm，出口孔 1—2 mm。

红毛窃蠹（Xestobium Rufovillosum）

它能侵袭部分腐烂的硬木边材和心材，偶尔也侵袭相邻的软木。常见于橡木和榆木结构的古老教堂。常见于易受潮的区域，如墙板、托梁端部、门楣和砌体中内置的木材。

甲虫长 6—8 mm，出口孔 3 mm，成虫羽化 3—6 月。

天牛（Hylotrupes Bajulus）

它攻击软木，尤其是屋顶中的木材。可能在早期被忽略，因为出口孔很少。在大面积感染，热天里可以听到刮擦噪声。仅在萨里郡和伦敦西南部流行。如果暴发，应向英国建筑研究院（BRE）木材与防护部门报告。

甲虫长 10—20 mm，出口孔为 6—10 mm 椭圆形，成虫羽化 7—9 月。

白蚁

白蚁生存于南欧，随着全球气温的上升，预计在英国南部会更频繁地发现这种害虫。1998 年在德文郡北部发现了一次轻微的感染，并在接下来的十年里进行了治疗和监测，显示会持续复发。对木结构的破坏可能非常严重，甚至会导致倒塌。

治理

木材上下的新出口孔和钻屑是活跃侵染的迹象，尽管振动可能会清除旧的钻孔灰尘，但可能不需要化学处理。参见第 316 页的"治理"一节。

鉴别害虫，并用适当的杀虫喷雾、乳剂或糊剂处理木材，以在成虫和幼虫发育成蛹之前，摧毁木材表面的成虫和未孵化的卵。溶剂型产品能非常有效地渗入木材，但也存在与之相关的健康和安全问题。一些水基产品声称同样有效，但更环保；其中，硼基产品对环境的毒性可能是最小的。

如果与真菌腐烂有关，应与木腐病一样处理，并使用双重补救措施（即防腐和防虫）。如果木材中存在木蛀虫，且木材干燥并预计会保持这种状态，请勿使用两用产品。

资料来源：《识别建筑物中的木材腐烂和虫害》
（Recognising Wood Rot and Insect Damage in Building）

蛀木甲虫

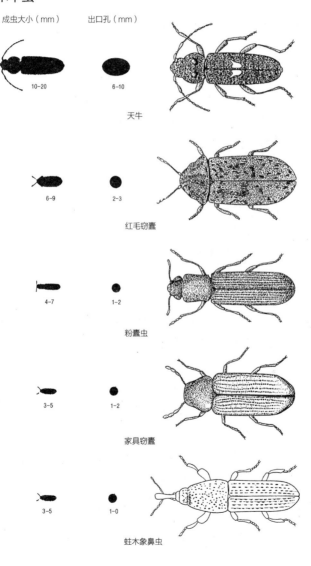

成虫大小（mm）　　出口孔（mm）

10-20　　　　　6-10

天牛

6-9　　　　　2-3

红毛窃蠹

4-7　　　　　1-2

粉蠹虫

3-5　　　　　1-2

家具窃蠹

3-5　　　　　1-0

蛀木象鼻虫

建筑板材

刨花板

刨花板由各种木片用树脂胶粘剂粘合而成。

刨花板没有完全防潮的，因此不应该在室外使用。

BS EN 312：2010 中标识的七种类型：

P1：一般用途的板材，适用于干燥环境；

P2：室内装饰板（包括家具），适用于干燥环境；

P3：用于潮湿房间的非承重用途的板；

P4：承重板，适用于干燥环境；

P5：承重板，适用于潮湿环境；

P6：具有高承载能力的板，可以承重，适用于干燥环境；

P7：高承载能力的板，可以承重，适用于潮湿环境。

不同板型的相关要求和特性可以在 EN 312：2010 中找到。

板材可提供木质面板和三聚氰胺饰面板材；甲醛等级低。

厚度　　　12、15、18、22（mm）

板材尺寸　1220×2440（mm）、1220×2745（mm）、1220×3050（mm）
　　　　　18 和 22（mm）地板的尺寸是 $600 \times 1120/1829/2440$（mm）

木质面板和三聚氰胺贴面搁板。

厚度　　　15 mm

宽度　　　152（6"）、229（9"）、305（12"）、381（15"）、457（18"）、
　　　　　533（21"）、610（24"）、686（27"）、762（30"）、
　　　　　914（36"）（mm）

长度　　　1830（6"）、2440 或 2800（8"）（mm）

资料来源：诺博有限公司，三聚氰胺刨花板商店

细木工板

复合板材，在由 7—30 mm 宽的木块构成的板芯外贴一或两层饰

面板，也可使用装饰木材或层压板，厚度通常为 18（mm）。

　　厚度　　　　13、16、18、22、25、32、38 和 45（mm）

　　板材尺寸　　1220×2440（mm）；1525×3050/3660（mm）；

　　　　　　　　1830×5200（mm）

　　资料来源：詹姆斯・莱瑟姆公司（James Latham Plc）

层压板

　　一种复合板，在由窄木条拼成的板芯外贴上饰面板（与细木工板中较宽的木块芯板相反）。它比细木工板更重、更平、更贵，但不易翘曲。

　　厚度　　　　13、16、19、22、25、32、38 或 44（mm）

　　板材尺寸　　1220×2440（mm）、1525×3050/3660（mm）

工程地板

　　工程木地板是由多层木材组成。以木纹方向互呈 90° 角放置每层木板，使木材几乎不可能随着湿度的变化而膨胀或收缩，从而极大地提高了它的稳定性。工程板（薄板）的顶层是实木，通常是硬木，厚度 2—6 mm 不等；显然，表层越厚，用砂纸打磨和修整以去除磨损的次数就越多；最厚的磨损层相当于实木板材上的磨损层。薄木皮被牢固地粘合到另外一至两层板材上——可以是多层胶合板，也可以是带有软木或硬木核心的夹层板。

　　工程板不应与层压板或饰面板混淆。层压板在其表面使用木材的图像，而饰面板仅仅是在某类复合木制品（通常是纤维板）上使用一层非常薄的木皮。

　　工程木材现在是最常用的木地板材质。它们不仅比实心木板更稳定，而且还提供了可替代的、更简单的安装方法。此外，该技术还能生产更宽的板材，以及应用各种各样真正有趣的饰面，减少了对外来树种的需求，因为它们丰富的颜色现在可以利用油、热和压力来模拟。

　　资料来源：Havwoods，www.havwoods.co.uk

硬质纤维板

BS EN 622-2：2004 有多种等级可供选择。

薄而致密的木板，一面非常光滑，另一面有网状纹理。无颗粒，无结节，不易开裂或碎裂。可弯曲，易加工，内粘接强度高，尺寸稳定性好。提供两种类型：

标准硬质纤维板 = 常用内衬板

油淬硬质纤维板 = 结构用途（强度和防潮性较好），地板面层

厚度　　　 3、4.8 或 6.0（mm）

板材尺寸　 600 × 1220（mm）、1220 × 2440（mm）

还可提供：穿孔硬质纤维板：孔径 4.8 mm；中心间距 19 mm；

　　　　　厚度 3.2 mm；孔径 7.0 mm；中心间距 25 mm；

　　　　　厚度 6.0 mm；涂漆饰面的硬质纤维板。

中密度纤维板（MDF）

等级范围符合 BS EN 622-2：2009。

软木纤维与合成树脂粘合而成的均质板，可制造出非常致密、纹理细密的均匀材料，可加工到非常高的精度。正常等级不防潮，但有防潮等级。也可提供阻燃板和低甲醛板等。

厚度　　　 6、9、12、15、18、22、25 和 30（mm）（也有少数制造商生产更小或更大厚度的板材）。

板材尺寸　 1220 × 2440（mm）、1525 × 2440（mm）、1830 × 2440（mm）、1220 × 2745（mm）、1525 × 2745（mm）、1830 × 3660（mm）、1220 × 3050（mm）、1525 × 3050（mm）

中密度板

等级范围符合 BS EN 622-3：004。

密度介于木质纤维保温板和标准的硬质纤维板之间。具有良好的保温和隔热性能，表面光洁度高。可以冷弯和蒸汽弯。有防潮和阻燃两种等级可供选择。用于布告牌、顶棚、墙面内衬、商店设备、展示

台和钉板。

厚度　　　　6.4、9.5 和 12.7（mm）

板材尺寸　　1220 × 2440（mm）

资料来源：地中海欧洲有限公司

定向刨花板（OSB）

由 75 mm 左右长度的软木条制成，以不同方向分层放置木条，再用外用级防水树脂将其粘合压制而成。这是一款"绿色"产品，由人工种植园的间伐材制成。制作过程利用了 95% 的木材，废弃的树皮被用作燃料或园艺。比胶合板便宜，双向坚固，具有均匀和装饰性的外观。

有两个等级可供选择，OSB2 和 OSB3，一个适用于干燥环境，另一个适用于潮湿环境，可以是平边或有两个和四个企口边。

厚度　　　　89、11、14、15、18 或 22（mm）

板材尺寸　　1200 × 2400（mm）、1220 × 2440（mm）、

　　　　　　1200 × 2700（mm）、590 × 2400（mm）/2440（mm），

　　　　　　适用于 18 mm 厚的企口地板

资料来源：诺博有限公司（Norbord Ltd.）

木饰面板

两边有榫舌和凹槽的木板。许多树种用于外部饰面，既有硬木（如欧洲橡木），也有软木，如欧洲落叶松、西伯利亚落叶松、花旗松。高温木材是通过在特殊的高温窑中处理软木而制成。它比软木更稳定，耐潮湿或耐腐蚀。

接缝可以是平接缝，墙面板固定时预留缝隙，或用"V"形或半圆形缝隙。防雨板的细节设计允许气流围绕板周流动，从而提高了外墙饰面板的耐久性，面板后的墙壁通常会做隔蒸汽膜来抵挡风雨。

木材可以不经自然风化处理、现场染色或预处理以控制风化或增加阻燃性。

典型饰面板尺寸

公制尺寸（mm）	铺设宽度（mm）	成品厚度（mm）
12.5 × 100	80	10
19 × 75	55	15
19 × 100	80	15
19 × 150	130	15
25 × 75	55	20
25 × 100	80	20
25 × 150	130	20

胶合板

由软木和硬木贴面制成，彼此成直角，或 45°。饰面板在顺纹方向上强度高，另一个方向上较弱。因此，结构胶合板的层数是奇数，这样，其外表面的纹理为同一方向。在室外或恶劣条件下，常常使用被称为 WBP（防风雨和防沸腾）的胶粘剂。BR（耐蒸煮）、MR（防潮）和 INT（室内）的抗腐蚀性逐次降低。由于许多硬木胶合板来源于不可持续的林业，建议优先指定软木层。

胶合板根据品种和原产国进行分级，其有效性如下：

外部粘合 BS EN 314–2：1993–3 级

厚度　　3—30 mm（根据要求可达 50 mm）

尺寸　　1220 × 2440/3050（mm）；1525 × 3050/3660（mm）；横纹 2440 × 1220（mm）；长顺纹面板长期有货，较大的非标准面板可定制至 12500 mm 长。

等级　　B/BB、S/BB 和 S+/BB。最高等级一般为库存 BB、BB/WG 或 BB/CP。

一般应用的主要商业等级为 WG、CP 和 C。较低等级用于包装、板条箱和底板，其表面质量并不重要。

外部粘合　　BS EN 314-2：1993-1/2 级

厚度　　　　3—24 mm

尺寸　　　　1525 × 1525（mm）

等级　　　　BB 级、C 级和 WG 级

芬兰薄桦木胶合板

厚度　　　　0.4—3 mm 不等

尺寸　　　　1220 × 1220（mm）、1270 × 1270（mm）、

　　　　　　1525 × 1525（mm）、1200 × 2400（mm）

等级　　　　BR/BR 或 IV/IV、III/III、II/II 或 I/I 级

资料来源：詹姆斯·莱瑟姆公司（James Latham Plc）

浸渍纤维板

典型的沥青浸渍木纤维板，用于木材和钢架外部防空气渗透但耐候的护板，以及混凝土和砌体内伸缩缝的填充条。典型尺寸为1200 × 2400（mm），厚度分别为 6 、9 和 12（mm）。也有不含沥青的纤维板，渗透性较强但耐候性较差。BS EN 13171：2012。

隔热纤维板

低密度木纤维板，用于框架和砌体建筑的室内外蒸汽渗透绝缘，可提供半开槽或榫槽接头，通常厚度为 20—140 mm。

稻草板

用于屋顶、顶棚、隔断、门芯等的低密度透水板。这些板具有耐火、隔声和隔热的性质；厚度 50 mm 及以上，尺寸 1200 × 2400（mm）需定制。

亚麻纤维板

由压缩亚麻屑（70%）、锯末和树脂制成的碎料板，通常比硬纸板轻；用于门芯、镶板、家具、桌面等类似用途，可供选择的尺寸较大。

最大尺寸为长 6 m × 宽 1200 mm，厚度为 12—60 mm。

克雷板（一种蜂窝板）

克雷板（Clayboard®）采用 100% 可循环使用的蜂窝芯材，设置在轻质聚丙烯面板之间，形成在技术上合理的空隙，有效保护结构不受地面移动造成的黏土隆起破坏。

板材尺寸　　2440 × 1000（mm）

厚度　　　　60、85、110、160（mm）

资料来源：www.clayboard.co.uk

建筑/木棉板——石膏板的替代品

木棉板已经在建筑物中使用了几十年，作为石灰载体非常受欢迎。这些木条与小部分硅酸盐水泥结合在一起，为石灰灰泥提供了极好的基层，消除了柱子、梁、饰面中层间和散热器凹槽中的热桥；改善了墙壁的隔声、地板的噪声、平屋顶和坡屋顶的隔热，以及饰面层的耐火性。

薄板尺寸为 2400 mm × 600 mm，有三种厚度可供选择：

* 15 mm（仅限内墙）；
* 25 mm（外墙和顶棚）；
* 50 mm（外墙和顶棚）。

石膏板

板材内芯为加气石膏灰泥，两面粘贴符合 BS EN 520：2004 要求的结实纸张。

干衬板和湿石膏有不同的等级。干衬板有锥形边缘，以便于接合胶带。

板材背衬有铝箔、聚苯乙烯、聚氨酯泡沫塑料和酚醛泡沫塑料。还有一些具有更高防潮和防火性能的芯材。

厚度　　　　　　　9.5、12.5、15 和 19（mm）（带保温层的板
　　　　　　　　　2—93 mm）

板材尺寸（mm）	400 × 1200	600 × 1800
		600 × 2400
	900 × 1200	1200 × 2400
	900 × 1800	1200 × 2700
	900 × 2400	1200 × 3000

资料来源：英国石膏（British Gypsum）

硅酸钙板

无石棉的板材主要用于结构防火。分散在水中的纤维素纤维与石灰、水泥、二氧化硅和防火填料混合形成泥浆，然后在真空下将泥浆中的水去除，形成板材后再将其转移到高压蒸汽自动包壳器中进行固化。密度较高的板材在固化前要进行液压压缩。板材可以很容易地切割成合适的大小，并钻孔以固定螺丝。9 mm 和 12 mm 厚的板可用于无缝齐平接合，并带有槽口边缘。板材表面可做修饰，也可不做处理。

厚度（mm）	6、9、12、15、20、22、25、30、35、40、45、50、55 或 60
板材尺寸（mm）	1220、1830、2440、长 3050 × 宽 610/1220
防火等级	火焰表面蔓延等级为 0 级
耐火极限	根据产品不同，30—240 分钟不等。

资料来源：Promat

水泥刨花板

这些是由波特兰水泥和木质颗粒制成；它们沉重、结实、防火和防水。典型尺寸：1200 × 2400（mm），厚度在 1 mm 以上，有多种。

石膏纤维板

它们由石膏和纤维素纤维结合而成，无需纸面而产出的更坚固、更抗冲击和耐火性的石膏板。典型尺寸（mm）：1200 × 600、1200 × 1200、2400—3000 × 1200；厚度（mm）：10、12.5、15、18，方形或锥形边。

Fermacell Greenline（石膏板品牌名称）可以吸收和中和挥发性有机化合物（VOCs），这是因为它的石膏纤维板中含有从羊毛中提取的角蛋白。

Fermacell Greenline 石膏板尺寸（mm）

1500 × 1000 × 10

1500 × 1000 × 12.5

2600 × 1200 × 12.5

3000 × 1200 × 12.5

资料来源：www.fermacell.co.uk

塑料

塑料——建筑中常用的材料

塑料是一种有机物质，主要来源于煤气生产和矿物油精炼的副产品。它们被制作形成长链分子，由塑料制成的产品，其材料的可塑性和刚性就依赖于这些长链分子。他们主要由三个组构成：

- 热塑性塑料，如聚乙烯、乙烯和尼龙，其结构不是永久固定的，因此可以通过加热或溶剂连接；
- 热固性塑料，如酚醛、三聚氰胺和玻璃纤维，具有固定的分子结构，不能通过加热或溶剂重塑，可通过粘合剂连接；
- 弹性材料，如天然橡胶、氯丁橡胶和丁基橡胶，它们的聚合物中的螺旋分子链在材料拉伸时可以自由伸直，在释放荷载时可以恢复。

塑料——工业技术

玻璃钢（GRP）：用玻璃纤维增强的合成树脂，可用于屋顶、墙板等。

注塑成型：类似于热塑性塑料的压铸成型。塑料被熔化，然后在压力下被压入冷却的模腔。

塑胶层压板：由浸渍三聚氰胺或酚醛树脂的纸或织物制成的装饰

层压板，在压力下粘合在一起，形成一种主要用于工作表面的耐磨、耐划伤饰面。

溶剂焊接：热塑性塑料在连接前用适当的溶剂涂抹两面形成的永久性接缝。

塑料——通用缩写

缩写	塑料	用途
ABS	丙烯腈丁二烯苯乙烯	冷水管
CPE	氯化聚乙烯	水箱
CPVC	氯化聚氯乙烯	热水及废水管
EPDM	三元乙丙橡胶	单层屋面垫圈
EPS	发泡聚苯乙烯	绝缘用泡沫塑料
ETFE	乙基四氟乙烯	铝箔屋顶坐垫用薄膜
EVA	乙烯醋酸乙烯酯	耐候保护膜
GRP	玻璃增强聚酯（玻璃纤维）	覆层、屋顶、面板、模制件
HDPE	高密度聚乙烯	土工膜、管道
HIPS	高抗冲聚苯乙烯	顶棚、镜子
LDPE	低密度聚乙烯	薄膜、箱柜、管道、配件
MF	三聚氰胺甲醛	层压塑料、胶粘剂
PA	聚酰胺（尼龙）	电气配件、垫圈、绳索
PB	聚丁烯	管道和配件
PC	聚碳酸酯	防爆玻璃
PE	聚乙烯	电绝缘、隔膜、管道
PF	酚醛（酚醛）	电气配件、门家具
PMMA	聚甲基丙烯酸甲酯（有机玻璃）	卫生洁具，透明薄板
PP	聚丙烯	电绝缘、管道
PS	聚苯乙烯	烟雾探测器箱，吊顶瓷砖
PTFE	聚四氟乙烯	管道连接，密封带
PU	聚氨酯	绝缘、油漆、涂料

续表

缩写	塑料	用途
PVA	聚醋酸乙烯酯（乳胶乳液）	乳胶漆、胶粘剂
PVB	聚乙烯醇缩丁醛	夹层玻璃
PVC	聚氯乙烯	地板屋顶和墙壁覆盖物
PVF	聚氟乙烯	保护膜
UF	脲醛	胶水、绝缘材料
UP	不饱和聚酯	油漆、粉末涂料、沥青油毡
UPVC	未增塑聚氯乙烯	雨水、土壤和废氯化物管道、屋顶板

钉子和螺丝

钉子

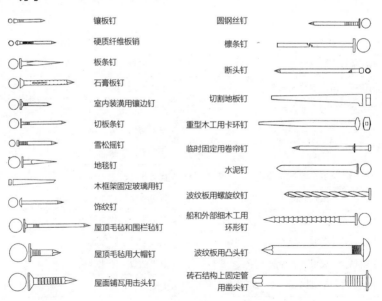

镶板钉   圆钢丝钉

硬质纤维板销   檩条钉

板条钉   断头钉

石膏板钉   切割地板钉

室内装潢用镶边钉   重型木工用卡环钉

切板条钉   临时固定用卷帘钉

雪松摇钉   水泥钉

地毯钉   波纹板用螺旋纹钉

木框架固定玻璃用钉   船和外部细木工用
                          环形钉

饰纹钉   波纹板用凸头钉

屋顶毛毡和围栏毡钉   砖石结构上固定管
                          用凿尖钉

屋顶毛毡用大帽钉

屋面铺瓦用击头钉

木螺丝

埋头

半沉头

半沉头

圆头

方头

十字头

机器螺丝和螺栓

埋头

半沉头

圆头

定位盘头

盘头

圆柱头

冈山头

蘑菇头

标准线规（SWG）

以 mm 和英寸为单位

SWG	mm	英寸	SWG	mm	英寸
1	7.62	0.300	16	1.63	0.064
2	7.00	0.276	17	1.42	0.056
3	6.40	0.252	18	1.22	0.048
4	5.89	0.232	19	1.02	0.040
5	5.38	0.212	20	0.914	0.036
6	4.88	0.192	21	0.813	0.032
7	4.47	0.176	22	0.711	0.028
8	4.06	0.160	23	0.610	0.024
9	3.66	0.144	24	0.559	0.022
10	3.25	0.128	25	0.508	0.020
11	2.95	0.116	26	0.457	0.018
12	2.64	0.104	27	0.417	0.016
13	2.34	0.092	28	0.376	0.015
14	2.03	0.080	29	0.345	0.014
15	1.83	0.072	30	0.315	0.012

紧固件耐久性

不锈钢紧固件是最耐用和最普遍的，有钉子、螺丝、螺栓和其他专用紧固件。

热浸镀锌钢结构紧固件，如托梁吊架、桁架夹子等，适用于所有室内和隐蔽的场所；大型螺丝、螺栓及简单的钉子，也可镀锌。

小尺寸螺纹紧固件——螺丝、螺栓等——可以镀锌粉（相当于镀锌，提高了耐久性，但更坚硬、更精确）或做光亮镀锌（BZP一种寿命更短的涂层）。

色彩

色谱是由光束折射所形成的色彩构成，如同通过玻璃棱镜或在雨虹中看到的颜色。色带是根据其波长递减排列的（从红色的 6.5×10^{-7} 至紫色的 4.2×10^{-7}），传统上主要分为 7 种颜色：红色、橙色、黄色、绿色、蓝色、靛蓝和紫色。当排布成圆弧形时，被称为色环。三原色是红色、黄色和蓝色，因为这些颜色不能与其他颜色混合。次生色是橙色、绿色和紫色，三次色是在次生色中加入一种原色而形成。

互补色是色环两侧相对的一组颜色，当它们混合在一起时会变成棕色和灰色。"色相"一词代表特定的颜色，例如，定义的时候，使用"红色"或"蓝色"，但不表示色彩的明暗度。色度是指颜色的明暗度。在色相中添加黑色、白色或灰色，可以降低其饱和度。

色彩系统

英国标准色彩系统 BS 4800:2011。颜色由三部分代码来定义：色相、灰度和权重。色相被分成 12 个相等的数字，从 02（红色/紫色）到 24（紫色），再加一个 00 代表中性白、灰色和黑色。灰度用五个字母来描述：（A）灰色；（B）近乎灰色；（C）灰色/透明；（D）近乎透明和（E）透明。权重是一个主观术语，它同时描述亮度和灰度，因此每个字母后面都有一个从 01 到 58 的数字。这样，"色彩 22 C 37"

则由以下构成：

22（紫色）C（灰色 / 透明）37（中等权重）

自然色系统（NCS）。自然色系统（NCS）由斯堪的纳维亚色彩研究所于 1978 年开发。它是一种可以用符号来描述任何颜色的颜色语言系统，其基础就是人类能够识别的六种基本色——白 W、黑 S（注：非 B）、黄 Y、红 R、蓝 B 和绿 G。这些颜色被排列成色环，以黄、红、蓝、绿标记象限，再以 10% 的步进被分割成片段，所以橙色可以被描述为 Y50R（即：黄与红各占 50%）。有个 NCS 三角形可以描述颜色的明暗度，三角形的底部是灰色刻度，从白色 W 到黑色 S，以 10% 的步长标记。三角形的顶点代表纯色，类似地，也以 10% 的步长标记。这样，黑色为 10%、黄色为 80%、红色为 50% 的橙色，就可以描述为 1080–Y50R。这个系统的颜色细分比 BS 系统更精细。

RAL 经典色彩系列。该系统在建筑行业中用于定义饰面层的颜色，如塑料、金属、釉面砖和一些涂料和油漆。它于 1925 年在德国发布，并经多年发展，现被命名为 RAL 840–HR，共有 194 种颜色。每个颜色由四个数字定义，第一个数字是颜色类别：1 黄色；2 橙色；3 红色；4 紫色；5 蓝色；6 绿色；7 灰色；8 棕色；9 黑色。后面三位数字只与其在所属颜色中的序列相关。每个标准的 RAL 色彩都有正式的名称，如 RAL 6003 橄榄绿。

RAL 设计系统。该系统有 1688 种颜色，排列在一个基于三维色彩空间的色谱图集中，该三维色彩空间以色相、明度和色度为坐标。每个颜色用三个数字编码，因此红黄色就是 69.9、7.56、56.5。它与自然色系相似，不过它是基于对整个可见波长光谱的数学划分，分割步长接近 10%。该系统可以被计算机程序轻易地用来定制颜色。

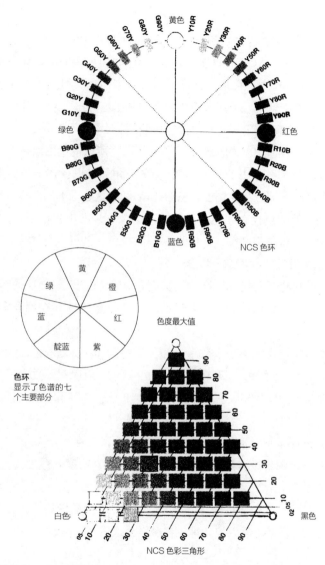

NCS 色环

色环
显示了色谱的七
个主要部分

色度最大值

NCS 色彩三角形

资料来源：NCS 色彩中心

涂装准备

如果要成功完成装修饰面并使其经久耐用，精心准备至关重要。

遵循有关基底制备、大气条件和涂层间干燥时间的说明，非常重要。要确保为任务指定了正确的产品，且界面剂可与后续涂层相容。

涂料

涂料主要由颜料、胶粘剂和溶剂或水组成。其他成分则是为特定用途添加。

溶剂型涂料和着色剂现在被认为对环境有害，并且越来越多地被水溶性产品所取代。与油性涂料相比，这些涂料的光泽更小，透水性更强，但干得快，无异味，而且不会随着时间的推移而变黄。

有机涂料

现在可以使用完全无须溶剂的涂料以及不含挥发性有机化合物（VOCs）的清漆。目前在售的大多数油漆，无论是亮光漆还是乳胶漆，都含有溶剂和VOCs，尽管为了应对日益增长的环境问题，这些物质的含量已经降低。

VOCs是造成低空大气污染的主要因素，使用这些化合物导致全球变暖。此外，据许多使用传统涂料（包括哑光漆和丝绸墙面漆）的人报告，使用溶剂型涂料是导致"病态建筑综合征""丹麦油漆工综合征"、哮喘、过敏、化学敏感及一般流感的主要原因。

有机涂料是儿童卧室、托儿所、厨房和家中所有地方的理想选择，尤其是对化学物质敏感或患有哮喘和过敏的人。

资料来源：ECOS有机涂料有限公司

界面剂可保护基层不被腐蚀和变质，并为底涂层提供良好的基层。

底涂层，通常只是面涂层较薄的翻版，为面涂层提供基础。

面涂层提供耐用和装饰性的表面，并分为光泽、缎光、蛋壳光和哑光饰面。

除了对面列出的涂料外，还有一些特殊涂料，如阻燃涂料（当受到火灾时会释放出不可燃气体）；膨胀型涂料（会膨胀形成一层用于结构钢的绝缘泡沫层）；多色涂料，其中包括斑点色或双色涂料（即用一种特殊的滚筒使面层涂料露出部分底层的深色涂料）；用于多孔砌体的有机硅防水涂料；沥青涂料（用于金属和砌体的防水），以及耐磨损、防油污和洗涤剂泄露的环氧酯涂料。

涂料——典型产品

界面剂	用途*	基材*	说明
磷酸锌丙烯酸	M	WB	适用于室内外所有金属，快干，气味低
氧化红	M	SB	代替红丹和铅酸钙，用于黑色金属
蚀刻界面剂	M	SB	新的镀锌金属的工厂预处理
媒染剂溶液	M	WB	镀锌金属的预处理
云母氧化铁	M	SB	用于海洋和工业钢结构，耐污染和耐高湿
丙烯酸橡胶	M, Ms	BS	用于所有金属、灰泥和砖石，可防潮
木材界面剂	W	SB	用于室内外所有木材，无铅界面剂
木材界面剂/底漆	W	WB	不透明度高、快干的界面剂和底漆
铝木界面剂	W	SB	适用于树脂木材，也可作为木馏油和沥青表面的密封剂
耐碱界面剂	P	SB	用于SB饰面下的清水墙，防污和防火
石膏密封剂	P	WB	用于干燥多孔的室内表面，如石膏板
稳固式界面剂	Ms	SB	用于密封粉末状表面
底涂层			
外墙柔性漆	W	SB	经久耐用，柔韧性好，不透明度高，适用于室外木材
底涂层	all	SB	适用于室内外溶剂型饰面
防腐底漆	W	SB	用于新木和裸木，以防蓝染和真菌腐烂
饰面层			
高光泽漆	all	SB	醇酸树脂高光泽漆，用于室内外所有表面
缎光、蛋壳光、平光	W,M,P	SB	醇酸漆，用于室内，刷三层
乙烯基乳胶漆	P	WB	用于室内的哑光、柔光和丝绸饰面

续表

界面剂	用途 *	基材 *	说明
砌体用——光滑表面	Ms	WB	含杀菌剂，用于清水砌体、抹灰及混凝土等表面
砌体用——纹理饰面	Ms	WB	细颗粒饰面，用于清水砌体等
砌体用——四季型	Ms	SB	柔软、光滑，适用于寒冷环境
环氧地坪	Ms,C	WB	双组分中光泽漆，用于室内砖石和混凝土地面
地板漆	W,C	WB	快干，适用于室内混凝土和木质地板
生态光泽漆	W,M,Ms	SB	高品质，镜面光洁饰面，低溶剂含量
防护型瓷漆	M	SB	光泽、防护性、快干型，用于机械
室外聚氯乙烯	PVC	WB	用于重新装饰风化的聚氯乙烯表面
丙烯酸橡胶涂料	M,Ms	SB	适用于室内外的钢结构和砌体，防结露
铝涂料	W,M	SB	耐热 260 ℃，用于金属和木材
木材防腐剂	W	SB	用于锯材、栅栏、棚屋等的彩色防水饰面
防护性木材着色剂	W	SB	防水、防霉、耐光半透明色
外部清漆	W	SB	外部木材的透明光泽饰面
室内清漆	W	WB	坚韧、快干、耐用的透明聚氨酯饰面
Aquatech 底漆	W	WB	适用于裸木和新木的柔韧缎光面
Aquatech 木纹	W	WB	柔韧的缎光面，抗剥落和起泡
金刚石釉面漆	W	WB	透明漆，适用于室内易磨损的木材表面

*C= 混凝土；M= 金属；Ms= 砌体；P= 灰泥；SB= 溶剂型；W= 木材；WB= 水基型。

资料来源：www.akzonobel.com

涂料覆盖能力

具有平均孔隙度的光滑表面的近似最大面积

（ m^2/L ）

基层准备	杀菌清洗		30
	稳固式界面剂		12
	蚀刻界面剂		19

续表

基层准备	木材防腐剂	—溶剂型	10
	木材防腐剂	—水基型	12
界面剂	木材界面剂	—溶剂型	13
	木材界面剂	—铝涂料	16
	木材界面剂	—多微孔	15
	木材底漆	—水基型	12
	金属界面剂	—溶剂型	6
	金属界面剂	—水基型	15
	金属界面剂	—磷酸锌	6
	丙烯酸橡胶底漆		5
饰面层	底涂层	—溶剂型	16
	乳液	—亚光型	15
	乳液	—乙烯基丝	15
	亚光饰面	—溶剂型	16
	蛋壳光饰面	—溶剂型	16
	蛋壳光饰面	—水基型	15
	微孔光泽	—溶剂型	14
	高光泽	—溶剂型	17
	无光泽	—溶剂型	13
	木材染色剂	—溶剂型	25
	室外清漆	—溶剂型	16
	室内清漆	—溶剂型	16
	砖石漆	—光滑面	10
	砖石漆	—纹理面	6
	丙烯酸橡胶		6

资料来源：www.akzonobel.com

墙壁和顶棚的墙纸覆盖能力

所需的近似墙纸卷数

墙面	墙周长	踢脚线以上房间高度（m）						
	（m）	2.3	2.4	2.6	2.7	2.9	3.1	3.2
	9.0	4	5	5	5	6	6	6
	10.4	5	5	5	5	6	6	6
	11.6	5	6	6	6	7	7	8
	12.8	6	6	7	7	7	8	8
	14.0	6	7	7	7	8	8	8
	15.2	7	7	8	8	9	9	10
	16.5	7	8	9	9	9	10	10
	17.8	8	8	9	9	10	10	11
	19.0	8	9	10	10	10	11	12
	20.0	9	9	10	10	11	12	13
	21.3	9	10	11	11	12	12	13
	22.6	10	10	12	12	12	13	14
	23.8	10	11	12	12	13	14	15
	25.0	11	11	13	13	14	14	16
	26.0	12	12	14	14	14	15	16
	27.4	12	13	14	14	15	16	17
	28.7	13	13	15	15	15	16	18
	30.0	13	14	15	15	16	17	19

顶棚	房间周长			卷数				
	12.0			2				
	15.0			3				
	18.0			4				
	20.0			5				
	21.0			6				
	24.0			7				
	25.0			8				
	27.0			9				
	28.0			10				
	30.0			11				
	30.5			12				

注： 标准墙纸卷规格：宽 530 mm，长 10.06 m（21" × 33'0"），1 卷墙纸大约覆盖 5 m^2（54 ft^2），含损耗。

参考文献

Building Construction McKay, W. B. 2005 Donhead Publishing

Building for Energy Efficiency 1997 CIC

Building Regulations Approved Documents 2010 www.gov.uk

The Care and Repair of Thatched Roofs Brockett, P. 1986 SPAB

The Damp House: Guide to the Causes and Treatment of Dampness Hetreed, J. 2008 Crowood Press

Designing for Accessibility 2004 Centre for Accessible Environments

The Green Building Bible Volume 2 4th Edition Hall, K. 2008 Green Building Press

Green Guide to the Architect's Job Book Halliday, S. 2001 RIBA Publishing

The Green Guide to Housing Specification Anderson, J. and Howard, N. 2000 BRE Press

The Green Guide to Specification Anderson, J., Shiers, D. and Sinclair, M. 2002 Blackwell

A Guide to Planning Appeals The Planning Inspectorate May 2005 planningportal.gov

Guide 'A' Design Data CIBSE Guide 2006 CIBSE

Managing Health and Safety in Construction (Construction Design and Management) Regulations 2007 Health & Safety Executive

Materials for Architects and Builders Lyons, A. R. 2014 Routledge

Mathematical Models Cundy, H. M. and Rollett, A. P. 1997 Tarquin Publications

Recognising Wood Rot & Insect Damage in Buildings Bravery, A. F. 2003 BRE

The Which? Book of Plumbing and Central Heating Holloway, D. 2000 *Which?* Books

WRAS Water Regulations Guide Water Regulations Advisory Scheme (WRAS)

英汉词汇对照

3D drawing 三维制图

A

acoustic absorption 吸声
acoustic insulation 隔声
advertising 广告宣传
aerated concrete 加气混凝土
air conditioning 空调
air permeability/tightness 透气性 / 气密性
air spaces, R-values 空间，R 值
alarm systems 报警系统
aluminium roofing 铝制屋面
anodising 阳极氧化
anthropometric data 人体测量数据
anti-lift devices 防提升装置
antimicrobial copper 抗菌铜
appointments 委托书
Approved Documents 核准文件
Areasof OutstandingNatural Beauty 著名
自然美景区
asphalt roofing 沥青屋面

B

backflow protection, water supply 回流保
护，供水
balancedflues 平衡烟道
balustrades 栏杆
bathrooms 浴室
　dimensions 尺寸
　electrical socket outlets 电源插座
　lighting levels 照明水平
　ventilation 通风
　see also sanitary facilities; WCs 另见
　"卫生设施；水冲式坐便器"
bathrooms 浴室
　battens, roofing 挂瓦条，屋面

bay windows 飘窗
BBA（British Board of Agrément）英国
产品认证委员会
beam and block floors 梁和板块地面
beams 梁
　engineered timber 工程木材
　formulae 计算公式
　Glulam 胶合木
　steel 钢
　thermal breaks 隔热
bedrooms 卧室
　dimensions 尺寸
　electrical socket outlets 电源插座
　noise levels 噪声水平
　ventilation 通风
bending moments 弯矩
bicycle parking 自行车停放
BIM（Building Information Modelling）
BIM（建筑信息模型）
bi-metal compatibility 双金属相容性
biofuel boilers 生物燃料锅炉
bituminous fibre profiled sheets 沥青纤
维板
bituminous membranes 沥青膜
blockboard 木芯板
block paviours 铺路砌块
blocks 砌块
　concrete 混凝土
　glass 玻璃（砖）
blockwork 砌块
　cavity wall ties 空心墙拉杆
　drawing conventions 制图规范
　mortars 砂浆
　slenderness ratio 长细比
boards see building boards 板材见建筑
板材

boilers　锅炉
　biofuel　生物燃料
　combination　组合锅炉
　condensing　冷凝
　flues　烟道
bolts　螺栓
bricks　砖
　compressive strengths　抗压强度
　firebrick　耐火砖
　frost resistance　抗冻性
　manufacture process　生产过程
　sizes　尺寸
　soluble-salt content　可溶性盐分
　special　特种砖
　unfired　欠火砖
　water absorption　吸水性
　weights　重量
brickwork　砌砖
　bond types　组砌方式
　cavity wall ties　空心墙拉杆
　drawing conventions　制图规范
　joints　接缝
　mortars　砂浆
　paving patterns　铺砖样式
　slenderness ratio　长细比
British Board of Agrément（BBA）英国产
品认证委员会（BBA）
British Fenestration Rating Council
（BFRC）英国门窗等级评定委员会
（BFRC）
British Standards Colour System　英国标
准色彩系统
British Standards Institution（BSI）英国
标准协会（BSI）
building boards　建筑板材
　blockboard　木芯板
　calcium silicate board　硅酸钙板
　cement particle boards　水泥刨花板
　chipboard　刨花板
　clayboard　克雷板（一种蜂窝板）
　engineered floorboards　工程地板
　flaxboards　亚麻板
　gypsum fibreboards　石膏纤维板
　hardboard　硬质纤维板

　impregnated fibreboards　浸渍纤维板
　insulating fibreboards　隔热纤维板
　laminboard　夹芯板
　MDF（Medium Density Fibreboard）
　MDF（中密度纤维板）
　mediumboard　中密度板
　oriented strand board（OSB）定向刨花
　板（OSB）
　plasterboard　石膏板
　plywood　胶合板
　strawboards　稻草板
　timber cladding　木材覆层
　wood wool boards　木棉板
Building Emission Rate（BER）建筑物排
放率
Building Information Modelling
（BIM）建筑信息模型（BIM）
Building Regulations　建筑规范
　Approved Documents　核准文件
　chimneys and flues　烟囱与烟道
　drainage　排水
　energy conservation/efficiency　能源节
　省 / 能源效率
　fire resistance　防火性能
　glazing　玻璃
　ground gas protection　地气防护
　hot water cylinders　热水罐
　lighting　照明
　sound insulation　隔声
　stairs　楼梯
　ventilation　通风
　wheelchair access　轮椅通道
building services, sustainability　建筑设
施, 可持续性
building stones　建筑石材
bullet resistant glass　防弹玻璃
bush hammering　粗面石工

C
cabling　布线
　home technology　家居技术
　see also electrical installation　另见 "
　电气安装"

CAD　CAD（计算机辅助设计）
calcium silicate board　硅酸钙板
cavity walls　空心墙
　　effective thickness　有效厚度
　　insulation　隔热
　　steel lintels　钢过梁
　　ties　拉杆
　　U-values　U 值
CDM Regulations　建筑设计与管理条例
ceiling joists, timber　木制顶棚托梁
ceilings, R-values　顶棚，R 值
Celenit boards　Celenit 板
CE mark　CE 标志
cement　水泥
cement particle boards　水泥刨花板
CEN（Comité Européen de Nationalisation）　CEN（欧洲标准化委员会）
chimneys　烟囱
planning permissions　规划许可
regulations　规范
chipboard　刨花板
CHP（combined heat and power）
systems　CHP（热电联供）系统
chromium plating　镀铬
circuit vent pipes　通风管回路
circumference　周长
CI/SfB Construction index　CI/SfB 工程索引
cisterns　水箱 / 蓄水池
　　cold water　冷水
　　WC and urinal　水冲式坐便器和小便器
cladding　覆层
　　condensation　冷凝
　　profiled sheet　层压板
　　structural insulated panels　结构保温板
　　timber　木材
　　timber frame construction　木框架结构
classification systems　分类系统
clayboard　克雷板（一种蜂窝板）
clayware　黏土制品
cleaning and refuse planning　清洁和垃圾规划

climate change　气候变化
climate maps　气候地图
Code for Sustainable Homes　可持续住宅规范
cold water cisterns　冷水水箱
colour rendering index（CRI）　显色指数（CRI）
colour spectrum　色谱
colour systems　色彩系统
colour temperatures　色温
combination boilers　组合锅炉
combined heat and power（CHP）
systems　热电联供（CHP）系统
compact fluorescent lamps（CFLs）　紧凑型荧光灯（CFL）
computer-aided design（CAD）　计算机辅助设计
concrete　混凝土
　　aerated　加气的
　　blocks　砌块
　　floors　地面
　　grades　等级
　　lintels　过梁
　　paving　铺路板
concrete-filled insulated shuttering systems　混凝土填充隔热模板系统
condensation　冷凝
　　and insulation　隔热
condensing boilers　冷凝锅炉
Conservation Areas　保护区
conservaries　温室
Construction Design and Management Regulations（CDM）　建筑设计与管理条例（CDM）
cooling systems, environmental design　冷却系统，环境设计
copper, antimicrobial　抗菌铜
copper roofing　铜制屋面
corridors　走廊
　　emergency lighting　应急照明
　　imposed loads　外加荷载
　　lighting levels　照明水平
　　wheelchair access　轮椅通道
corrosion　锈蚀

aluminium　铝
copper　铜
lead　铅
stainless steel　不锈钢
zinc　锌
costs　成本
cylinders, hot water　热水罐

D
dampness　潮湿
damp-proof courses（DPCs）防潮层（DPC）
damp-proof membranes（DPMs）防潮膜（DPM）
daylighting　日光
decking　铺设
decorative glass　装饰玻璃
dining rooms　餐厅
　dimensions　尺寸
　lighting levels　照明水平
　noise levels　噪声水平
disabled access　残障人士通道
　doors　门
　dwellings　住宅
　entrance lobbies and corridors　大堂入口和走廊
　garages　车库
　lifts　电梯
　ramps　坡道
　shower rooms　淋浴间
　toilets　厕所
doors　门
　drawing conventions　制图规范
　fire resistance　防火性能
　handing　开启方向
　security　安全
　types and sizes　种类和尺寸
　U-values　U 值
　wheelchair access　轮椅通道
　wooden　木制
double check valves（DCVs）双止回阀（DCV）
double glazing　双层玻璃
downpipes　落水管

DPCs *see* damp-proof courses（DPCs）DPC 见 "防潮层"
DPMs *see* damp-proof membranes（DPMs）DPM 见 "防潮膜"
drainage　排水
　foul drains　排污管
　inspection chamber covers　检查井井盖
　land drains　地面排水
　rainwater disposal　雨水处理
　single stack systems　单立管系统
　Sustainable Urban Drainage Systems（SUDS）可持续城市排水系统（SUDS）
　traps　存水弯
　waterless waste valves　无水废水阀
drain taps　排水龙头
drawing　制图
　3D　三维
　conventions　规范
perspective　透视
drinking water　饮用水
driveways, planning permissions　车道，规划许可
dry rot　干腐菌
due diligence system, timber　尽职调查系统，木材
Dwelling Emission Rate（DER）住宅排放率（DER）

E
earthenware　陶器
elastic design　弹性设计
elasticity moduli, timber　弹性模量，木材
elastomers　弹性体
electrical heating, underfloor　电加热，地板下
electrical installation　电气安装
　domestic circuits　家用电路
　fuses　保险丝
　graphic symbols　图形符号
　regulations　规范
　socket outlets　插座
electricity　电力
electronic security devices　电子安全装置

ELVHE（extra low voltage head end）
ELVHE（超低电压前端）
embodied energy　建材耗能
emergency lighting　应急照明
（Environmental Management System）EMS
（环境管理体系）
energy conservation/efficiency　能源节省 /
能源效率
　　air permeability/tightness　透气性 / 气
　　密性
　　building services　建筑设施
　　embodied energy　建材耗能
　　environmental building design　环境建
　　筑设计
　　glazing　玻璃
　　heat loss calculations　热损耗计算
　　heat loss figures　热损耗数值
　　lighting　照明
　　regulations　规范
　　thermal bridging　热桥
energy consumption, domestic appliances
能耗，家用电器
engineered floorboards　工程地板
ENs（Euronorms）EN（欧洲标准）
entrance lobbies, wheelchair access　大堂
入口，轮椅通道
Environment Agency　环境署
environmental building design　环境建筑
设计
environmental control systems　环境控制
系统
environmental issues see sustainability　环
境问题，见"可持续性"
Environmental Management System
（EMS）环境管理体系（EMS）
EOTA（European Organisation for
Technical Assessment）EOTA（欧洲建筑
产品技术评估组织）
EPIC classification system　EPIC 分类
系统
EU Directives　欧洲指令
Eurocodes　欧洲规范
Euronorms（ENs）欧洲标准（EN）
European Union of Agrément　欧洲认证

联盟
European Union Timber Regulation
（EUTR）欧洲联盟木材条例
（EUTR）
expansion valves　膨胀阀
extensions see house extensions　扩建，
见"房屋扩建"
extracr fans　排风扇

F
fabric heat loss　结构件的热损耗
Feed in Tariff（FIT）subsidies　上网电价
（FIT）补贴
fees　费用
felts, roofing　毡，屋面
fences, planning permissions　围栏，规划
许可
Fibonacci series　斐波那契数列
Fibonacci spiral　斐波那契螺旋线
fibreboards　纤维板
　　gypsum　石膏
　　impregnated　浸渍的
　　insulating　隔热
　　medium density（MDF）中密度纤维
　　板（MDF）
fibre-cement profiled sheets　纤维水泥层
压板
finishes　饰面
　　environmental considerations　环境方面
　　的考虑
　　metals　金属
　　windows　窗
firebrick　耐火砖
fireplaces　壁炉
fire safety/resistance　消防安全 / 防火
　　alarms　报警装置
　　fire doors　消防门
　　fire escape windows　消防逃生窗
　　fire-resistant glass　防火玻璃
　　lighting　照明
　　structural elements　结构构件
FIT see Feed in Tariff（FIT）
subsidies　FIT，见"上网电价（FIT）
补贴"

fixed light windows　固定窗扇
fixings　紧固件
flashings　防水板
flat roofs　平屋面
　　condensation　冷凝
　　imposed loads　外加荷载
　　non-metallic roofing　非金属屋面
　　rainwater　雨水
　　ultra-violet light damage　紫外线损害
　　U-values　U 值
flaxboards　亚麻板
flood defences　防洪
flood risk　洪水风险
floors　地面 / 地板
　　concrete　混凝土
　　damp-proof membranes（DPMs）防潮
膜（DPM）
　　decking　铺设
　　engineered floorboards　工程地板
　　ground gas protection　地气防护
　　imposed loads　外加荷载
　　R-values　R 值
　　timber frame construction　木框架结构
timber joists　木制托梁
underfloor heating　地暖
U-values　U 值
flues　烟道
　　planning permissions　规划许可
　　regulations　规范
fluorescent lighting　荧光灯
folding doors　折叠门
Forest Stewardship Council（FSC）森林
管理委员会
（FSC）
foul drains　排污管
foundations　基础
fountains　喷泉
freezing protection, water supply　防冻,
供水
French doors　法式门
frost resistance, bricks　砖的抗冻性
fungi, wood rotting　腐木真菌
furniture and fittings data　关于家具和设
备的数据

bathrooms　浴室
bedrooms　卧室
bicycle parking　自行车停放
cleaning and refuse　清洁和垃圾
dining rooms　餐厅
domestic garages　家庭车库
garden　花园
halls and sheds　大厅和棚屋
kitchens　厨房
laundry and utility rooms　洗衣房和设
备间
living rooms　起居室
fuses　保险丝

G

galvanising　镀锌
garages　车库
　　dimensions　尺寸
　　doors　门
　　electrical socket outlets　电源插座
gardens　花园
　　dimensions　尺寸
　　water supply　供水
gas appliances　燃气用具
　　flues　烟道
　　ventilation　通风
gates, planning permissions　大门，规划
许可
geometric data　几何数据
geotextile membranes　土工膜
glazing and glass　玻璃
　　decorative　装饰性的
　　double/triple　双层 / 三层
　　energy efficiency　能源效率
　　environmental control　环境控制
　　fire-resistant　耐火性能
　　gas filling　气体填充
　　glass blocks　玻璃砖
　　laminated glass　夹层玻璃
　　leaded lights　花饰铅条窗
　　low-e coatings　低辐射涂层
　　patent glazing　专利玻璃
　　protection of　保护
　　safety glass　安全玻璃

security　安全
self cleaning　自清洁
solar control　太阳能控制
sound insulation　隔声
structural　结构
thermal insulation　隔热
toughened glass　钢化玻璃
U-values　U 值
Glulam beams　胶合木梁
golden section/mean　黄金分割
gradients　梯度 / 坡度
Greek alphabet　希腊字母
Green Belt　绿化带
green issues *see* sustainability　绿色问题，
见 " 可持续性 "
grey water systems　灰水系统
ground gas protection　地气防护
gutters　排水沟
gypsum　石膏
　　fibreboards　纤维板
　　plasterboard　石膏板
　　plasters　石膏

H
halls　大厅
　　dimensions　尺寸
　　electrical socket outlets　电源插座
　　ventilation　通风
halogen lighting　卤素灯
hardboard　硬质纤维板
hardwoods　硬木
　　mouldings　木线条
　　sizes　尺寸
hearths　炉床
heating systems　供暖系统
　　environmental design　环境设计
　　flues　烟道
　　installation types　安装类型
　　radiators　散热器
　　solar thermal space heating　太阳能空间
　　供暖
　　underfloor heating　地暖
heat losses　热损耗
　　air permeability/ tightness　透气性 / 气

密性
　　calculations　计算
　　figures　数值
　　thermal bridging　热桥
　　ventilation　通风
heat reclaim vent systems（MVHR）带热
回收的通风系统（MVHR）
hedges　树篱
High Court　高等法院
hollowcore floors　空心楼板
hollow sections, steel　空心截面，钢结构
Home Quality Mark　住宅质量标志
home technology integration　家居技术
集成
hose union taps　软管接头水龙头
hot water systems　热水系统
　　cylinders　圆筒
　　installation types　安装类型
　　regulations　规范
　　requirements　需要量
　　solar thermal　太阳能热
　　thermal stores　热储存器
house extensions　房屋扩建
　　energy efficiency　能源效率
　　planning permissions　规划许可
H-windows　高性能窗

I
imperial units　英制单位
imperial/SI conversion　英制 / 公制转换
imposed loads　外加荷载
　　floors　楼面
　　roofs　屋面
impregnated fibreboards　浸渍纤维板
incandescent lamps　白炽灯
Industry Foundation Classes（IFC）files
行业基础类（IFC）文件
insects, wood-boring　木蛀虫
inspection chamber covers　检查井井盖
insulating fibreboards　隔热纤维板
insulation, sound　隔声
insulation, thermal　隔热
　　aerated concrete　加气混凝土
　　cavity walls　空心墙

concrete-filled shuttering systems　混凝土填充的模板系统

condensation　冷凝

external　室外

glass　玻璃

hot water systems　热水系统

internal　室内

materials　材料

solid walls　实心墙

structural insulated panels　结构保温板

timber frame construction　木框架结构

water fittings　供水配件

insurance, professional indemnity　保险，职业赔偿

International Organization for Standardization（ISO）国际标准化组织（ISO）

J

joists　托梁

ceiling　顶棚

engineered　工程

floor　地板

K

Kepler-Poinsot star polyhedra　Kepler-Poinsot 星状多面体

kerbs, rooflight　镶边，天窗

kitchens　厨房

dimensions　尺寸

electrical socket outlets　电源插座

lighting levels　照明水平

ventilation　通风

K-values　K 值

L

laminboard　夹芯板

lamps　灯

compact fluorescent（CFLs）紧凑型荧光灯（CFL）

fluorescent　荧光

incandescent　白炽灯

LED（Light Emitting Diode）LED（发光二极管）

regulations　规范

tungsten-halogen　钨卤灯

land drains　地面排水

landscape design　景观设计

drawing conventions　制图规范

sustainability　可持续性

laundry and utility rooms　洗衣房和设备间

law　法律

leaded lights　花饰铅条窗

lead roofing　铅制屋面

LED（Light Emitting Diode）lighting　LED（发光二极管）灯

lifts, wheelchair access　电梯，轮椅通道

lighting　照明

colour rendering index（CRI）显色指数（CRI）

colour temperatures　色温

compact fluorescent lamps（CFLs）紧凑型荧光灯（CFL）

controls　控制

daylighting　日光

emergency　应急

energy efficiency　能源效率

external　室外

fire rating　防火等级

fluorescent　荧光

glossary　术语

incandescent lamps　白炽灯

LED（Light Emitting Diode）LED（发光二极管）

recommended levels　推荐（照明）水平

regulations　规范

sunpipes　日光管

tungsten-halogen　钨卤灯

lime mortars　石灰砂浆

see also rendering　另见"粉刷"

limescale　水垢

linear fluorescent lamps（LFLs）线性荧光灯（LFL）

lintels　过梁

precast concrete　预制混凝土

steel　钢制

Listed Building Consent　文保列管建筑许可
Listed Buildings　文保列管建筑
living rooms　起居室
　　dimensions　尺寸
　　electrical socket outlets　电源插座
　　lighting levels　照明水平
　　noise levels　噪声水平
　　ventilation　通风
loading　荷载
　　beam formulae　梁计算公式
　　bending moments　弯矩
　　floors　楼面
　　Glulam beams　胶合木梁
　　imposed loads　外加荷载
　　inspection chamber covers　检查井井盖
　　precast concrete floors　预制混凝土楼面
　　precast concrete lintels　预制混凝土过梁
　　roofs　屋面
　　safe loads on subsoils　下层土壤上的安全荷载
　　snow　雪（荷载）
　　universal beams　通用梁
　　wind　风（荷载）
longstrip copper roofing　长条铜屋面

M

mains pressure cylinders　干管压力罐
masonry structures　砖石结构
　　chimneys　烟囱
　　drawing conventions　制图规范
　　see also walls　另见"墙"
mastic asphalt roofing　沥青胶泥屋面
materials　材料
　　acoustic absorption　吸声
　　drawing conventions　制图规范
　　environmental considerations　环境方面的考虑
　　sound insulation　隔声
　　sourcing　采购
　　thermal conductivity　导热率
　　thermal insulation　隔热
　　toxicity　毒性

　　weights　重量
mediumboard　中密度板
medium density fibreboard（MDF）　中密度纤维板（MDF）
metal roofing　金属屋面
　　aluminium　铝
　　copper　铜
　　lead　铅
　　profiled sheet　层压板
　　stainless steel　不锈钢
　　zinc　锌
metals　金属
　　antimicrobial copper　抗菌铜
　　bi-metal compatibility　双金属相容性
　　finishes　饰面
　　industrial techniques　工业技术
　　see also metal roofing; steelwork　另见"金属屋面；钢结构"
Method of Assessment and Testing（MOAT）　评估和测评方法（MOAT）
metric units　公制单位
model viewing software　模型查看软件
mortars　砂浆
　　see also rendering　另见"粉刷"
movement joints　活动接缝

N

nails　钉
National Parks　国家公园
Natural Colour System（NCS）　自然色系统（NCS）
NBS　NBS（国家建筑规范）
newtons　牛顿
noise levels　噪声水平
non-domestic buildings　非住宅建筑
　　emergency lighting　应急照明
　　fire resistance　防火性能
　　hot water requirements　热水需要量
　　imposed loads　外加荷载
　　lighting levels　照明水平
　　lighting regulations　照明规范
　　noise levels　噪声水平
　　recommended indoor temperatures　建议室内温度

sanitary provision　卫生设施
　ventilation　通风
Norfolk and Suffolk Broads　诺福克和萨
福克湖区

O
open flued appliances, ventilation　带有开
敞式排烟道的设备，通风
organic paints　有机涂料
oriented strand board（OSB）定向刨花板
（OSB）

P
paints/painting　油漆 / 绘画
paper sizes　纸张尺寸
Parallam beams　平行梁
parking/car parks　停车场
　bay dimensions　停车位尺寸
　bicycle　自行车
　fire resistance　防火性能
　gradients　坡度
　imposed loads　外加荷载
　see also garages　另见 "车库"
party wall awards　分界墙裁决
party walls, U-values　隔墙，U 值
Passive Infra-red（PIR）flush controls　被
动式红外线（PIR）冲洗控制
passive solar design　被动式太阳能设计
passive stack ventilation　被动式烟囱通风
Passivhaus standards　"被动式节能建筑"
标准
paving　铺面
　brickwork patterns　铺砖样式
　concrete　混凝土
　permeable　可渗透
　slabs　板
permeable paving　可渗透铺面
permissible stress　许用应力
permitted development　许可开发
perspective drawing　透视图
photovoltaics　光伏
piled foundations　桩基础
pitched roofs　坡屋面
　imposed loads　外加荷载

U-values　U 值
windows　窗
planning　规划
　appeals　申诉
　permissions　许可
　permitted development　许可开发
plant selection　植物选择
　hedge list　树篱列表
　tree list　树木一览表
plaster　石膏
　glossary　术语
　pre-mixed　预混合
　see also rendering　另见 "粉刷"
plasterboard　石膏板
plastics　塑料
platform frame　平台框架
Platonic solids　柏拉图实体
plywood　胶合板
pocket doors　入墙式移门
pollution　污染
polyhedra　多面体
pools, garden　水池，花园
porches, planning permissions　门廊，规
划许可
powder coating　粉末涂料
prefabrication　预制
　timber frame construction　木框架结构
　timber roof trusses　木制屋顶桁架
principal designers　主任设计师
Probabilistic Climate Profiles
（ProCliP）概率气候概况
professional indemnity insurance　职业赔
偿保险
profiled sheet roofing　层压板屋面
public buildings　公共建筑
　emergency lighting　应急照明
　fire resistance　防火性能
　hot water requirements　热水需要量
　imposed loads　外加荷载
　lighting levels　照明水平
　lighting regulations　照明规范
　noise levels　噪声水平
　recommended indoor temperatures　建议
室内温度

sanitary provision　卫生设施
ventilation　通风

Q

Quality Management System（QMS）质量管理体系（QMS）
quantity surveyors　工料测量师

R

racking resistance　抗倾覆性
radiators　散热器
radon protection　氡防护
raft foundations　筏形基础
rainfall　降雨
 annual averages map　年平均地图
rainwater　雨水
 collection systems　收集系统
 downpipes　落水管
 flat roofs　平屋面
 gutters　排水沟
RAL Classic Colour Collection　RAL 经典色彩系列
RAL Design System　RAL 设计系统
ramps　坡道
 drawing conventions　制图规范
 wheelchair access　轮椅通道
refuse planning　垃圾规划
regular solids　普通实体
regulations　规范
 Construction Design and Management（CDM）建筑设计与管理（CDM）
 water supply　供水
 see also Building Regulations　另见"建筑规范"
relief valves　减压阀
rendering　粉刷
 glossary　术语
renewable energies　可再生能源
 passive solar design　被动式太阳能设计
 solar photovoltaics　太阳能光伏
 solar thermal systems　太阳能加热系统
 wind turbines　风力涡轮机
Renewable Heat Incentive（RHI）subsidies　可再生供热激励（RHI）补贴
reverberation time　混响时间

rights of way　通行权
rocks　岩石
 safe loading　安全荷载
 types　种类
Roman numerals　罗马数字
roofing　屋面
 aluminium　铝制
 battens　挂瓦条
 bituminous membranes　沥青膜
 copper　铜
 felts　毡
 flashings　防水板
 lead　铅
 mastic asphalt　沥青胶泥
 non-metallic flat roofs　非金属平屋面
 profiled sheet　层压板
 sarking membranes　防护膜
 shingles　瓦
 single ply membranes　单层膜
 slates　石板
 stainless steel　不锈钢
 thatch　茅草
 tiles　泥瓦
 ultra-violet light damage　紫外线损害
 uPVC/ polypropylene accessories uPVC/ 聚丙烯配件
 zinc　锌
roofs　屋顶
 condensation　冷凝
 extensions　扩建
 imposed loads　外加荷载
 pitched roof windows　坡屋顶窗
 prefabricated timber trusses　预制木桁架
 rainwater on flat roofs　平屋面上的雨水
 rooflights　天窗
 R-values　R 值
 timber frame construction　木框架结构
 U-values　U 值
R-values　R 值

S

safes　保险箱
safety　安全

emergency lighting 应急照明
window protection 对于窗的保护
 see also fire safety/resistance 另见"消防安全/防火"
safety glass 安全玻璃
sanitary facilities 卫生设施
 dimensions 尺寸
 disabled access 残障人士通道
 drainage systems 排水系统
 lighting levels 照明水平
 public buildings 公共建筑
 traps 存水弯
 ventilation 通风
 water supply regulations 供水规范
sarking membranes 防护膜
satellite dishes/antenna 卫星天线
screws 螺钉
sea areas map 海域图
security 安全
 alarms 报警
 electronic devices 电子装置
 fittings 配件
 glazing 玻璃
 safes 保险箱
services engineers 服务工程师
sheds, dimensions 简易房尺寸
sherardising 镀锌
shingles, roofing 瓦，屋面
shower rooms, wheelchair access 淋浴间，轮椅通道
shuttering systems, concrete-filled insulated 模板系统，混凝土填充且隔热的
single ply membranes 单层膜
single stack drainage systems 单立管排水系统
site layouts 场地布局
SI units 国际单位制（SI）单位
SI/imperial conversion 公制/英制转换
slates, roofing 石板，屋面
slenderness ratio 长细比
sliding doors 滑动门
snow loading 雪荷载
software 软件

BIM BIM（建筑信息模型）
CAD CAD（计算机辅助设计）
 model viewing 模型查看
softwoods 软木
 mouldings 木线条
 sizes 尺寸
soil pipes 污水管
soils, safe loading 土壤，安全荷载
solar control glass 太阳能控制玻璃
solar gain *see* passive solar design 太阳能增益，见"被动式太阳能设计"
solar photovoltaics 太阳能光伏
solar thermal systems 太阳能加热系统
solid fuel appliances, ventilation 固体燃料用具，通风
sound 声音
 acoustic absorption 吸声
 insulation 隔声
 noise levels 噪声水平
 reverberation time 混响时间
stainless steel roofing 不锈钢屋面
stairs 楼梯
 drawing conventions 制图规范
 emergency lighting 应急照明
 imposed loads 外加荷载
 lighting levels 照明水平
 regulations 规范
 standards 标准
standard wire gauge（SWG）标准线径（SWG）
steel roofing 钢屋面
 steelwork 钢结构
 hollow sections 空心截面
 lintels 过梁
 safe loading 安全荷载
 thermal breaks 隔热
 universal beams 通用梁
stonewear 粗陶制品
stonework 石材工程
stop valves 截止阀
stove enamelling 炉内上釉
Strategic Flood Risk Assessment 洪水风险评估策略
strawboards 稻草板

strip/trench fill foundations　条形 /
沟槽填充式基础
structural engineers　结构工程师
structural glazing　结构玻璃
structural insulated panels（SIPs）结构保
温板（SIP）
subsoils, safe loading　下层土壤，安全
荷载
SUDS（Sustainable Urban Drainage
Systems）SUDS（可持续城市排水系统）
sunlight　太阳光
　　daylighting　日光
　　roofing damage　屋面损害
sunpipes　日光管
surface areas　表面积
sustainability　可持续性
　　Architects' responsibilities　建筑师的
　　责任
　　building services　建筑设施
　　embodied energy　建材耗能
　　environmental building design　环境建
　　筑设计
　　finishes　饰面
　　landscape design　景观设计
　　land use planning　用地规划
　　materials　材料
　　timber　木材
　　transport　运输
　　see also energy conservation/efficiency
　　另见"能源节省 / 能源效率"
Sustainable Urban Drainage Systems
（SUDS）可持续城市排水系统（SUDS）

T
taps　水龙头
　　drain　排水
　　hose union　软管接头
Target Emission Rate（TER）目标排放率
（TER）
technology see home technology
integration　技术，见"家居技术集成"
temperatures　温度
　　annual averages map　年平均地图
　　colour　色（温）

recommended indoor　建议室内（温度）
　　units/scales　单位 / 标度
thatch　茅草
thermal breaks　隔热
thermal bridging　热桥
thermal conductivity　导热率
thermal mass　蓄热体
thermal resistance　热阻
thermal resistivity　热阻率
thermal stores　热储存器
thermal transmittance　传热系数
　　see also U-values　另见"U 值"
thermoplastics　热塑性塑料
thermosetting plastics　热固性塑料
tiles, roofing　泥瓦，屋面
tilt and turn windows　倾斜旋转两用窗
timber　木材
　　beam formulae　梁计算公式
　　ceiling joists　顶棚托梁
　　cladding　覆层
　　classes of　类型
　　decking　平台
　　doors　门
　　drawing conventions　制图规范
　　dry rot　干腐菌
　　due diligence system　尽调系统
　　durability　耐久性
　　engineered floorboards　工程地板
　　engineered joists/beams　工程托梁 /
　　横梁
　　floor joists　地板托梁
　　fungal attack　真菌攻击
　　Glulam beams　胶合木梁
　　grade stress　应力等级
　　hardwoods　硬木
　　moduli of elasticity　弹性模量
　　moisture content　含水量
　　mouldings　木线条
　　plywood　胶合板
　　prefabricated trusses　预制桁架
　　sizes　尺寸
　　softwoods　软木
　　sustainability　可持续性
　　veneers　薄木片

wet rots　湿腐菌
windows　窗
woodworm　木蛀虫
see also building boards　另见"建筑板材"
timber frame construction　木框架结构
TJI joists　TJI 托梁
toilets *see* WCs　厕所，见"水冲式坐便器"
toughened glass　钢化玻璃
toxicity of materials　材料的毒性
transport　运输
traps　存水弯
Tree Preservation Orders　树木保护令
trees: and foundations　树木：基础
　hardwood timber　硬木木材
　planning permission　规划许可
　preservation orders　保护令
　softwood timber　软木木材
　species for planting　种植品种
triple glazing　三层玻璃
trusses, prefabricated timber　预制木桁架
tungsten-halogen lighting　钨卤灯

U
UEAtc（European Union of Agrément technical committee）欧洲认证技术联合会
UKCP09 climate projections　英国 CP09 气候预测
ultimate limit state（ULS）极限状态（ULS）
ultra-violet light, roofing damage　紫外线，屋面损害
underfloor heating　地暖
unfired bricks　欠火砖
Uniclass classification system　Uniclass 分类系统
universal beams　通用梁
urinals　小便器
utility rooms: 设备间
　dimensions　尺寸
　electrical socket outlets　电源插座
　ventilation　通风

U-values　U 值
　calculating　计算
　construction elements　建筑构件
　glazing　玻璃
　insulation materials　隔热材料
　structural insulated panels　结构保温板

V
vapour control layers　蒸汽隔离层
vehicle sizes　车辆尺寸
veneers　薄片
　wood　木材
　see also building boards　另见"建筑板材"
ventilation　通风
　extractor fans　排风扇
　ground gas protection　地气防护
　heat losses　热损耗
　passive stack　被动式烟囱
　regulations　规范
　systems　系统
　window ventilators　窗式通风器
vent pipes　通风管
　hot water systems　热水系统
　planning permissions　规划许可
　single stack drainage　单立管排水
vitreous china　玻璃瓷
vitreous enamelling　玻璃上釉
vitrified clayware　玻璃化的黏土制品
volatile organic compounds（VOCs）挥发性有机化合物（VOC）
volumes　体积

W
wallpaper　墙纸
walls　墙
　cavity wall ties　空心墙拉杆
　damp-proof courses（DPCs）防潮层（DPC）
　effective height and thickness　有效高度和厚度
　insulation　隔热
　planning permissions　规划许可
　R-values　R 值

slenderness ratio　长细比
steel lintels　钢过梁
structural insulated panels　结构保温板
timber frame construction　木框架结构
U-values　U 值
　see also brickwork　另见"砌砖"
washbasins　洗脸盆
water　水
　cold water storage　冷水储存
　fluid categories　流体类别
　hardness　硬度
　softeners and conditioners　软水器和调
　节器
　see also hot water systems　另见"热水
　系统"
water consumption　水的消耗
　hot water　热水
　reducing　减少
WCs and urinals　水冲式坐便器和小便器
waterless waste valves　无水废水阀
water supply regulations　供水规范
WCs　水冲式坐便器
　dimensions　尺寸
　disabled access　残障人士通道
　drainage systems　排水系统
　lighting levels　照明水平
　public buildings　公共建筑
　traps　存水弯
　ventilation　通风
　water supply regulations　供水规范
weather forecast areas map　用于天气预报
的区域图
weather stripping　挡雨条
wet rots　湿腐菌
wheelchair access　轮椅通道
　doors　门
　dwellings　住宅
　entrance lobbies and corridors　大堂入
　口和走廊
　garages　车库
　lifts　电梯
　ramps　坡道
　shower rooms　淋浴间
　toilets　厕所

wideslab floors　宽板楼板
wildlife　野生动物
wind loading　风荷载
windows　窗
　curved shapes　曲线形状
double/triple glazing　双层/三层玻璃
drawing conventions　制图规范
energy efficiency　能源效率
finishes　饰面
fire escape　消防逃生
fittings　配件
kerbs　镶边
leaded lights　花饰铅条窗
pitched roof　坡屋顶
protection of　保护
rooflights　天窗
security　安全
sunpipes　日光管
types and sizes　种类和尺寸
U-values　U 值
ventilators　通风器
weather stripping　挡雨条
wooden　木制
see also glazing and glass　另见"玻璃"
wind posts　抗风柱
wind speed map　风速图
wind turbines　风力涡轮机
wireless connections (Wi-Fi)　无线网络连
接（WiFi）
wiring　布线
home technology　家具技术
see also electrical installation　另见"电气
安装"
wood screws　木螺丝
wood wool boards　木棉板
woodworm　木蛀虫
World Heritage Sites　世界文化遗产保
护地

Z

zinc roofing　锌制屋面